MONI DIANZI DIANLU
YUANLI YU SHEJI YANJIU

模拟电子电路
原理与设计研究

刘永勤　王飞　苏和　编著

U0323711

中国水利水电出版社
www.waterpub.com.cn

内 容 提 要

全书共分为10章,主要内容包括:半导体基础知识与半导体器件的工作原理、基本放大电路、集成运算放大电路、功率放大电路、放大电路中的反馈、运算电路和有源滤波电路、正弦波和非正弦波发生电路、直流稳压电源、应用电路设计分析、门电路等。

本书可供从事电器信息类、计算机类、物理微电子及电子技术的工程技术人员和相关行业的科研人员参考。

图书在版编目(CIP)数据

模拟电子电路原理与设计研究 / 刘永勤, 王飞, 苏
和编著. -- 北京 : 中国水利水电出版社, 2014.10 (2022.10重印)
ISBN 978-7-5170-2579-5

Ⅰ. ①模… Ⅱ. ①刘… ②王… ③苏… Ⅲ. ①模拟电
路—电路设计 Ⅳ. ①TN710.02

中国版本图书馆CIP数据核字(2014)第228497号

策划编辑:杨庆川　　责任编辑:陈　洁　　封面设计:马静静

书 名	模拟电子电路原理与设计研究
作 者	刘永勤　王 飞　苏 和　编著
出版发行	中国水利水电出版社
	(北京市海淀区玉渊潭南路1号D座 100038)
	网址:www. waterpub. com. cn
	E-mail:mchannel@263. net(万水)
	sales@mwr.gov.cn
	电话:(010)68545888(营销中心)、82562819(万水)
经 售	北京科水图书销售有限公司
	电话:(010)63202643、68545874
	全国各地新华书店和相关出版物销售网点
排 版	北京鑫海胜蓝数码科技有限公司
印 刷	三河市人民印务有限公司
规 格	184mm×260mm　16开本　17.25印张　420千字
版 次	2015年7月第1版　2022年10月第2次印刷
印 数	3001-4001册
定 价	60.00元

前　　言

模拟电子技术在现代工农业生产、国防建设、科学研究以及社会生活等各个方面有着极为广泛的应用。特别是实现工农业生产自动化的过程需要测量、控制和传输的信号。虽然数字化是当今技术转移的重点，但基本器件和基本电路仍是电子技术的关键，它们在电子设备中也具有不可替代的作用。

本书主要是对模拟电子电路的原理和设计两方面进行研究。力求理论紧密联系实际，在阐明模拟电路的基本原理的同时，讨论了设计模拟电子电路的工作原理、方法步骤，并给出了实际案例；努力体现模拟电子电路在数字化技术中的基础性、实用性和科学性；重点研究了模拟电子电路的基本电路。

本书内容大致分为 10 章：第 1 章简要讨论了半导体的基础知识与半导体工作器件的基本原理，分析了半导体 PN 结、二极管、双极型晶体三极管的工作原理、特性曲线、主要参数及电路模型，为后续的电路分析奠定基础。第 2～5 章分析讨论了各种放大电路的工作原理。例如，第 2 章重点研究了基本放大电路的工作原理，阐述了组合放大电路的组成形式、分析方法。第 3 章讨论了集成放大器的构成和常用的各种电源电路。第 4 章主要研究的是功率放大电路，在功率放大电路中，主要分析了互补功率放大电路和集成功率放大电路。而第 5 章内容介绍了带反馈的放大电路。第 6 章阐述了运算电路和有源滤波电路。第 7 章讨论了正弦波和非正弦波发生电路。第 8 章讨论了直流稳压电源功率电路，首先讨论了整流、滤波电路的工作原理，最后介绍了三端集成稳压器和开关稳压电源的工作原理与相关应用。第 9、10 章从应用电路的设计分析和门电路两方面进一步丰富了全书内容。

本书由刘永勤、王飞、苏和撰写，具体分工如下：

第 1 章～第 4 章：刘永勤（渭南师范学院）；

第 5 章第 5 节、第 6 章、第 8 章、第 9 章：王飞（黄河科技学院）；

第 5 章第 1 节～第 4 节、第 7 章、第 10 章：苏和（呼伦贝尔学院）。

本书能顺利出版，首先要感谢学校领导的大力支持和关怀，还有众多同事的帮助。其次，书稿得到了许多专家的指导和建议，在此表示衷心的感谢。撰写时参阅了许多著作和文献资料，在此向有关作者致谢。此外，出版社的工作人员为本书稿的编审印制做了许多工作，感谢你们为本书顺利问世所作的努力。

由于能力有限，经验不足，所收集的资料有限，书中难免存在错漏之处，恳请各同行专家以及广大读者批评指正。

作者

2014 年 7 月

目　　录

前言

第1章　半导体基础知识与半导体器件的工作原理 ················· 1

1.1　半导体基础知识 ·· 1
1.2　PN 结原理 ··· 9
1.3　晶体二极管及其应用 ··· 13
1.4　双极型晶体三极管 ··· 26

第2章　基本放大电路 ··· 33

2.1　基本放大器的组成原理及直流偏置电路 ····················· 33
2.2　放大器图解分析法 ··· 37
2.3　放大器的交流等效电路分析法 ······························· 41
2.4　共集电极放大器和共基极放大器 ····························· 47
2.5　场效应管放大器 ··· 51
2.6　放大器的级联 ··· 55

第3章　集成运算放大电路 ··· 60

3.1　概述 ··· 60
3.2　集成运放的基本组成单元 ····································· 61
3.3　集成运放的主要技术指标 ····································· 84
3.4　集成运放的典型电路 ··· 86
3.5　各类集成运放的特点和性能比较 ····························· 90
3.6　集成运放使用注意事项 ······································· 92

第4章　功率放大电路 ··· 95

4.1　概述 ··· 95
4.2　互补功率放大电路 ··· 99
4.3　集成功率放大电路 ·· 107

第5章　放大电路中的反馈 ·· 112

5.1　概述 ·· 112
5.2　反馈放大器的单环理想模型 ·································· 113
5.3　负反馈对放大器性能的影响 ·································· 121

5.4 负反馈放大电路的分析与计算方法 ·· 129

5.5 负反馈放大器的频率响应 ··· 133

第6章 运算电路和有源滤波电路 ·· **145**

6.1 集成运算放大电路的应用基础 ··· 145

6.2 基本运算电路 ··· 147

6.3 模拟乘法器及其应用 ·· 161

6.4 运算电路设计 ··· 168

6.5 有源滤波电路 ··· 171

第7章 正弦波和非正弦波发生电路 ·· **178**

7.1 正弦波发生电路 ·· 178

7.2 非正弦波发生电路 ··· 193

第8章 直流稳压电源 ··· **207**

8.1 整流滤波电源 ··· 207

8.2 线性稳压电源 ··· 214

8.3 开关稳压电源 ··· 221

8.4 电容变压电路 ··· 225

8.5 无变压器直流变压电路的设计思路分析 ·· 226

第9章 应用电路设计分析 ··· **230**

9.1 模拟电子系统设计方法简介 ·· 230

9.2 音响放大电路设计分析 ··· 230

9.3 简易心电检测放大电路设计分析 ·· 240

第10章 门电路 ·· **247**

10.1 基本逻辑门电路 ··· 247

10.2 TTL 逻辑门电路 ··· 252

10.3 CMOS 逻辑门电路 ·· 264

参考文献 ·· **269**

第1章 半导体基础知识与半导体器件的工作原理

1.1 半导体基础知识

固体材料可分为三类。第一类是导体,它们具有良好的导电性,如铜、铝、铁、银,等等。这类材料在室温条件下,导体内部有大量电子处于可以"自由"运动的状态,这些电子可以在外电场的作用下,产生定向运动,形成电流。第二类是绝缘体,它们是不能够导电的材料,如橡胶、塑料等等。在这类材料中,几乎没有"自由"电子,因此,即使有了外电场的作用,也不会形成电流。第三类是所谓的半导体,它们的电阻率介于导体与绝缘体之间,如硅、锗、砷化镓、锌化铟,等等。

半导体之所以受到人们的高度重视,并获得广泛的应用,是因为它具有不同于导体和绝缘体的独特性质。这些独特的性质集中体现在它的电阻率可以因某些外界因素的改变而明显地变化,具体表现在以下3个方面。

①掺杂性:半导体的电阻率受掺入的"杂质"影响极大。在半导体中即使掺入的杂质十分微量,也能使其电阻率大大地下降。利用这种独特的性质,可以制成各种各样的晶体管器件。

②热敏性:一些半导体对温度的反应很灵敏,其电阻率随着温度的上升而明显地下降。利用这种特性很容易制成各种热敏元件,如热敏电阻、温度传感器等。

③光敏性:有些半导体的电阻率随着光照的增强而明显地下降。利用这种特性可以做成各种光敏元件,如光敏电阻和光电管等。

1.1.1 本征半导体

本征半导体是指纯净的,不含杂质的半导体。在近代电子学中,最常用的半导体是硅(Si)和锗(Ge),它们的原子结构模型示意图如图 1-1(a)、(b)所示。由图可知,硅和锗的外层电子都是 4 个。外层电子受原子核的束缚力最小,称为价电子,有几个价电子就称为几价元素。硅和锗都是四价元素。

物质的许多物理现象(如导电性)与外层价电子数有很大的关系。为了更方便地研究价电子的作用,常把原子核和内层电子看作一个整体,称为惯性核。由于原子呈中性,惯性核带+4单位正电荷,这样惯性核与外层价电子就构成了一个简化的原子结构模型,如图 1-1(c)所示。显然,硅和锗元素的简化原子结构模型是相同的,今后,我们将以这样的简化原子结构模型来研究硅或锗内部的物理结构。

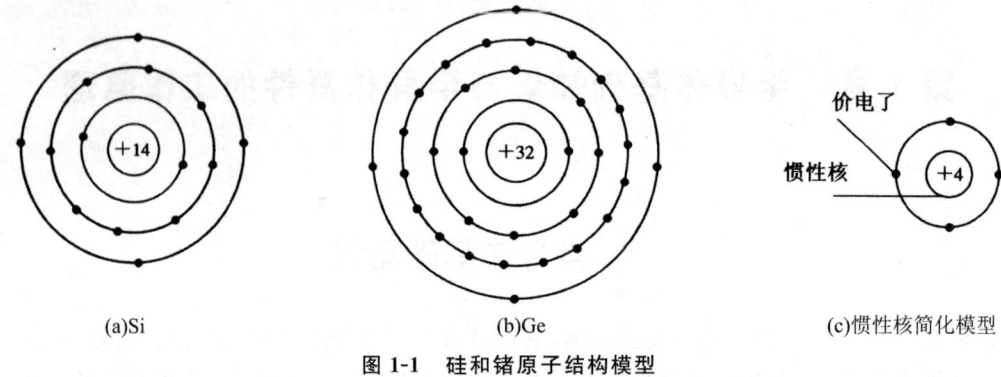

(a)Si   (b)Ge   (c)惯性核简化模型

图 1-1　硅和锗原子结构模型

　　1. 共价键结构

　　当硅（或锗）原子组成单晶体后，各原子之间有序、整齐的排列在一起，原子之间靠得很近，价电子不仅受本原子的作用，还要受相邻原子的作用。根据原子的理论，原子外层电子有 8 个才能处于稳定状态。因此，在硅（或锗）的单晶体中，每个原子都从四周相邻原子得到 4 个价电子，才能组成稳定状态。即每一个价电子为相邻原子核所共有，每相邻两个原子都共用一对价电子，形成共价键结构，如图 1-2 所示。

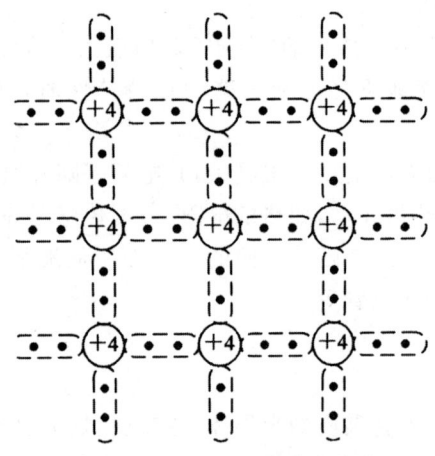

图 1-2　共价键结构示意图

　　量子力学证明，原子中电子具有的能量状态是离散的、量子化的，每一个能量状态对应于一个能级。一系列能级形成能带。

　　在硅（或锗）单晶体中，价电子处于束缚状态，其能量状态较低，每一个能量状态占有一个能级，能级是量子化的，价电子占有的能级位于较低的有限能带内，该能带称为价带。而自由电子处于自由状态，其能量状态较高，能级也是量子化的，位于较高的能带内，该能带称为导带。图 1-3 示出了电子的能级分布图，图中一系列的水平线表示不同的能级，其高度代表能量的高低。由于价电子至少要获得 E_g 的能量才能挣脱共价键的束缚而成为自由电子，因此，自由电子所占有的最低能级要比价电子可能占有的最高能级高出 E_g。于是，硅（或锗）晶体的能量分布中有一段间隙不可能被电子所占有，其宽度为 E_g，称为禁带宽度（用 E_g 表示）。一般 E_g 与半导体材料和温度 T 有关。在室温时，Si 的 $E_g = 1.12\text{eV}$，Ge 的 $E_g = 0.72\text{eV}$。

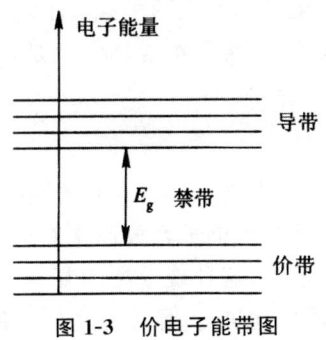

图 1-3　价电子能带图

2. 本征激发和两种载流子

当温度在绝对零度,且无外界其他能量激发时,价电子全部束缚在共价键中,位于价带,导带中无自由电子是空的,因此没有能自由运动的带电粒子——载流子,此时的本征半导体相当于绝缘体。当本征半导体受热或光照等其他能量激发时,某些共价键中的价电子因从外界获得足够的能量,受激发挣脱共价键的束缚,离开原子,跃迁到导带而成为参与导电的自由电子,同时在共价键中留下相同数量的空位。上述现象称为本征激发,如图 1-4 所示。图 1-5 用能带图示意了本征激发过程。

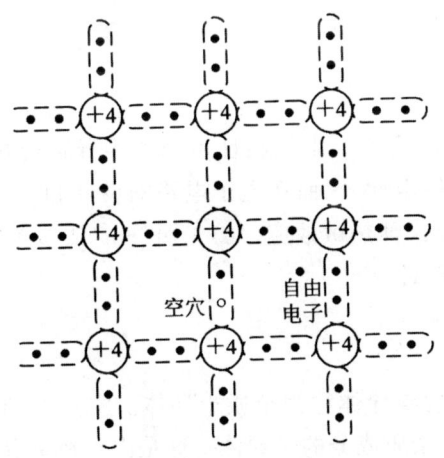

图 1-4　本征激发中的自由电子和空穴对

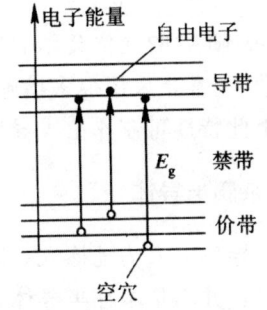

图 1-5　用能带图示意本征激发

当共价键中留下空位时,在外加电场或其他能源作用下,邻近共价键中的价电子就可能来补充这个空位,这个空位会消失(复合)。同时在邻近的共价键中产生新的空位,而新空位周围的其他价电子都有可能填充到这个空位上。这样继续下去,就相当于空位在硅或锗单晶体中随机运动。由于带负电荷的价电子依次填补空位的运动效果与带正电荷的粒子作反向运动的效果是相同的,因此把这种空位看作带正电荷的粒子,并称作空穴。

载流子是物体内运载电荷的粒子,决定于物体的导电能力。在常温下,本征半导体内有两种载流子:自由电子载流子和空穴载流子。自由电子,带单位负电荷;空穴是半导体中所特有的带单位正电荷的粒子,与自由、电子电量相等,符号相反,带单位正电荷。在外电场作用下,电子、空穴的运动方向相反,但对电流的贡献是叠加的。

本征激发的重要特征是,自由电子和空穴两种载流子总是成对产生。可见,常温下本征半导体中存在电子和空穴两种载流子,不再是绝缘体。但是,本征激发产生的电子—空穴对很少,本征半导体的导电能力较差。

3. 本征载流子浓度

本征激发在本征半导体中产生自由电子—空穴对的同时,还会出现另一种现象:自由电子和空穴在运动过程中的随机相遇,使自由电子释放原来获取的激发能量,从导带跌入价带,填充共价键中的空穴,电子—空穴对消失,这种现象称为复合。在一定的温度下,自由电子和空穴的成对产生和复合的运动都在不停地进行,最终要达到一种热平衡状态,使本征半导体中的载流子浓度处于某一热平衡值。

本征激发和复合是本征半导体中电子—空穴对的两种矛盾运动形式,在本征半导体中,电子和空穴的浓度总是相等的。若设 n_i 为本征半导体热平衡状态时的电子浓度,p_i 为空穴浓度,则本征载流子的浓度可用下式表示:

$$n_i = p_i = A_0 T^{\frac{3}{2}} \exp\left(\frac{-E_g}{2kT}\right) \tag{1-1}$$

式中,A_0 为常数,与半导体材料有关,Si 的 $A_0 = 3.88 \times 10 (\mathrm{cm^{-3} K^{-2/3}})$,Ge 的 $A_0 = 1.76 \times 10^{16} (\mathrm{cm^{-3} K^{-2/3}})$;$k$ 为玻耳兹曼常数,$k = 1.38 \times 10^{-23} (\mathrm{JK^{-1}})$。

在室温时,由式(1-1)可推算出

Si:$n_i = p_i \approx 1.5 \times 10^{10} / \mathrm{cm^3}$

Ge:$n_i = p_i \approx 2.4 \times 10^{13} / \mathrm{cm}$

式(1-1)表明:① $T \uparrow \rightarrow n_i$(或 p_i)个—半导体导电能力 $\uparrow$。由此特性可制作半导体热敏元器件;但 n_i(或 p_i)随 T 的变化会影响半导体器件的稳定性,因而在电子电路的设计和集成电路的制造工艺中,经常要采用很多措施来克服或减少这种热敏效应。② 光照 $\rightarrow n_i$(或 p_i)$\uparrow \rightarrow$ 导电能力个。由此特性可制作出半导体的各类光电器件。

1.1.2 杂质半导体

在本征半导体中人为地掺入一定量杂质成分的半导体称为杂质半导体。实际上,制造半导体器件的材料并不是本征半导体,而是掺入一定杂质成分的半导体。这是由于在室温下,本征半导体(Si)的载流子浓度 $n_i = p_i = 1.5 \times 10^{10} / \mathrm{cm^3}$,与其原子密度 $4.96 \times 10^{22} / \mathrm{cm^3}$ 相比,仅为原子密度的 $1/(3.3 \times 10^{12})$,故本征半导体的导电能力很弱。为了提高半导体材料的导电能力,可在本征半导体中掺入少量其他元素(称为杂质),这样会使半导体材料的导电能力显著改善。

在本征半导体中掺入不同种类的杂质,可以改变半导体中两种载流子的浓度。根据掺入杂质种类的不同,半导体可分为 N 型半导体(掺入五价元素杂质)和 P 型半导体(掺入三价元素杂质)。

1. N 型半导体

在本征半导体中掺入微量的五价元素的杂质(如砷、磷、锑等),能使杂质半导体中的自由电子浓度大大增加,因此称这种杂质半导体为电子型半导体或 N 型半导体。掺入的五价元素有 5 个价电子,杂质原子替代了晶格中某些硅的位置。它的 5 个价电子中有 4 个与周围的硅原子构成共价键,多余 1 个电子不受共价键的束缚,杂质原子核对此多余价电子的束缚力也较弱。在适当温度下,它就可能被激发成为自由电子,同时杂质原子变成带正电荷的不能运动的离子,如图 1-6 所示。因杂质原子可提供电子,故称施主原子,五价元素称为施主杂质。根据理论计算和实验结果,掺入五价元素产生的多余价电子所占有的能级较高,称为施主能级,靠近导带底部,它与导带底的差值要比禁带宽度小得多(在硅中掺入五价砷,差值为 0.049eV,掺入锑,差值为 0.039eV 锗中掺入磷,差值为 0.012eV),故在一定温度(例如室温)时,每个掺入的五价元素原子的多余价电子都有足够能量进入导带而成为自由电子。所以,导带中自由电子的数量要比本征半导体显著增多。

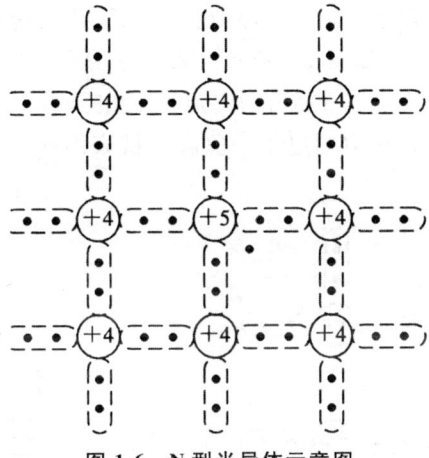

图 1-6　N 型半导体示意图

如图 1-7 所示,由于施主原子释放出的自由电子不是共价键内的价电子,所以不会在价带中产生空穴,这是与本征激发不同之处。另外,施主原子释放多余价电子成为正离子,并被束缚在晶格中,也不能像空穴那样起导电作用。还需说明,在该杂质半导体中同时存在本征激发。

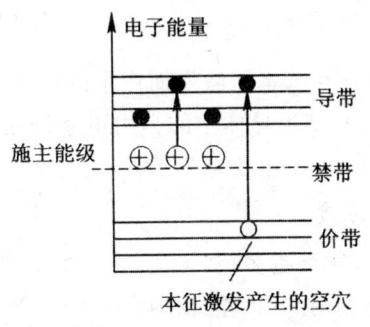

图 1-7　N 型半导体能带图

掺入的五价元素越多,增加的自由电子数越多,自由电子浓度越大;由本征激发产生的空穴与它们相遇的机会就增多,复合掉的空穴数量也就增多,因而该杂质半导体中的空穴浓度反倒比同温度下的本征空穴浓度小,自由电子浓度比同温度下的本征电子浓度大很多倍。因此,称掺入五价元素后的杂质半导体为电子型或 N 型半导体。N 型半导体中的自由电子称多数载流子,简称多子;空穴称为少数载流子,简称少子。

2.P型半导体

在本征半导体中掺入少量三价元素(如硼、铟、铝等),能使杂质半导体中的空穴浓度大大增加,因而称为空穴型半导体或P型半导体。如图1-8所示,三价杂质原子的3个价电子与周围的硅或锗原子构成4个共价键时,由于缺少1个价电子,产生1个空位。在一定温度下,此空位极易接受来自相邻硅或锗原子共价键中的价电子,从而产生1个空穴。三价杂质原子因接受价电子,通常被称为受主原子。一般从价带中移出一个价电子去填充受主原子共价键中的空位只需要很小的能量。根据理论计算和实验结果,掺入三价元素形成的受主能级很靠近价带顶部,它与价带顶的差值很小(在硅中掺入三价的镓,差值为 0.065eV 掺入铟,差值为0.16eV;锗中掺入硼和铝,差值为 0.01eV),故在常温下,处于价带中的价电子都具有大于上述差值的能量,而到达受主能级,如图1-9所示。每1个掺入三价元素的原子都能接受1个价电子,而在价带中留下1个空穴。受主原子接受1个价电子后,其本身便成为带1个电子电荷量的负离子,但不会在导带中产生自由电子。负离子被束缚在晶格结构中,不能运动,不能起导电作用。

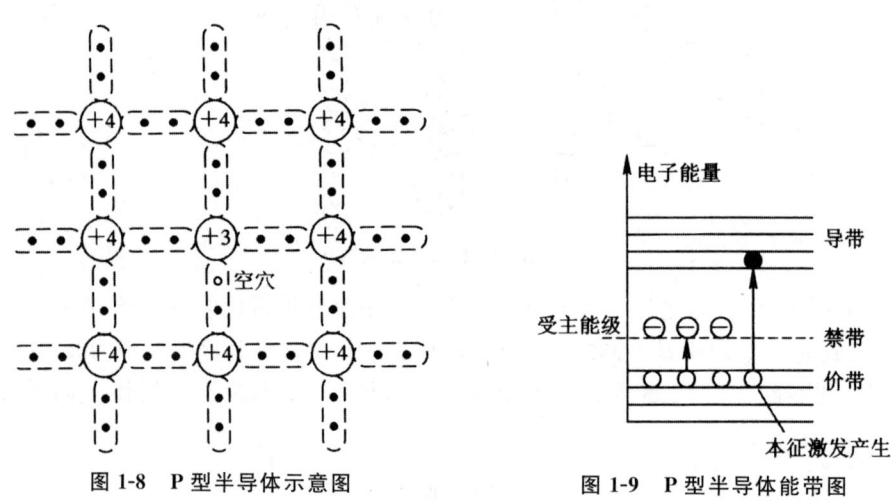

图 1-8　P 型半导体示意图　　　　　图 1-9　P 型半导体能带图

另外,P型半导体中同时也存在着本征激发而产生的电子一空穴对。因空穴很多,自由电子与空穴复合的机会就增多,故P型半导体中的自由电子浓度要小于同温度下的本征载流子浓度。P型半导体中空穴是多子,自由电子是少子。

3. 杂质半导体中的载流子浓度

不论N型还是P型半导体,掺杂越多,多子就越多,本征激发的少子与多子复合的机会就越多,少子数目就越少。例如室温时,硅的本征浓度 $n_i = 1.5 \times 10^{10}/cm^3$,若掺杂五价元素的浓度 N_D 是硅原子密度($4.96 \times 10^{22}/cm^3$)的百万分之一,即 $N_D = 4.96 \times 10/cm^3$,则施主杂质浓度 N_D 要比本征浓度 n_i 大百万倍,即 $N_D \gg n_i$。同理,也可实现受主杂质浓度 $N_A \gg n_i$,可见,在杂质半导体中多子浓度远大于本征浓度。由半导体理论可以证明,两种载流子的浓度满足以下关系。

(1)热平衡条件

温度一定时,两种载流子浓度之积等于本征浓度的平方。对 N 型半导体,若以 n_n 表示电子(多子)浓度, p_n 表示空穴(少子)浓度,则有

$$n_n p_n = n_i^2 \qquad (1-2)$$

对 P 型半导体,若以 p_p 表示空穴(多子)浓度, n_p 表示电子(少子)浓度,则有

$$n_p p_p = n_i^2 \qquad (1-3)$$

(2)电中性条件

不论是 N 型还是 P 型半导体,整块半导体的正电荷量与负电荷量恒等。对 N 型半导体,若以 N_D 表示施主杂质浓度,则

$$n_n = N_D + p_n \qquad (1-4)$$

对 P 型半导体,若以 NA 表示受主杂质浓度,则

$$p_p = N_A + n_p \qquad (1-5)$$

由于一般总有 $N_D \gg p_n$, $N_A \gg n_p$,因而 N 型半导体的多子浓度 $n_n \approx N_D$,且少子浓度 $p_n \approx \dfrac{n_i^2}{N_D}$; P 型半导体的多子浓度 $p_p \approx N_A$,且少子浓度 $n_p \approx \dfrac{n_i^2}{N_A}$ 。

可见杂质半导体的多子浓度等于掺杂浓度,且与温度无关;少子浓度与本征浓度 n_i^2 成正比,并随温度 T 升高而迅速增加,是半导体元件温度漂移的主要原因。

1.1.3　漂移电流与扩散电流

半导体中有两种载流子(电子和空穴),这两种载流子的定向运动会引起导电电流。一般引起载流子定向运动的原因有两种:一种是由于电场而引起载流子的定向运动,称为漂移运动,由此引起的导电电流称为漂移电流;另一种是由于载流子的浓度梯度而引起的定向运动,称为扩散运动,由此引起的导电电流称为扩散电流。

1. 漂移电流

在电子浓度为 n ,空穴浓度为 p 的半导体两端外加电压 U ,在外电场 E 的作用下,空穴将沿电场方向运动,电子将沿与电场相反方向运动。载流子在电场作用下的定向运动称为漂移运动。由漂移运动所产生的电流叫漂移电流,如图 1-10 所示。

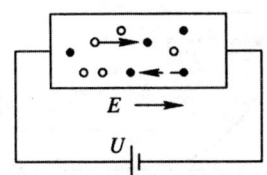

图 1-10　两种载流子的漂移运动

如果设空穴和电子的迁移率(单位电场强度下载流子的平均漂移速度)为 u_p 和 u_n ,那么在外电场 E 的作用下,空穴的平均漂移速度为

$$v_p = u_p E \qquad (1-6)$$

电子的平均漂移速度为

$$v_n = -u_n E \tag{1-7}$$

若以 J_{pt} 和 J_{nt} 分别表示空穴和电子的漂移电流密度,则空穴的电流密度为

$$J_{pt} = qp v_p = u_p qp E \tag{1-8}$$

电子的电流密度为

$$J_{nt} = -qn v_n = u_n qn E \tag{1-9}$$

其中,q 为电子电荷量。总的漂移电流密度为

$$J_{pt} = J_{pt} + J_{pt} = (u_p p + u_n n) qE \tag{1-10}$$

半导体内的漂移电流就是我们所熟悉的金属导体内的电流,两者都是电场力作用的结果,只是金属中只有自由电子电流,没有空穴电流。在半导体中,带正电荷的空穴沿电场力方向漂移,带负电荷的自由电子逆电场力方向漂移,虽然两者漂移方向相反,但产生的漂移电流方向却相同,故两者电流相加。

电场力使载流子定向运动,但载流子在运动过程中又不断与晶格"碰撞"而改变方向。因此,载流子的微观运动并不是定向的,而是宏观上有一个平均漂移速度。电场越强,载流子的平均漂移速度就越快。由漂移电流产生的原因很容易得出:漂移电流与电场强度和载流子浓度成正比。杂质半导体中的多子浓度远大于少子浓度,因此,多子漂移电流远大于少子漂移电流。

2. 扩散电流

导体中只有电子一种载流子,建立不了电子的浓度差,故导体中载流子只有在电场作用下的漂移运动。而半导体中有电子和空穴两种载流子,在实际中,当有载流子注入或光照作用时,就会出现非平衡载流子。在半导体处处满足电中性的条件下,只要有非平衡电子,就会有等量的非平衡空穴,因而也就会存在浓度差。这样,在浓度差的作用下就产生了非平衡载流子的扩散运动。

如图 1-11 所示,对一块 N 型硅半导体一侧顶端施光照,N 型硅内部热平衡状态被打破,便产生非平衡电子和空穴。靠近端面处,非平衡载流子浓度梯度最大;离端面越远,浓度梯度越小,且载流子浓度逐渐趋于热平衡值。

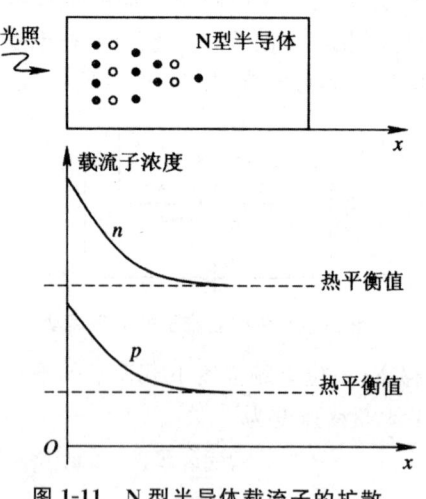

图 1-11　N 型半导体载流子的扩散

　　扩散电流是半导体中载流子的一种特殊运动形式,它是由于载流子的浓度差而引起的。扩散运动总是从浓度高的区域向浓度小的区域进行,若用 $\dfrac{\mathrm{d}p(x)}{\mathrm{d}x}$、$\dfrac{\mathrm{d}n(x)}{\mathrm{d}x}$ 表示非平衡空穴和电子的浓度梯度,则沿 x 方向的扩散电流密度分别为

$$J_{\mathrm{po}} = -qD_{\mathrm{p}} \frac{\mathrm{d}p(x)}{\mathrm{d}x} \tag{1-11}$$

$$J_{\mathrm{no}} = -(-q)D_{\mathrm{n}} \frac{\mathrm{d}n(x)}{\mathrm{d}x} = qD_{\mathrm{n}} \frac{\mathrm{d}n(x)}{\mathrm{d}x} \tag{1-12}$$

在式(1-11)、(1-12)中,D_{p} 和 D_{n} 为空穴和电子扩散系数(单位 cm^2/s)。式(1-11)和(1-12)表示:空穴扩散电流与 x 方向相同,电子扩散电流与 x 方向相反(因为 $\dfrac{\mathrm{d}p(x)}{\mathrm{d}x}<0$,$\dfrac{\mathrm{d}n(x)}{\mathrm{d}x}<0$)。

　　另外需要注意,扩散电流不是电场力产生的,因此它与电场强度无关。扩散电流与载流子浓度也无关,主要取决于载流子的浓度梯度(或浓度差)。

　　在一块 N 型(或 P 型)半导体上,用杂质补偿的方法掺入一定数量的三价元素(或五价元素),将这一部分区域转换成 P 型(或 N 型),则在它们的界面处便生成 PN 结。PN 结是晶体二极管及其他半导体的基本结构,在集成电路及其元器件中极其重要。

1.2　PN 结原理

1.2.1　PN 结的形成及特点

1. PN 结的形成

　　PN 结并不是简单的将 P 型和 N 型材料压合在一起,它是根据“杂质补偿”的原理,采用合金法或平面扩散法等半导体工艺制成的。虽然 PN 结的物理界面把半导体材料分为 P 区和 N 区,但整个材料仍然保持完整的晶体结构。

　　当 P 型半导体和 N 型半导体结合在一起时,在 N 型和 P 型半导体的界面两侧明显地存在着电子和空穴的浓度差,此浓度差导致载流子的扩散运动:N 型半导体中电子(多子)向 P 区扩散,这些载流子一旦越过界面,与 P 区空穴复合,在 N 区靠近界面处留下正离子,P 区生成负离子;同理,P 型半导体中空穴(多子)由于浓度差向 N 区扩散,与 N 区中电子复合,在 P 区靠近界面处留下负离子,N 区生成正离子。伴随着这种扩散和复合运动的进行,在界面两侧附近形成一个由正离子和负离子构成的空间电荷区,这就是 PN 结,如图 1-12 所示。

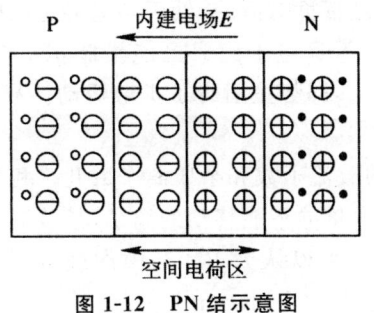

图 1-12　PN 结示意图

显然,空间电荷区内存在着由 N 区指向 P 区的电场,N 区一侧为正,P 区一侧为负,这个电场称为内建电场 E。另外,该内建电场的形成又将阻止两区多子的扩散,形成少子的漂移运动。或者说,因内建电场所产生的使两区少子越结的漂移电流,将在一定程度上抵消因浓度差所产生的使两区多子越结的扩散电流。

显然,半导体中多子的扩散运动和少子的漂移运动是一对矛盾运动的两个方面。随着多子扩散的进行,空间电荷区内的离子数增多,内建电场增强;与此同时,随着内建电场的增强,有利于少子的漂移,漂移电流增大。最终,当漂移电流和扩散电流相等时,达到动态平衡,PN 结即形成。这时,再没有净的电流流过 PN 结,也不会有净的电荷迁移。

2. PN 结的特点

(1)空间电荷区的宽度取决于杂质浓度

若 P 区和 N 区的掺杂浓度不同,这种 PN 结称为不对称 PN 结。P_+N 结表示 P 区的掺杂浓度远高于 N 区;PN_+ 结表示 N 区的掺杂浓度远高于 P 区。由于 PN 结内 P 区一侧的负离子数几乎等于 N 区一侧的正离子数,因此,掺杂低的一侧因离子的密度低,使得 PN 结在该侧的宽度更宽。换言之,杂质浓度越高,空间电荷区越薄,空间电荷区越伸向杂质浓度低的一侧。半导体器件中的 PN 结一般都是不对称的 PN 结。需要指出,实际中 PN 结的宽度是很小的。

(2)空间电荷区是非中性区

如图 1-13 所示,在空间电荷区内形成一定的空间电荷分布 $\rho(x)$,P 区为负,N 区为正,界面处为零。故在电荷区内形成一定的电场分布:$E = \int \frac{\rho(x)}{\varepsilon} dx$($\varepsilon$ 为介质常数)。从而在空间电荷区内形成一定的电位差(接触电位差或内建电位差)。其中空间电荷区内电位分布为

$$\Phi = -\int E dx \tag{1-13}$$

根据半导体物理的理论,可以推出 PN 结的内建电位差为

$$U_\varphi = U_T \ln \frac{p_p}{p_n} = U_T \ln \frac{n_p}{n_n} \approx U_T \ln \frac{N_D N_A}{n_i^2} \tag{1-14}$$

其中,$U_T = \frac{kT}{q}$(热力学电压),室温下,$U_T = 26mV$。

PN 结内建电场和内建电位差的值主要由半导体材料的种类决定。一般硅(Si)PN 结的内建电位差 $U_\varphi = 0.6 \sim 0.8V$;锗(Ge)PN 结的 $U_\varphi = 0.2 \sim 0.3V$。

(3)势垒区

如图 1-13 所示,由于电子是带负电荷的,处于高电势处的电子具有较低位能,而处于低电势处的电子具有较高位能,所以 N 区电子比 P 区能量低 qU_φ,N 区电子要到达 P 区或 P 区空穴要到达 N 区必须克服势垒 qU_φ,即势垒阻碍了扩散运动。故空间电荷区也称为势垒区或阻挡层。

(4)PN 结外 P 区和 N 区的载流子数和杂质离子数几乎相等

但是空间电荷区内由于有大量的不能移动的离子,是载流子不能停留的区域,因此结内载流子数远小于结外的载流子数。可以认为 PN 结内的载流子在 PN 结形成过程中已被近似"耗尽"完毕,故 PN 结又称为耗尽层(depletion layer)。

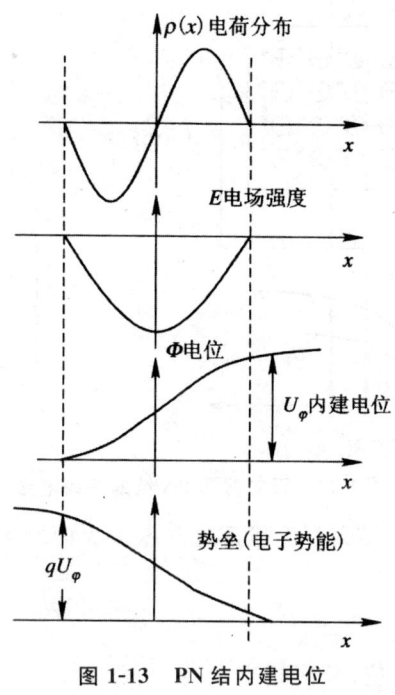

图 1-13　PN 结内建电位

1.2.2　PN 结的单向导电特性

前面讨论的 PN 结是没有外接电压时的情况,称之为开路 PN 结或平衡状态 PN 结。当 P 区和 N 区外接电压时,外电路会产生电流。一般在 PN 结两端外接直流电压称为偏置。"偏置"一词源于英文 Bias,泛指在半导体器件上所加的直流电压和电流。本节将讨论 PN 结在不同偏置下电流随电压变化的规律。

1. 正向偏置的 PN 结

若 PN 结外加直流电压使 P 区接高电位,N 区接低电位,称 PN 结正向偏置,简称正偏。PN 结正偏时,由于结内的载流子数远小于结外 P 区和 N 区的载流子数,故 PN 结相对于结外的 P 区和 N 区而言是高阻区,因此,外加电压 U 几乎完全作用在结层上。由于 U 的方向与内建电压 U_φ 的方向相反,这使得结层内的电位差减小为 $U_\varphi - U$,即势垒高度降低,电场减弱,离子数也相应减少,PN 结变薄。原来扩散与漂移的平衡状态被破坏,扩散运动占优势,漂移减弱,扩散运动大于漂移运动,两区多子将产生净的越结扩散电流。根据电流的连续性原理,外电路通过电源的正负极也产生相应的电流。PN 结正偏时空间电荷层和势垒的变化及正向电流方向如图 1-14(a)所示。

显然,正偏电压越大,PN 结内的电场越弱,越结的扩散电流越大,外电路电流也就越大。但在实际应用中,外加电压 u 不允许超过内建电压 U_φ,否则,过大的电流会在 P 区和 N 区产生欧姆压降,迫使加在结上的电压小于内建电压,且过大的电流往往会导致 PN 结因发热而烧坏。在实际应用中为防止这种现象,常在电路中串接一个小的限流电阻 R,如图 1-14(b)所示。

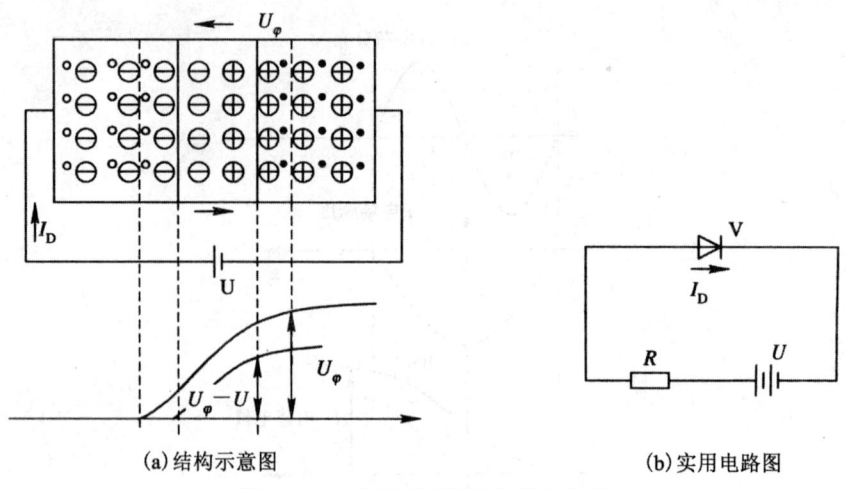

(a)结构示意图   (b)实用电路图

图 1-14   正向偏置 PN 结的等效电路

由以上分析可知,正偏 PN 结会产生随正向电压增大而增大的正向电流,通常称正偏 PN 结是导通的。

2. 反向偏置的 PN 结

当外加电压使 P 区接低电位,N 区接高电位,则称 PN 结反向偏置,简称反偏。PN 结反偏时,作用在 PN 结上的外电压 U 与内建电压 U_φ 方向相同,使结内的电位差增大为 $U_\varphi+U$,即势垒增高,内建电场增强;结内离子数也相应会增多,PN 结变宽。原来扩散与漂移的平衡状态被破坏,漂移占优势,扩散减弱,漂移运动大于扩散运动,于是产生净的越结漂移电流。但是,这个漂移电流是空间电荷区边界处两区的少子被电场力拉向对方区域形成的,即紧邻边界的 P 区一侧的自由电子被拉向 N 区,N 区一侧的空穴被拉向 P 区。随着反偏电压的增加,在边界处的少子被"抽取"完,使漂移电流不再随反偏电压的增加而增加,即漂移电流将达到一个"饱和"值,该电流称为反向饱和电流,用 I_S 表示。图 1-15(a)画出了反偏 PN 结空间电荷区和势垒的变化以及 I_S 的方向,图 1-15(b)是其实用电路图。

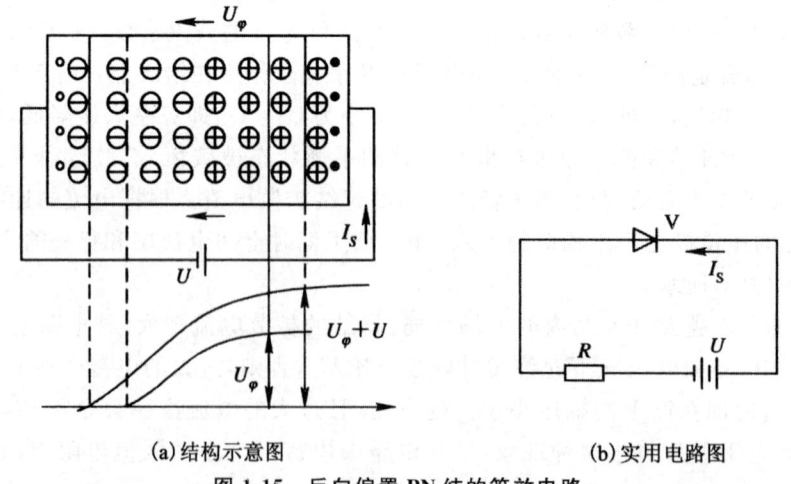

(a)结构示意图   (b)实用电路图

图 1-15   反向偏置 PN 结的等效电路

反向饱和电流 I_S 其实质是少子的漂移电流。由于两区少子数量极少,故 I_S 是很小的。硅 PN 结的 I_S 可以小到 pA 量级。另外,少子的数量随温度的增加而增加,故 I_S 也随温度的增加而增加。

由以上分析可知,反偏 PN 结只能在外电路产生其值极小的反向饱和电流 I_S,反向电流远小于正向电流,即 $I_D \gg |I_S|$,当忽略 I_S 不计时,通常可以认为,反偏 PN 结是截止(不导通)的。另外,该电流是温度的敏感函数,是影响 PN 结正常工作的主要原因。

1.3　晶体二极管及其应用

将 PN 结半导体芯片在 P 区和 N 区各引出一条分别称作正极和负极的金属引线,将芯片适当封装后就制成了一只普通晶体二极管。显然,普通二极管的核心是一个 PN 结,二极管的特性取决于 PN 结的基本特性。二极管的结构示意图和电路符号分别如图 1-16 和 1-17 所示。在图 1-17 中,二极管符号中的箭头方向就是二极管正向电流的方向。

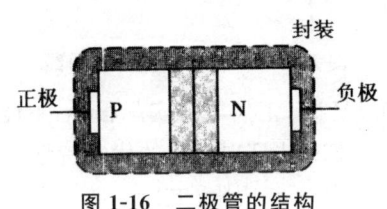

图 1-16　二极管的结构

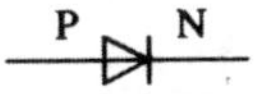

图 1-17　二极管的电路符号

按生产工艺的不同,二极管可以分为点接触型和面接触型,后者又可以分为面结型(用合金法生产)和平面型(用扩散法生产)两种类型。

1.3.1　晶体二极管的伏安特性

晶体二极管简称二极管,它的伏安特性反映了其电流与端电压之间的关系。二极管的理想伏安特性可用 PN 结的电流方程来表示。理论分析指出,在一定的近似条件下,PN 结的电流与电压的关系满足方程

$$i_D = I_S(e^{\frac{u_D}{U_T}} - 1) \tag{1-15}$$

此式为著名的 PN 结伏安特性方程。式中,u_D 是加在二极管上的端电压;U_T 是一个量纲为电压且与温度有关的物理量,可称 U_T 为热电压当量,$U_T = kT/q$(室温时 $U_T = 26\text{mV}$);I_S 即为 PN 结反向饱和电流,与少数载流子浓度有关。

在式(1-15)的具体应用中,正偏时取 $u_D > 0$,即式(1-15)是以正偏电压方向为参考方向(即正方向),故反偏时 u_D 应代入负值。

1. **正偏 PN 结伏安特性方程**

当二极管两端加正向偏置电压(即 $u_D > 0$),且当 $u_D > 4U_T$ 时,$e^{\frac{u_D}{U_T}} \gg 1$,由式(1-15)可得出二极管的正偏伏安特性方程

$$i_D = I_S e^{\frac{u_D}{U_D}} \qquad (1-16)$$

显然,PN 结正向电流随正偏电压的增大呈指数规律增加。以电压为横坐标,电流为纵坐标,由式(1-16)可画出 PN 结的伏安特性曲线。以硅 PN 结为例,取 $I_S = 0.1\text{pA}$,所画出的曲线如图 1-18 所示。

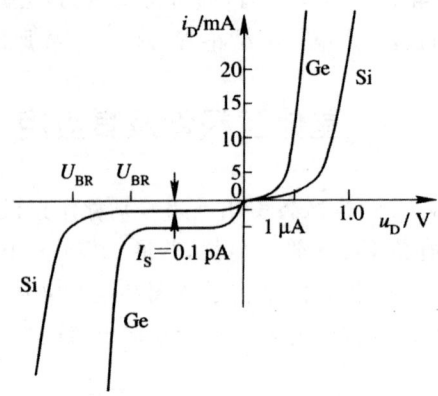

图 1-18　二极管伏安特性曲线

从图中我们发现,当 $u_D < 0.5\text{V}$ 时,正向电流实际很小,不能认为 PN 结真正导通,而当 $u_D > 0.6\text{V}$ 以后,正向电流急剧增大,PN 结呈现较陡的伏安特性。即正偏 PN 结存在着一个导通电压 U_{on},称为二极管的正向开启(死区或门限)电压。硅 PN 结导通电压的典型值为 0.7V,锗 PN 结导通电压的典型值为 0.3V。

2. 反偏 PN 结伏安特性方程

当二极管两端加反向偏置电压(即 $u_D < 0$),且 $u_D \ll -4U_T$ 时,$e^{\frac{u_D}{U_T}} \ll 1$,由式(1-15)可得出二极管的反偏伏安特性方程

$$i_D \approx I_S \qquad (1-17)$$

可见,反向电流不随反向偏压而变化,反偏时 PN 结仅有很小的反向饱和电流,相当于截止,可看成一个高阻抗的元件。

一般,硅 PN 结的反向饱和电流 I_S 在 $10^{-9} \sim 10^{-15}$ 安培量级,锗 PN 结 I_S 在微安量级。即 PN 结具有单向导电特性,PN 结方程所揭示的规律与前面的分析是一致的。图 1-18 表明了硅管和锗管伏安特性的差别。另外还需注意:

①二极管反偏时,锗管的反向饱和电流至少比硅管大三个数量级以上。由于 PN 结经过封装后存在着漏电阻,这使得实际二极管的反向饱和电流随反偏电压的增大略有增大。

②当温度增加时,二极管的反向饱和电流明显增大,其规律是:每温升 10℃,反向饱和电流增大约一倍。二极管的正向特性也与温度有关。温度升高时,正向伏安特性曲线左移,大致的规律是:每温升 1℃,曲线左移 2～2.5mV。二极管的这种正向温度特性表明:如果外加正向偏压不变,当温度增加时,正向电流也会增大。如图 1-19 所示,表明了温度对二极管伏安特性的影响。

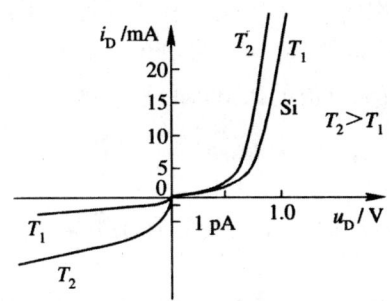

图 1-19　温度对二极管伏安特性的影响

3. 反向击穿现象及原因

当 PN 结反偏电压增大到一定值时,反向电流会急剧增大,这种现象称为 PN 结反向击穿。反向击穿发生时的电压值 UBR 如图 1-18 所示,称为反向击穿电压。导致出现反向击穿的原因有下面两种:

(1)雪崩击穿(价电子被碰撞电离)

对低掺杂的 PN 结,其耗尽层较宽,当反偏电压较大时,结内载流子有足够的空间被电场力不断加速而获得很大的动能,它们会将价电子撞离共价键,产生自由电子—空穴对,这一现象称为价电子被碰撞电离。碰撞电离一旦发生,新产生的载流子又被电场加速后与价电子碰撞,发生新的碰撞电离,使得载流子数像雪崩似的迅速增多,从而导致反向漂移电流急剧增大。

(2)齐纳击穿(价电子被场致激发)

对于高掺杂的 PN 结,击穿的原因有所不同。由于高掺杂 PN 结的耗尽层很窄,载流子没有足够的空间加速而获得很大的动能,因此,雪崩击穿不会发生。但很窄的耗尽层使得在不大的反偏电压下结内会产生很强的电场。强大的电场力能将结内共价键上的价电子拉出共价键,产生自由电子—空穴对,这种现象称为场致激发。场致激发发生后,结内载流子数大大增加,从而导致反向电流很快增大。

雪崩击穿电压较高,一般高于 6V。当温度升高时,击穿电压增大。这是因为在温度升高时载流子无规则热运动加剧,难于被定向加速,载流子要在更大的反偏电压下才会获得发生碰撞电离所需的速度。

齐纳击穿电压较低,一般小于 4V。当温度升高时,击穿电压减小。在温度升高时,价电子更"活跃",更容易被电场力拉出共价键,故产生场致激发所需的反偏电压在温度高时减小。

应用于电路的普通二极管应避免发生反向击穿,使用时最大反向电压必须小于手册中规定的值。反向击穿是一种可逆的电击穿,击穿发生时只要限制电流的大小,使二极管消耗的平均功率(平均管耗)不超过允许值,则减小反偏电压后,二极管又会恢复到反向截止状态。但如果击穿后没有合理的限流措施,使二极管耗散功率过大,结温过高,便会造成二极管因过热而损坏。这种"烧管"的现象称作热击穿。

1.3.2　二极管的直流电阻和交流电阻

1. 直流电阻

线性电阻的伏安特性是一条直线,即线性电阻 R 的值是常数。与线性电阻的伏安特性比较,二极管的伏安特性为曲线,因此,二极管是一种非线性电阻器件。一般把加在二极管上的直流偏置电压 U_D 和直流偏置电流 I_D 称为二极管的工作点 Q。二极管的直流电阻 R_D 定义为:该工作点处的直流电压和直流电流的比值,即

$$R_D = \frac{U_D}{I_D}\bigg|_Q \tag{1-18}$$

图 1-20 中给出了在 Q_1 和 Q_2 两工作点处的直流电阻 R_{D1} 和 R_{D2},即尺 $R_{D1} = \dfrac{U_{D1}}{I_{D1}}$,$R_{D2} = \dfrac{U_{D2}}{I_{D2}}$。显然,$R_{D1} < R_{D2}$。即工作点处电流越大,二极管的直流电阻越小。二极管反偏时因电流极小,故反偏时直流电阻很大。二极管正、反向直流电阻相差很大正是二极管单向导电特性的反映。

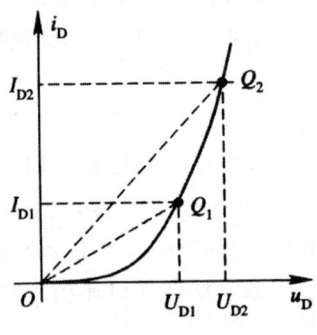

图 1-20 二极管的直流电阻

2. 交流电阻

在二极管工作点处电压的微变增量与相应的电流微变增量的比值称为二极管在该点处的交流电阻 r_d 根据该定义,二极管在工作点 Q 处的交流(动态)电阻 r_d 被表示为

$$r_d = \frac{du_D}{di_D}\bigg|_Q \tag{1-19}$$

由式(1-19)的几何意义可知,九就是伏安特性曲线在工作点处切线斜率的倒数。当在工作点附近的电压增量 ΔU 和电流增量 ΔI 很小时,可用增量比来估算,如图 1-21 所示,即

$$r_d \approx \frac{\Delta U}{\Delta I} \tag{1-20}$$

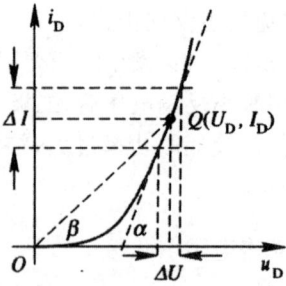

图 1-21 二极管的交流电阻

将二极管的伏安特性关系 $i_D=I_S(e^{\frac{u_D}{U_T}}-1)$ 代入式(1-19)，可求得 r_d 的估算公式为

$$r_d\approx\frac{U_T}{I_D} \tag{1-21}$$

式(1-21)表明，二极管的交流电阻与工作点 Q 处的静态电流 I_D 近似成反比。例如，在室温条件下 $I_D=1mA$ 时，$r_d\approx26mV/1Ma=26\Omega$。若 I_D 增大一倍，则 $r_d\approx13\Omega$。但要指出，上述结论只是比较粗略的工程估算，不同类型的二极管在电流相同时其 n 仍有差别。当二极管电流很大时，使用式(1-21)估算 r_d，误差会较大。

交流电阻又称微变电阻、增量电阻或动态电阻，它是非线性电阻器件的一个重要概念，应注意在学习中逐步加深理解其含义和用处。对线性电阻而言，直流电阻与交流电阻其值相同。二极管的交流电阻 r_d 与直流电阻 R_D 是两个不相同的概念。

3. 二极管的其他参数

在二极管手册里，生产厂家会给出二极管参数如下。

最大平均整流电流 I_F：I_F 指二极管允许流过的最大平均电流。若超过该电流，二极管可能因过热而损坏。I_F 与环境温度等散热条件有关，故手册上给出 I_F 值时往往注明温度条件。

最大反向工作电压 U_R：二极管反偏电压过大可能会发生反向击穿，U_R 指实用时加在二极管上的最大反向电压，即 U_R 在数值上应小于反向击穿电压 U_{BR}。

反向电流 I_R：I_R 就是反向饱和电流 I_S。手册上一般要注明 I_R 是在什么反向电压和什么温度下测得的。

最高工作频率 f_{max}：若加在二极管上的交流电压频率超过该值，二极管的单向导电性能将明显变差。有时候手册上会给出二极管结电容和反向恢复时间，这些都是与 $^{\wedge}ax$ 相关的参数。

1.3.3　二极管模型

在分析含有二极管的电路时，如果直接用二极管方程来计算，则涉及非线性方程的求解问题，虽然借助于计算机用诸如牛顿—拉夫森法等迭代法可以求解，但需要编程且分析会十分复杂。工程上的做法是将二极管用理想元件构成等效电路来近似对电路分析计算，这样既简化了分析，结果也合理。这种能近似反映电子器件特性的由理想元件构成的等效电路称为器件的模型。线性电阻、电容和电感以及独立源、受控源，都是构成器件模型的基本理想元件。

1. 理想开关模型

该模型把二极管视为一个理想开关（理想二极管），即正偏时正向电压为零，反偏时反向电流为零。被看作理想开关的二极管，其伏安特性如图 1-22 所示。理想二极管开关与普通机械开关的不同之处是：二极管开关合上时的电流和断开时的电压都只允许是单向的。

2. 恒压源模型

该模型认为，二极管反偏，或正偏电压小于导通电压 U_{on} 时，二极管截止，电流为零；当二极管导通后，其端电压维持 U_{on} 不变。二极管的恒压源模型及伏安特性如图 1-23 所示。该模

型成立的根据是:当二极管导通特别是电流较大时,交流电阻很小,故可以认为这时二极管端电压不随电流变化,即具有恒压特性。显然,大电流时恒压源模型更合理。必须指出:模型中的恒压源只能吸收功率,因为它并非真实元件,而是使二极管对其外部电路等效的一个模型。

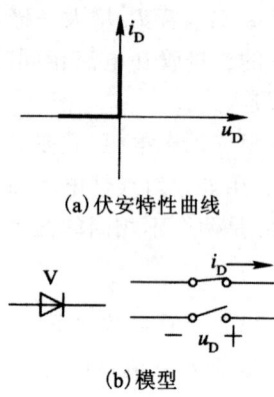

(a)伏安特性曲线

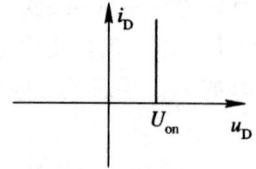

(b)模型

图 1-22　理想开关模型

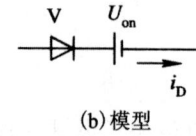

(a)伏安特性曲线

(b)模型

图 1-23　恒压源模型

3. 折线近似模型

该模型认为,二极管电压 $u_D \leqslant U_{on}$ 时,$i_D = 0$;当 $u_D \geqslant U_{on}$ 时,二极管导通,且交流电阻 r_d 不变。其模型和伏安特性如图 1-24 所示。与理想开关和恒压源模型比较,折线近似模型更准确,在电流较大时更是如此。

以上三种模型都是将二极管整个伏安特性曲线用分段的直线来近似,它们适用于分析含有二极管的大信号电路。

1.3.4　二极管应用电路举例

二极管作为一种非线性电阻器件,其应用非常广泛。在低频电路和脉冲电路中,二极管常常用来做诸如整流、限幅、钳位、稳压等波形处理和变换,二极管与集成运算放大器配合,还可完成对信号的对数、指数、乘法和除法等运算。在高频电路中,二极管是检波、调幅、混频等各种频率变换电路的重要器件。本小节只介绍一些二极管电路的简单例子,其目的是初步培养学生分析电子电路的能力。

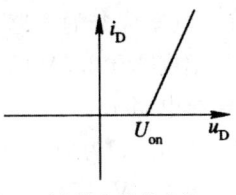

(a)伏安特性曲线

(b)模型

图 1-24　折线近似模型

1. 二极管限幅电路

分析图 1-25(a)所示的电路,假设输入信号 $u_i(t)$ 是振幅为 3V 的正弦电压,如图 1-25(b)所示。硅二极管 V_1 和 V_2 可以用恒压源近似($U_{on} \approx 0.7V$)。当 $|u_i(t)| \leqslant U_{on}$ 时,V_1 和 V_2 均未导通,视为开路,故限流电阻 R 上电流为零,此时 $u_o(t) = u_i(t)$。当铭;$u_i(t) > U_{on}$ 时,V_1 导通(V_2 仍截止),使 $u_o(t)$ 保持 0.7V 不变;当 $u_i(t) < -U_{on}$ 时,V_2 导通(V_1 截止),$u_o(t)$ 保持在 $-0.7V$。这样,输出电压 $u_o(t)$ 便被限幅在 $\pm 0.7V$ 之间,如图 1-25(c)所示。这是一种双向限幅电路。

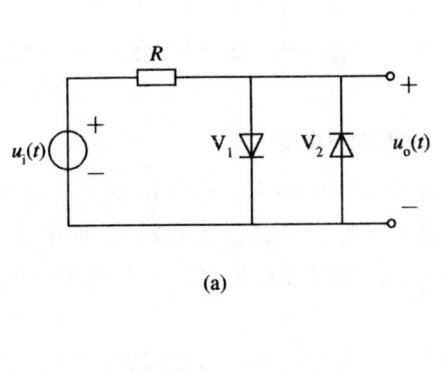

(a)

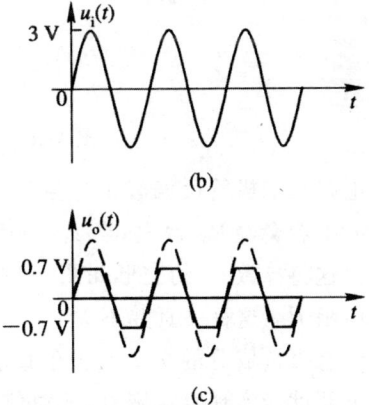

(b)

(c)

图 1-25　二极管双向限幅电路

如果在 V_1 和 V_2 上串联合适的恒压源,便可实现对输入信号在任意电平上进行限幅。若将二极管限幅支路改为一个二极管,则为单向限幅电路。由于二极管在限幅时并非理想恒压源,这使得在限幅期间电压仍会有所变化,故二极管限幅属于"软限幅"。

限幅电路在脉冲电路中常用作波形变换,如将正弦电压变为方波。在模拟电子设备中,限幅电路可作保护电路,例如,接收机输入端在遇到强电压干扰时,可能造成电路不能正常工作甚至损坏设备,若在输入端加入限幅器,则可避免这种情况,对正常接收的信号,由于输入信号幅度很小,限幅器并不起作用。

2. 二极管钳位电路

钳位电路是一种能改变信号的直流电压成分的电路。图 1-26(a)是一个简单的二极管钳位电路的例子。假设输入信号 $u_i(t)$ 是幅度为 $\pm 2.5\text{V}$ 的方波,如图 1-26(b)所示。当 $u_i(t)$ 为负半周时,二极管导通。由于二极管导通电阻 R_D 很小,使电容 C 被迅速充电到 $u_i(t)$ 的峰值电压 2.5V(应满足条件:$T/2$ 比 $R_D C$ 大数倍,T 为输入方波的周期)。当 $u_i(t)$ 为正半周时,二极管截止,电容无法放电,$u_o(t)=u_i(t)+2.5\text{V}=5\text{V}$。当 $u_i(t)$ 下一个负半周到来时,因电容上电压已是 2.5V,使二极管上电压为 $u_o(t)=u_i(t)+2.5\text{V}=0\text{V}$,二极管仍然不会导通。总之,电容上电压被充至峰值后便无法放电,使得输出电压 $u_o(t)=u_i(t)+2.5\text{V}$,其波形如图 1-26(c)所示。$u_o(t)$ 的底部被钳位于 0V。

若二极管正负极对调,则可实现顶部钳位。若在二极管上串联合适的直流电压源,可将输入波形钳位在所需的电平上。

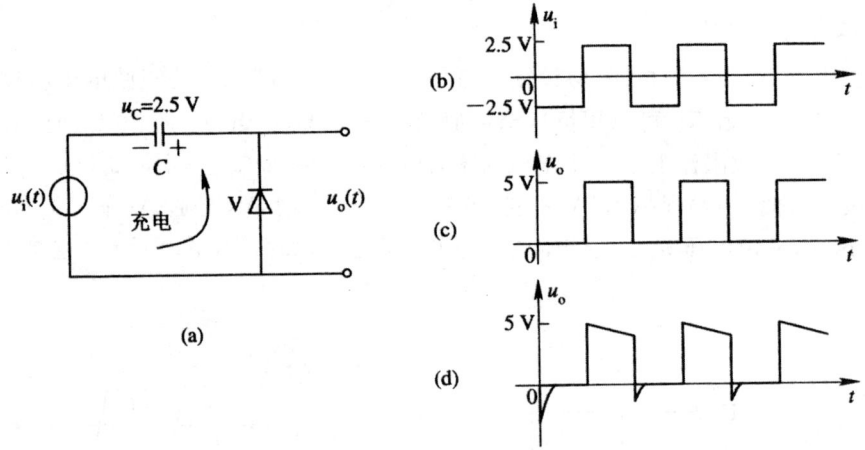

图 1-26 简单的二极管钳位电路

实际电路在二极管反偏截止时会有一个等效的反偏电阻 R_R,这使得在 $u_i(t)$ 的正半周二极管截止时电容会经 R_R 放电,当 $u_i(t)$ 负半周到来时电容又被充电到峰值,即电容上的电压是脉动的。这将导致 u_o 的波形如图 1-26(d)所示,即出现波形失真。但只要 R_R 远大于二极管的导通电阻 R_D,这种失真并不大。

由于含有直流成分的交变电压在通过含隔直流电容的线性电路处理后,会失去直流成分,使用钳位电路就能实现直流恢复,故钳位电路有时也叫做直流恢复电路。全电视信号中的行同步脉冲如果顶部不齐,则提取困难,采用钳位电路就能将行同步脉冲的顶部"钳"在同一电平上,这些都是钳位电路应用的例子。

1.3.5 稳压管及其应用

如前所述,当 PN 结反偏电压增大到一定值时,反向电流会急剧增大,这种现象称为 PN 结反向击穿。包含反向击穿特性在内的硅二极管伏安特性曲线如图 1-27(a)所示,U_Z 为击穿电压。由该图可知,二极管的反向击穿特性曲线非常陡直,反向击穿电流在很大的范围内变化时,击穿电压几乎不变,即击穿电压十分稳定,或者说在击穿区的工作点上交流电阻很小。稳压管就是一种专门工作在反向击穿状态的二极管,它的电路符号如图 1-27b)所示。符号中正负极含义与普通二极管相同,但稳压管工作时负极要接高电位,并使其击穿。

1. 稳压管参数

①稳定电压 U_Z:在规定测试电流(如 50mA)下的反向击穿电压。即使是同一型号的稳压管,U_Z 的离散性也较大。

②最小稳定电流 I_{Zmin}:击穿电流大于该值后稳压性能才好。

③最大稳定电流 I_{Zmax}:击穿电流不允许超过该值,否则稳压管会因管耗过大而烧坏(此时管耗 $P_Z = U_Z I_{Zmax}$)。

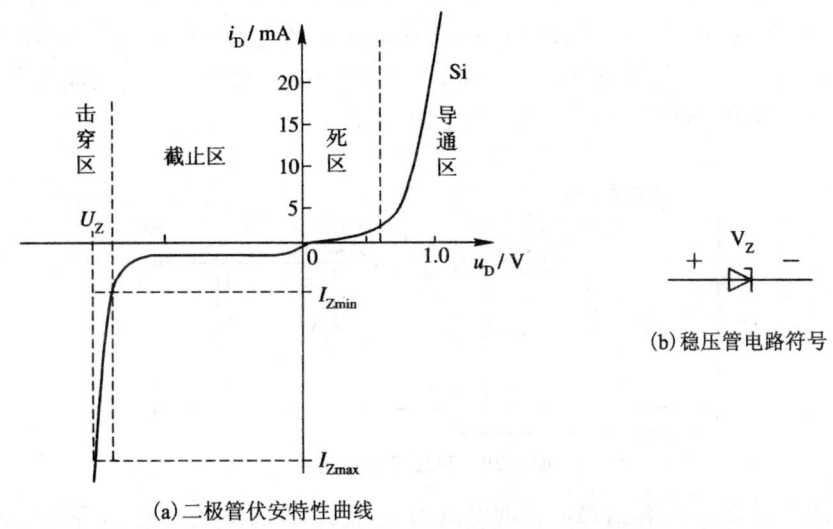

(a)二极管伏安特性曲线

图 1-27　稳压管伏安特性曲线及电路符号

(b)稳压管电路符号

④动态电阻 r_z:在 $I_{Zmin} \sim I_{Zmax}$ 范围内,稳压管交流电阻的典型值。显然,r_z 越小的管子稳压性能越好。应该指出 U_Z 不同的稳压管其动态电阻相差较大,r_z 的值一般在几欧姆到几十欧姆之间。U_Z 在 8V 附近的稳压管的 r_z 较小。

⑤电压温度系数 α:温度变化 1℃时,稳压值的相对变化量,即 $\alpha = \dfrac{(\Delta U_Z)}{\Delta T}$;$\alpha$ 也是衡量稳压管的稳压性能的重要指标。$U_Z > 7V$ 的稳压管一般为雪崩击穿型,α 为正;$U_Z < 4V$ 的稳压管一般为齐纳击穿型,α 为负 U_Z 在 4~7V 之间的稳压管一般为混合击穿型,α 较小。为了进一步减小 α,可以采用具有温度补偿作用的双管结构,如图 1-28 所示。该管工作时,一管击穿,一管导通。击穿电压和导通电压的温度系数相反时,则可以互相抵消,使 α 减小。

图 1-28　双稳压管电路符号

2. 稳压管电路

整流滤波后的直流电压会因市电电压的波动或用电负载的变化而不稳定,采用如图 1-32

所示的稳压管稳压电路是一种简单易行的方法。图中 R_L 是用电负载，R 称为限流电阻，合理选取限流电阻才能保证稳压管正常工作。选择击穿电压 U_Z 不同的稳压管，这种电路就可获得用电负载所需要的各种直流电压，但输入电压 U_i 必须大于击穿电压。

图 1-29 示出了稳压管稳压电路，图中稳压管 U_Z 并接在负载 R_L 两端。由图可知，当盈一定时，设 U_i 增大，则 U_Z 和 U_o 都要增大。但由于稳压管的 U_Z 稍许增大，就会造成 I_Z 急剧地增加，这样 U_Z 只要增加一点，限流电阻 R 上的压降 $(I_Z+I_L)R$ 就会显著增加，从而使输入电压增量的绝大部分都降落在电阻 R 上，于是 U_o 变化就很小，稳定了输出电压；同样，若 U_i 减小，可以看出 U_o 变化也很小，输出电压稳定。

$$U_o=U_Z=U_i-(I_Z+I_L)R \tag{1-22}$$

当 U_i 一定，设 R_L 减小，则 I_L 要增大，R 上的压降将增大，使 U_o 下降，但 U_o（或 U_Z）稍许下降一点，I_Z 就要减小很多，I_L 增大而 I_Z 减小使流过 R 的电流近似保持不变（略有增大），因此 U_o 只略有下降。上述分析说明，当 U_i 或 R_L 发生变化时，通过稳压管的调节作用，使输出电压几乎不变。因此，该电路可以做成稳压电源。

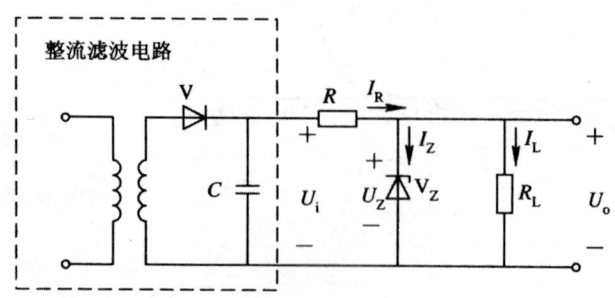

图 1-29　稳压管稳压电路

选择稳压管时应注意：流过稳压管的电流 I_Z 不能过大，应使 $I_Z \leqslant I_{Zmax}$，否则会超过稳压管的允许功耗；I_Z 也不能太小，应使 $I_Z \geqslant I_{Zmin}$，否则不能稳定输出电压，这样使输入电压和负载电流的变化范围都受到一定限制。当输入电压 U_i 在 $U_{imin} \sim U_{imax}$ 之间变化，负载 R_L 的变化范围为 $R_{Lmin} \sim R_{Lmax}$ 时，要使稳压管正常工作，限流电阻值尺必须满足下列关系。

①当 $U_i=U_{imax}$ 和 $I_L=I_{Lmax}$（即 $R_L=R_{Lmax}$）时，要求流过稳压管的电流 I_Z 不超过稳压管的最大稳定电流 I_{Zmax}，即

$$I_{Rmax}-I_{Lmin}<I_{Zmax}$$

$$\frac{U_{imax}-U_Z}{R}-\frac{U_Z}{R_{Lmax}}<I_{Zmax}$$

整理上式可得

$$R>\frac{U_{imax}-U_Z}{R_{Lmax}I_{Zmax}+U_Z}R_{Lmax} \tag{1-23}$$

②当 $U_i=U_{imin}$ 和 $I_L=I_{Lmin}$（即 $R_L=R_{Lmin}$）时，要求流过稳压管的电流 I_Z 不低于稳压管的最小稳定电流 I_{Zmin}，即

$$I_{Rmin}-I_{Lmax}<I_{Zmin}$$

$$\frac{U_{imin}-U_Z}{R}-\frac{U_Z}{R_{Lmin}}<I_{Zmin}$$

整理上式可得

$$R < \frac{U_{\text{imin}} - U_Z}{R_{\text{Lmin}} I_{\text{Zmin}} + U_Z} R_{\text{Lmin}} \tag{1-24}$$

根据式(1-23)和(1-24)可得限流电阻 R 的取值为

$$\frac{U_{\text{imax}} - U_Z}{R_{\text{Lmax}} I_{\text{Zmax}} + U_Z} R_{\text{Lmax}} < R < \frac{U_{\text{imin}} - U_Z}{R_{\text{Lmin}} I_{\text{Zmin}} + U_Z} R_{\text{Lmin}} \tag{1-25}$$

1.3.6　PN 结电容效应及应用

二极管二不但具有非线性电阻特性,还具有电容特性。在频率很低时,电容的容抗很大,这时,二极管只表现出非线性电阻特性的一面。在频率很高时,电容的容抗减小,使二极管的电流成为双向电流。总之,高频时二极管失去单向导电特性的原因是 PN 结存在电容效应。所有 PN 结都有结电容效应。点接触型 PN 结面积小,结电容很小,能在甚高频乃至微波波段完成混频或检波;面接触型 PN 结面积大,极间电容大,可流过的直流或低频电流大,适用频率低。

PN 结电容 C_J 包括势垒电容 C_T 和扩散电容 C_D,即 $C_J = C_T + C_D$。下面分析产生电容效应的两个原因。

1. 势垒电容

电容是一种能储存电荷(充电)和释放电荷(放电)的元件。伴随充放电,电容储能发生变化,端口电压也随之改变。如图 1-30 所示,在 PN 结反偏时,且当反偏电压 U_D 增大 ΔU_D 时,耗尽区变厚,正的和负的电荷量增加 ΔQ,相当于对 PN 结充电;同理,当 U_D 减小 ΔU_D 时,耗尽区变薄,正的和负的电荷量减小 ΔQ,相当于 PN 结放电。反偏电压的变化 dU_D 会引起耗尽区内电荷量的变化 dQ,因此反偏 PN 结的势垒电容 C_T 被定义为

$$C_T = \frac{dQ}{dU_D} \approx \frac{\Delta Q}{\Delta U_D} \tag{1-26}$$

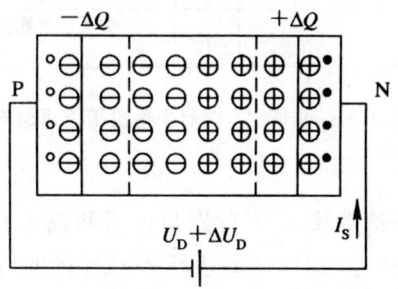

图 1-30　PN 结势垒电容示意图

可见,势垒电容可等效为一个极板距离随外加电压变化的平行板电容,极板距离就相当于空间电荷区的宽度。

2. 扩散电容

扩散电容 C_D 主要是指 PN 结加正向偏压时由载流子在扩散过程中的电荷积累引起的电容效应。当 PN 结正偏时,两区多子存在穿越 PN 结的扩散,扩散到对方区域后成为非平衡少子并在空间电荷区两侧累积,形成非平衡少子的浓度分布 $n_p(x)$ 和 $p_n(x)$,如图 1-31 所示。

我们称存在非平衡少子浓度分布的这两个区域为扩散区。故在每个扩散区内都累积有非平衡载流子的电荷,其数量为 Q_N 和 Q_P 显然,其值与浓度分布线下面的面积成正比。当正偏电压 U_D 增大到 $U_D + \Delta U_D$ 时,扩散区内的累积电荷会增加 ΔQ_N 和 ΔQ_P,浓度分布线上移。这一过程相当于电容的充电过程,只有当这一暂态过程结束后 PN 结才会形成新的偏置电流。这种当外加正偏电压变化时,PN 结外扩散区内累积的非平衡载流子数变化引起的电容效应,称为扩散电容。扩散电容用符号 C_D 表示。C_D 可表示为

$$C_D = \frac{\tau}{U_T}(I_D + I_S) \tag{1-27}$$

式中,τ 是非平衡载流子的平均寿命,I_D 是正向电流。上式说明 C_D 与 I_D 成正比。C_D 比 C_T 大,一般 C_D 在数十 pF $\sim 0.01 \mu$F 范围内。当反偏时,$I_D = -I_S$,故 $C_D = 0$。

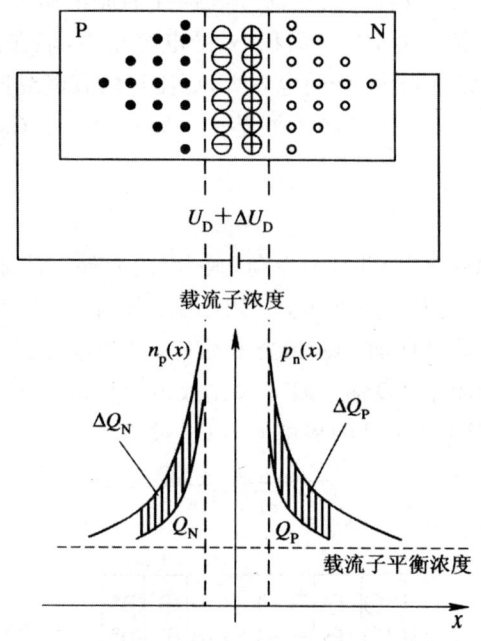

图 1-31　正偏 PN 结非平衡少子浓度分布

3. 变容二极管

势垒电容和扩散电容都不是常数,它们分别与偏压和偏流有关,因此,势垒电容和扩散电容都是非线性电容。如果考虑 C_D 和 C_T 而不计 P 区和 N 区的体电阻以及漏电阻,则在工作点处二极管的小信号模型如图 1-32 所示。C_D 和 C_T 对外电路并联等效,总电容 $C_J = C_T + C_D$,称 CJ 为 PN 结的结电容。正偏二极管的扩散电容 C_D 比势垒电容 C_T 大,C_J 以 C_D 为主;加反向偏压时,$C_D = 0$,C_J 以 C_T 为主。

一般当信号角频率 ω 较低时,$r_d \ll \frac{1}{\omega C_J}$,$C_D$ 和 C_T 的容抗很大,相当于开路,二极管的小信号模型中只有 r_d;当角频率很高时,$\frac{1}{\omega C_J}$ 可以与 r_d 相比较,结电容 C_J 的影响就必须考虑,所以图 1-32 称为二极管高频小信号模型。

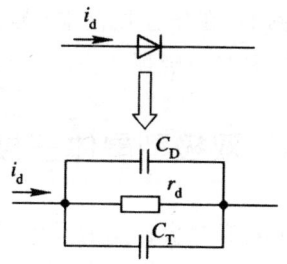

图 1-32　二极管高频小信号模型

如果二极管以其单向导电特性应用于电路,则结电容 C_J 是不希望的参数。如果使二极管反偏,这时 $C_D = 0$,而且反向电阻 r_d 很大,在高频时,$\dfrac{1}{\omega C_J}$ 远小于反向电阻 r_d,这样,r_d 相当于开路,二极管高频模型便只有势垒电容 C_T 了。因此,反偏二极管在高频时可以当作电容器来使用,而且电容量可以通过调整反偏电压来改变。这种利用反偏时的势垒电容工作于电路的二极管称为变容二极管,简称变容管。变容管的电路符号如图 1-33 所示。变容管具有电压控制(简称压控)电容量的特性。

图 1-33　变容管的电路

专门制造的变容管往往通过改变 P 区和 N 区界面两侧的杂质密度的方式来获得不同的压控电容特性。C_T 与外加反向偏压的一般关系如下:

$$C_T = \frac{C_T(0)}{\left(1 - \dfrac{u_D}{U_\varphi}\right)} \tag{1-28}$$

式中,U_φ 为 PN 结内建电压;、$C_T(0)$ 是反向偏压 $U_D = 0V$ 时的势垒电容;γ 称为变容指数,它与 PN 结物理界面两侧的杂质密度的变化方式有关。物理界面两侧均匀掺杂的 PN 结称为突变结,对于突变结,$\gamma = 1/2$。另外,对于各种不同工艺制作的变容管而言,一般 $\gamma = (1/3 \sim 3)$。图 1-34 是变容管的伏容特性曲线的示意图。

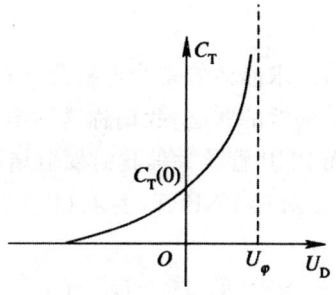

图 1-34　变容管的压控特性曲线

变容管广泛应用于高频电路,例如,在压控振荡器(英文缩写 VCO)中作频率控制元件。在微波电路中,变容管可以作参量放大器和倍频器。

1.4　双极型晶体三极管

晶体二极管问世后不久,出现了具有放大作用的晶体三极管,这是半导体器件发展过程中的重大的飞跃。晶体三极管主要包括双极型晶体管(Bipolar Junction Transistor,BJT)和场效应晶体管(Field Effect Transistor,FET)两种类型。但由于:BJT 比 FET 较早问世的历史原因,人们提到晶体三极管时往往指 BJT。双极型晶体三极管一词主要是源于:这种类型的晶体管工作时,两种极性的载流子(电子和空穴)均在导电方面起着重要的作用。

1.4.1　BJT 结构

双极型晶体管分为 NPN 管和 PNP 管两种类型。顾名思义,BJT 是由两个 N 区夹一个 P 区或由两个 P 区夹一个 N 区形成的具有两个 PN 结的结构。中间所夹的异型杂质半导体区称为基区(base),另外两个杂质半导体区分别称为发射区(emitter)和集电区(collector)。发射区与基区之间的 PN 结称为发射结(E 结),集电区与基区之间的 PN 结称为集电结(C 结)。每个区引出一个电极分别称为发射极(e)、基极(b)和集电极(c)。NPN 管和 PNP 管的结构示意图如图 1-35(a)和(b)所示。

图 1-35(c)和(d)是 NPN 管和 PNP 管的电路符号。在电路符号旁画出的电流方向是 BJT 在放大偏置状态下发射极电流 i_E、集电极电流 i_C 和基极电流 i_B 的实际方向。放大偏置状态下的 NPN 管的 i_E 流出晶体管,i_C 和 i_B 流入晶体管;放大偏置状态下的 PNP 管的硅流入晶体管,i_C 和 i_B 流出晶体管。显然,三个电流之间的关系一定满足下式

$$i_E = i_B + i_C \tag{1-29}$$

BJT 的发射极与集电极不能交换使用,这是因为 BJT 并非对称结构。除了集电结面积比发射结面积大以外,BJT 的内部结构还具有以下两个重要特点:

①发射区杂质密度远大于基区杂质密度。

②基区非常薄(0.1 微米到几微米)。这两个特点是 BJT 能够放大信号的内部条件。

1.4.2　BJT 放大偏置及电流分配关系

1.BJT 的放大偏置

双极型晶体管用于放大器时,要求晶体管三个电极之间的偏置电压(或称静态工作点)应处于发射结正向偏置,集电结反向偏置的状态,我们称这种偏置状态为晶体管的放大偏置。图 1-35(c)和(d)中标出了 NPN 管和 PNP 管放大偏置时发射结和集电结的外加电压的极性。对于 NPN 管,要求 $U_{CE} > 0$,$U_{BE} > 0$。对于 PNP 管,要求 $U_{CE} < 0$,$U_{BE} < 0$。放大偏置时,两种晶体管三个电极的电位关系如下:

$$\text{NPN 管}: U_C > U_B > U_E \tag{1-30}$$

$$\text{PNP 管}: U_C < U_B < U_E \tag{1-31}$$

利用 BJT 在放大偏置时电流的方向(如图 1-41(c)和(d)所示),可以帮助我们很容易记住上述关系。BJT 是三端非线性电阻器件,电流应由高电位流向低电位。NPN 管的电流是集电极流入,发射极流出,故集电极电位最高,发射极电位最低。PNP 管的电流是发射极流入,集电极流出,故发射极电位最高,集电极电位最低。基极由夹在中间的基区引出,故 U_B 总是在 U_E 与 U_C 之间。

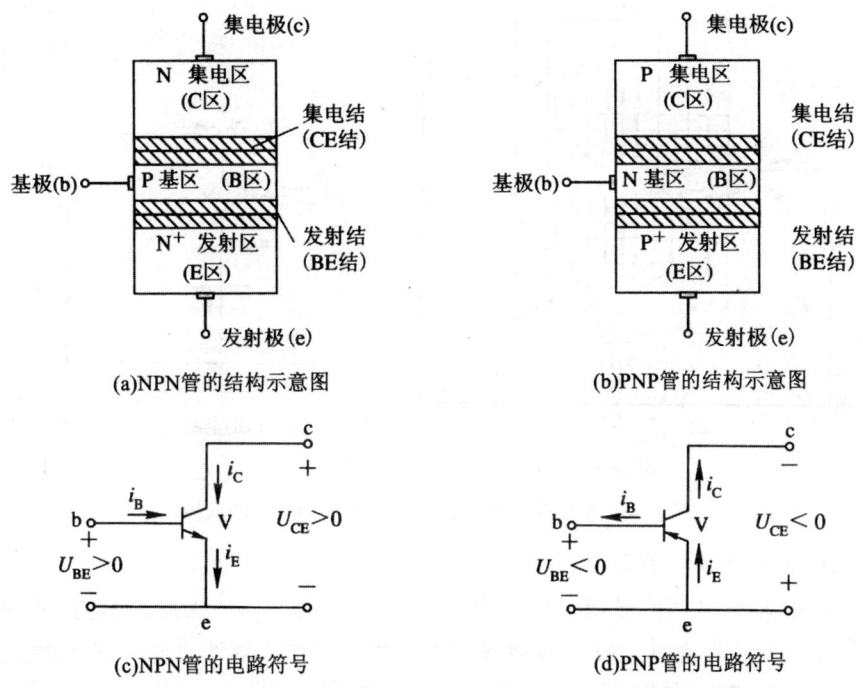

图 1-35　双极型晶体管的结构示意图和电路符号

双极型晶体管也有硅管和锗管之分。对于硅 BJT 和锗 BJT,其正偏发射结导通电压的典型值分别可取 0.7V 和 0.3V。另外还需指出,由于 NPN 管较 PNP 管应用更广泛,特别在一般的半导体集成电路中,NPN 管性能优于 PNP 管,在 IC 设计中 PNP 管更是少用,所以,本教材对 NPN 管讨论较多。另外,锗 PNP 管现已很少使用。

2. 放大偏置时 BJT 内部载流子的传输过程

(1)发射区多子向基区扩散

如图 1-36 所示,正偏发射结使发射区自由电子(多子)向基区注入(扩散),形成电流 i_{En};基区空穴(多子)向发射区注入,形成电流 i_{Ep}。两电流之和构成发射极电流 $i_E = i_{En} + i_{Ep}$,硅就是正偏发射结的正向电流。由于发射区杂质密度远大于基区杂质密度,发射区自由电子浓度就会远大于基区空穴浓度,使得发射区向基区注入的自由电子流远大于基区向发射区注入的空穴流,因此自由电子由发射区向基区注入构成了 i_E 的主要成分,即 $i_E \approx i_{En}$。

(2)基区非平衡少子向集电结方向边扩散边复合

发射区自由电子注入基区后即成为基区的非平衡少子,这些非平衡自由电子会在基区靠近发射结的边界处累积,从而在基区形成非平衡自由电子的浓度差,这使得非平衡自由电子会继续向集电结方向扩散。非平衡自由电子在基区的扩散过程中,由于基区的杂质浓度很低,且基区做得很薄,只有很少部分的自由电子被基区空穴(多子)复合,形成基区复合电流 i_{B1},绝大多数扩散中的自由电子都会到达集电结边界,如图 1-36 所示。基区复合电流 i_{B1} 是基极电流的主要成分,表示了从基极引线进入基区的空穴电流。

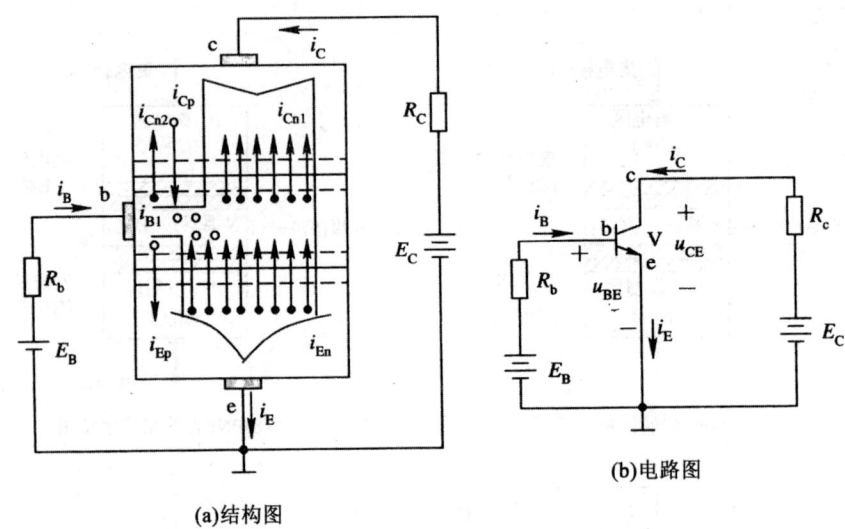

(a)结构图

(b)电路图

图 1-36　放大偏置时 BJT 内部载流子传输的示意图

(3)集电区收集基区非平衡少子

集电结反偏,结内电场很强,有利于结外边界处少子的漂移。因此,凡是扩散到达集电结边界的基区非平衡少子(自由电子),在电场力的作用下均被抽取到集电区,形成集电极电流的主要成分 i_{Cn1}(如图 1-36 中所示)。

因集电结反偏,在反偏电压所产生电场的作用下,基区的少子(电子)通过集电结漂移到集电区形成漂移电流 i_{Cn2};同理,集电区中的少子(空穴)通过集电结漂移到基区形成漂移电流 i_{Cp}。根据 PN 结原理,反偏的 PN 结存在反向饱和电流,反偏的集电结也不例外。图 1-36 中标出的电流 $i_{Cn2} + i_{Cp} = I_{CBO}$ 就是集电结的反向饱和电流。如果断开图 1-36 中的发射极,则 I_{CBO} 就是图中的惟一在集电结回路里流通的电流。

I_{CBO} 是温度的敏感函数,它的存在对晶体管放大信号毫无作用,是 i_C 和 i_B 中不可控的分量,只会使晶体管工作点不稳定,故 I_{CBO} 越该尽量小。

综上所述,在晶体管发射区较基区为高掺杂和基区极薄的内部条件以及晶体管放大偏置的外部条件下,通过发射区多子向基区注入,形成基区非平衡少子向集电区扩散和集电区收集基区非平衡少子的过程,使发射结的正向电流 i_{En} 基本上转化成为集电极电流 i_{Cn1},而基极电流主要是很小的基区复合电流。总结上述分析,可得晶体管各电极的电流有如下关系

$$i_E = i_{En} + i_{Ep} \approx i_{En} \tag{1-32}$$

$$i_C = i_{Cn1} + I_{CBO} \approx i_{Cn1} \tag{1-33}$$

$$i_B = i_{B1} + i_{Ep} - I_{CBO} \tag{1-34}$$

$$I_{CBO} = i_{Cn2} + i_{Cp} \tag{1-35}$$

$$i_E = i_B + i_C \tag{1-36}$$

3. 放大偏置时的电流关系

（1）i_E 与 i_C 的关系

对于给定的晶体管，由发射极电流转化而来的集电极电流成分 i_{Cn1} 与发射极电流 i_E 的比在一定的电流范围内是一个常数，故可以定义其比值为 $\bar{\alpha}$，称为共基极直流电流放大倍数，即

$$\bar{\alpha} = \frac{i_{Cn1}}{i_E} \tag{1-37}$$

由式(1-33)可知，集电极电流 i_C 由 i_{Cn1} 和 I_{CBO} 两部分组成。再由上式，便可写出用硅表示 i_C 的关系式

$$i_C = \bar{\alpha} i_E + I_{CBO} \tag{1-38}$$

$\bar{\alpha}$ 的值一般在 0.95 以上。但是 $\bar{\alpha}$ 小于 1，否则意味着基区没有复合（这显然是不可能的）。由于 I_{CBO} 往往很小（对硅管尤其如此），因而此工程上一般也用下式来近似

$$i_C \approx \bar{\alpha} i_E \quad (I_{CBO} \approx 0) \tag{1-39}$$

式(1-39)也表明，$\bar{\alpha}$ 可以用 i_C 与 i_E 的比来近似计算，即 $\bar{\alpha} \approx \dfrac{i_C}{i_E}$。

（2）i_C 与 i_B 的关系

将式(1-38)代入式(1-36)，则可写出用 i_B 表示 i_C 的关系式如下

$$i_C = \frac{\bar{\alpha}}{1-\bar{\alpha}} i_B + \frac{1}{1-\bar{\alpha}} = I_{CBO} \tag{1-40}$$

定义共发射极直流电流放大系数 $\bar{\beta}$ 为

$$\bar{\beta} = \frac{\bar{\alpha}}{1-\bar{\alpha}} \tag{1-41}$$

代入式(1-40)可得

$$i_C = \bar{\beta} i_B + (1+\bar{\beta}) I_{CBO} \tag{1-42}$$

由式(1-42)可解析出 $\bar{\beta}$ 的物理含义

$$\bar{\beta} = \frac{i_C - I_{CBO}}{i_B + I_{CBO}} \tag{1-43}$$

可以看出，式(1-43)的分子是不计 I_{CBO} 的集电极电流，分母是不计 I_{CBO} 的基极电流（试观察图 1-36(a)中的基极电流成分，I_{CBO} 与总的 I_B 的方向相反），所以，$\bar{\beta}$ 是不包含 I_{CBO} 在内的 i_C 与 i_B 的比值。一般 I_{CBO} 往往比 i_C 和 i_B 都小得多（对硅管尤其如此），故往往可将式(1-43)中的 I_{CBO} 近似为零（忽略），即

$$\bar{\beta} = \frac{i_C}{i_B} \text{ 或 } i_C \approx \bar{\beta} i_B \tag{1-44}$$

式(1-44)反映了放大偏置时双极型晶体管基极电流 i_B 对集电极电流 i_C 的控制作用。在工程上也可用该式来估算 $\bar{\beta}$ 的值，当然也可以直接用 $\bar{\alpha}$ 来求 $\bar{\beta}$。另外，$\bar{\beta}$ 的值一般在数十到数百倍之间，但用 BJT 特殊集成工艺可以制成一种超 $\bar{\beta}$ 管，其 $\bar{\beta}$ 的值可达数千倍。

在温度不变和一定的电流范围内，$\bar{\beta}$ 基本上为常数，所以，放大偏置的晶体管的 i_E、i_C 和 i_B 近似成比例变化。

利用式(1-42)可以看出,如果把放大偏置 BJT 电路的基极开路(即令 $i_B=0$),那么此时在集电极与发射极之间流过的电流称为 BJT 的穿透电流,穿透电流记为 I_{CBO},如图 1-37 所示。

$$I_{CBO} = (1+\bar{\beta})I_{CBO} \tag{1-45}$$

显然,穿透电流 I_{CBO} 比集电结反向饱和电流 I_{CBO} 大得多。

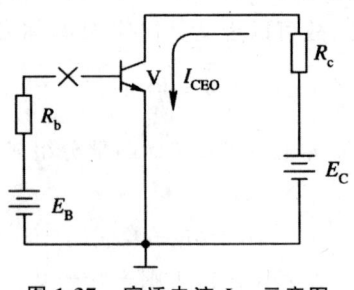

图 1-37　穿透电流 I_{CBO} 示意图

1.4.3　BJT 偏置电压与电流的关系

式(1-38)和式(1-42)是放大偏置的 BJT 外部电流的基本关系式。式(1-38)表明 i_E 变化将引起 i_C 的变化,式(1-42)表明 i_B 变化将引起 i_C 的变化。这就是传统的双极型晶体管是电流控制器件的观点。但是,控制各极电流变化的真正原因是发射结正向电压的变化。此外,集电结反向电压的变化对各极电流也有影响。

发射结正向电压 UBE 对各极电流的控制作用——BJT 的正向控制作用。由上述分析可知,发射极电流 i_E 实际上就是正偏发射结的正向电流。根据正偏 PN 结的伏安特性关系可知

$$i_E \approx I_S e^{\frac{u_{BE}}{U_T}} \tag{1-46}$$

式中,I_S 可视为发射结反向饱和电流。当发射结正偏电压 u_{BE} 增加时,正向电流硅增加。此时,注入基区的非平衡少子增多,会使基区复合增多,到达集电结边界被集电区收集的非平衡少子也会增多,从而使 i_B 和 i_C 都会增大。也就是说,发射结正偏电压 u_{BE} 的变化将控制 i_E、i_C 和 i_B 的变化。所以,双极型晶体管也是一种电压控制器件。

综上所述,在晶体管放大偏置状态下,i_E 与 u_{BE} 成指数关系,而 i_E、i_C 和 i_B 之间近似成线性关系,因此,i_E、i_C 和 i_B 均与 u_{BE} 近似成指数关系。即晶体管 BJT 放大偏置时,各极电流与发射结电压 u_{BE} 是按指数规律变化的非线性伏安关系。

集电结反向电压 u_{CB} 对各极电流的影响——基区宽度调制效应。利用图 1-46 所示的基区非平衡少子浓度的分布曲线来简单的分析集电结反偏电压 u_{CB} 对各极电流的影响。

当正偏电压 u_{BE} 一定时,发射区向基区注入的自由电子一定,即基区非平衡少子的浓度分布曲线 $n_b(x)$ 由 u_{BE} 决定。但基极电流 i_B 主要由基区的复合电流构成,而基区复合电流与基区少子数量成正比,基区少子数量又与基区少子浓度分布曲线下的面积 S 成正比,所以,i_B 与基区少子浓度曲线下的面积 S 近似成正比。

当集电结反向电压 u_{CB} 增加时,由 PN 结的知识可知,集电结会变宽,这势必使得基区的宽度减小(见图 1-38,W 减小为 W')。基区少子浓度线便由图中的实线变为虚线所示的形状。显然,虚线下的面积比实线下的面积小,表明 i_B 会减小。再由 $i_C = i_E - i_B$ 可知 i_C 会

增加。

由上述分析可知:放大偏置的 BJT 当集电结反偏电压增加时,i_C 增加而 i_B 减小。这种反偏集电结电压 u_{CB} 的变化引起基区宽度变化,从而影响各极电流的现象称为基区宽度调制效应,简称基区宽调效应。

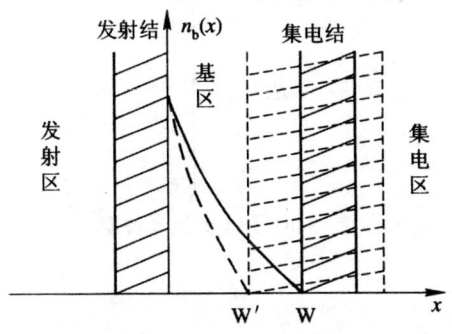

图 1-38　基区非平衡少子浓度的分布曲线

虽然反偏集电结通过基区宽调效应对 BJT 电流的影响远不如正偏发射结对电流的控制作用大,但它的存在使 BJT 电流的受控关系复杂化,使 BJT 成为所谓双向受控器件,由此建立的晶体管模型也会复杂化,而且还可能导致放大器因 BJT 的"内反馈"而性能变坏。总之,对理想的 BJT,应该使基区宽度调制效应尽量小。

1.4.4　BJT 的截止与饱和工作状态

1. 截止状态

当 BJT 的发射结与集电结均加反向偏置电压时,称 BJT 偏置处于截止状态(或工作于截止区)。显然,此时晶体管的电流只有反向饱和电流成分。如果忽略反向饱和电流,可以认为:偏置于截止区的晶体管三个电极的电流均为零,即三个电极是开路的,其模型如图 1-39 所示。一般,NPN 管截止时基极电位比发射极和集电极电位都低。对于 PNP 管,则基极电位此时最高。

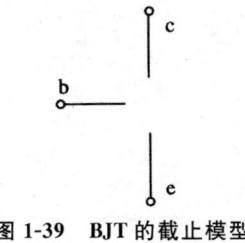

图 1-39　BJT 的截止模型

2. 饱和状态

当 BJT 的发射结与集电结均加正向偏置电压时,称 BJT 偏置处于饱和状态(或工作于饱和区)。由于正偏 PN 结的外电压都只有零点几伏,故在大信号电路中常将三个电极短路作为 BJT 饱和区的模型,如图 1-40 所示。偏置于饱和区的 NPN 管基极电位最高,对于 PNP 管,则饱和时基极电位最低。

　　从上述分析以及截止区和饱和区的近似模型可知,BJT 的截止与饱和状态其实就是晶体管的开关工作状态,而图 1-39 和图 1-40 就是 BJT 的理想开关模型。在脉冲数字电路里,晶体管往往作开关用。例如,TTL 系列数字集成电路采用的都是 BJT 开关。但是在模拟电子电路中,BJT 的开关状态应用较少。

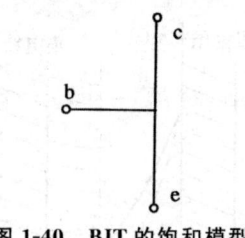

图 1-40　BJT 的饱和模型

第2章 基本放大电路

2.1 基本放大器的组成原理及直流偏置电路

晶体管的一个基本应用就是构成放大器。所谓基本放大器,是指由一个晶体管组成的单级放大器。根据输入、输出回路公共端所接的电极不同,实际中只有共射极、共集电极和共基极这三种组态的放大器。下面以最常用的共射电路为例来说明放大器的一般组成原理。

2.1.1 基本放大器的组成原理

共射极放大器的原理电路如图 2-1 所示。图中,U_{BB} 和 U_{CC} 为直流偏置电源,通过合理选择基极偏置电阻 R_B 和集电极负载电阻 R_C 将晶体管偏置在放大区,并有一合适的工作点 I_{CQ} 和 U_{CEQ}。输入信号通过电容 C_1 加到基极输入端,放大后的信号经电容 C_2 由集电极输出给负载 R_L。因为放大器分析一般采用稳态分析法,所以通常用正弦波作为放大器的输入信号。图中用内阻 R_s 的正弦电压 U_s 为放大器提供输入电压 U_i。电容 C_1、C_2 为隔直电容或耦合电容,其作用是隔直流通交流,即保证信号正常流通的情况下,使放大器的直流偏置与信号源和负载相互隔离、互不影响。按这种方式连接的放大器,通常称为阻容耦合放大器。

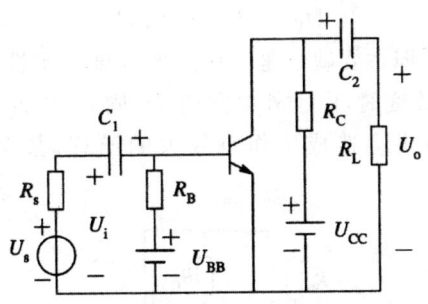

图 2-1 共射极放大器的原理电路

通过上述原理电路的组成实例可以看出,用晶体管组成放大器时应该遵循如下规则:

①必须将晶体管偏置在放大区,并且要设置一合适的静态工作点。为减小直流功耗,在保证信号作用下管子不截止的前提下,工作点 I_{CQ} 应设在较小处。

②输入信号必须加在基极—射极回路。由于正偏的发射结电压 u_{BE} 对 i_C 有灵敏度的控制作用,因此,只有将输入信号加在发射结,使其成为控制电压 u_{BE} 的一部分(如图 2-1 中 $u_{BE} = U_{C1} + u_i = U_{BEQ} + u_i$),才能得到有效的放大。具体连接时,若射极为公共端,则信号应加到基极;反之,基极为公共端,则信号应加到射极。因为反偏的集电结对 i_C 几乎没有控制作用,所以输入信号不能加到集电极。

③必须设置合理的直流和交流信号通路。当信号源和负载与放大器相接时,一方面不能破坏已设定好的直流工作点,另一方面应尽可能减小信号通路中的损耗。实际中,若输入信号的频率较高(几百赫兹以上),采用阻容耦合是一种最佳的连接方式。

综上所述,在构成实用放大器时,必须同时满足以上三条原则,否则电路将不能正常放大信号。

2.1.2 直流偏置电路

根据放大器的组成原理,晶体管在放大应用时,一个首要问题是将晶体管偏置在放大状态,而且在信号的变化过程中管子始终工作在放大区。此时,对偏置电路的要求是:

①偏置下的晶体管要有一合适的直流工作点,并且该工作点在环境温度变化或更换管子时应力求保持稳定。由于集电极总是位于放大器的输出回路,因此,所谓工作点稳定就是要求 I_{CQ} 和 U_{CEQ} 稳定。

②对直流能量和信号传输的损耗应尽可能小。

③电路形式要简单。如采用单路电源,尽可能少用电阻等。

下面是几种常用的偏置电路。

1. 固定偏流电路

电路如图 2-2 所示。由图可知,U_{CC} 通过 R_B 使 e 结正偏,则基极偏流为

$$I_{BQ} = \frac{U_{CC} - U_{BE(on)}}{R_B} \tag{2-1a}$$

只要合理选择 R_B、R_C 的阻值,晶体管就处于放大状态。此时

$$I_{CQ} = \beta I_{BQ} \tag{2-1b}$$

$$U_{CEQ} = U_{CC} - I_{CQ}R_C \tag{2-1c}$$

这种偏置电路虽然简单,但主要缺点是工作点的温度稳定性差。由式(2-1)可知,当温度变化或更换管子引起 β、I_{CBO} 改变时,由于外电路将 I_{BQ} 固定,因此管子参数的改变都将集中反映到 I_{CQ}、U_{CEQ} 的变化上。结果会造成工作点较大的漂移,甚至会使管子进入饱和或截止状态。

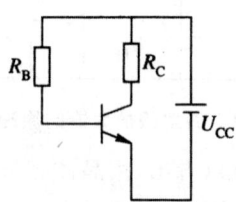

图 2-2 固定偏流电路

2. 电流负反馈型偏置电路

使工作点稳定的基本原理,是在电路中引入自动调节机制,用与 I_B 相反的变化去自动抑制 I_C 的变化,从而使 I_{CQ} 稳定。这种机制通常称为负反馈。实现方法是在管子的发射极串接电阻 R_E,见图 2-3。由图可知,不管何种原因,如果使 I_{CQ} 有增大趋向,则电路会产生如下自我调节过程:

$$I_{CQ}\uparrow \to I_{EQ}\uparrow \to U_{EQ}(=I_{EQ}R_E)\uparrow$$

$$\downarrow$$

$$I_{CQ}\downarrow \leftarrow I_{BQ}\downarrow \leftarrow U_{BEQ}(=U_{BQ}-U_{EQ})\downarrow$$

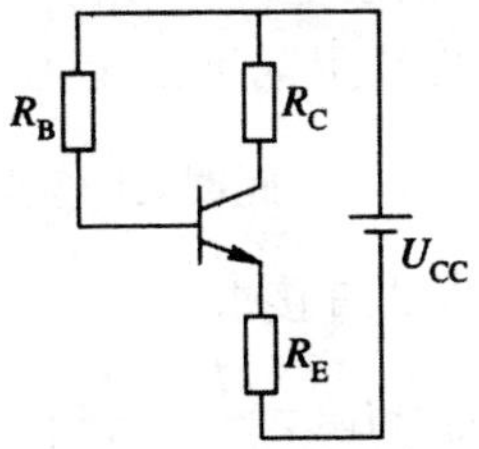

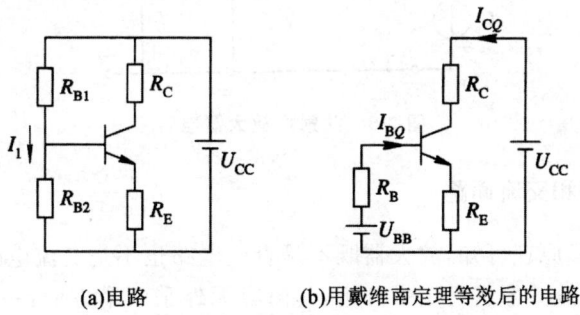

图 2-3　电流负反馈型偏置电路

结果,因 I_{BQ} 的减小而阻止了 I_{CQ} 的增大;反之亦然。可见,通过 R_E 对 I_{CQ} 的取样和调节,实现了工作点的稳定。显然,R_E 的阻值越大,调节作用越强,则工作点越稳定。但 R_E 过大时,因 U_{CEQ} 过小会使工作点(Q 点)靠近饱和区。因此,要二者兼顾,合理选择 R_E 的阻值。

由图 2-3 可知

$$U_{CC}=I_{BQ}R_B+U_{BE(on)}+I_{EQ}R_E=I_{BQ}R_B+U_{BE(on)}+(\beta+1)I_{BQ}R_E$$

因此,可得工作点的计算式为

$$I_{BQ}=\frac{U_{CC}-U_{BE(on)}}{R_B+(\beta+1)R_E} \qquad (2\text{-}2a)$$

$$I_{CQ}=\beta I_{BQ} \qquad (2\text{-}2b)$$

$$U_{CEQ}=U_{CC}-I_{CQ}(R_C+R_B) \qquad (2\text{-}2c)$$

3. 分压式偏置电路

分压式偏置电路如图 2-4(a)所示,它是电流负反馈型偏置电路的改进电路。由图可知,通过增加一个电阻 R_{B2},可将基极电位 U_B 固定。这样由 I_{CQ} 引起的 U_E 变化就是 U_{BE} 的变化,因而增强了 U_{BE} 对 I_{CQ} 的调节作用,有利于 Q 点的近一步稳定。

(a)电路　　　　　　　　(b)用戴维南定理等效后的电路

图 2-4　分压式偏置电路

为确保 U_B 固定,应满足流过 R_{B1}、R_{B2} 的电流 $I_1\gg I_{BQ}$,这就要求 R_{B1}、R_{B2} 的取值越小越好。但是 R_{B1}、R_{B2} 过小,将增大电源 U_{CC} 的无谓损耗,因此要二者兼顾。通常选取

$$I_1=\begin{cases} (5\sim 10)I_{BQ} & (\text{硅管}) \\ (10\sim 20)I_{BQ} & (\text{锗管}) \end{cases} \qquad (2\text{-}3a)$$

并兼顾 R_E 和 U_{CEQ} 而取

$$U_B = \left(\frac{1}{5} \sim \frac{1}{3}\right) U_{CC} \tag{2-3b}$$

依据式(2-3),可以确定 R_{B1}、R_{B2} 及 R_E 的阻值。

从分析的角度看,在该电路的基极端用戴维南定理等效,可得如图 2-4(b)的等效电路。图中,$R_B = R_{B1} /\!/ R_{B2}$,$U_{BB} = U_{CC}\dfrac{R_{B2}}{(R_{B1}+R_{B2})}$。此时,工作点可按式(2-2)计算。如果 R_{B1}、R_{B2} 取值不大,在估算工作点时,则 I_{CQ} 可按下式直接求出:

$$I_{CQ} \approx I_{EQ} = \frac{U_{BB} - U_{BE(on)}}{R_E} \tag{2-4a}$$

式中:

$$U_{BB} = U_B = \frac{R_{B2}}{R_{B1}+R_{B2}} U_{CC} \tag{2-4b}$$

与上述稳定工作点的原理相类似,实际中还可采用电压负反馈型偏置电路,其工作点稳定原理请读者自行分析。除此之外,在集成电路中,还广泛采用电流源作偏置,即用电流源直接设定 I_{CQ}。有关电流源问题将在第六章详细讨论。

采用固定偏流电路组成的共射极放大器如图 2-5 所示。与图 2-1 原理电路相比,只用了一路电源 U_{CC},而且为了使电路图清晰,将射极端设为电路的参考点(即公共地),这样电源可不必画出,而用电位 U_{CC} 表示。

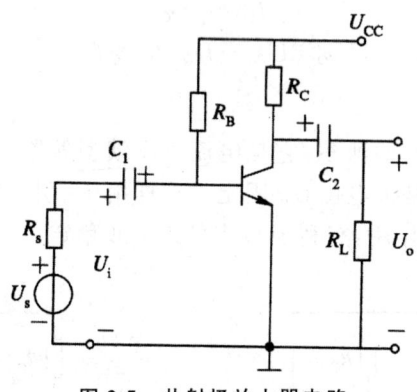

图 2-5 共射极放大器电路

2.1.3 直流通路和交流通路

根据放大器的组成原理可知,放大器既不是直流电路也不是交流电路,而是一种交直流混合电路。因此,对一个放大器进行定量分析,其内容无外乎两个方面:一是直流(静态)工作点分析,即在没有输入信号时,计算晶体管各极的直流电流和极间电压;二是交流(动态)性能分析,即在输入信号作用下,确定晶体管在工作点处各极电流和极间电压的变化量,进而计算放大器的各项交流指标。因此,两者分析的对象是不同的,前者是电路中的直流分量,而后者是交流分量。因为放大电路中可能存在有电抗元件(例如阻容耦合放大器),所以其直流通路和交流通路是各不相同的。为了分别进行直流和交流分析,必须首先确定出放大器的直流通路和交流通路。

　　确定放大器的直流通路和交流通路的方法是：将原放大电路中的所有电容开路，电感短路，而直流电源保留，得直流通路；根据输入信号的频率，将电抗极小的大电容、小电感短路，电抗极大的小电容、大电感开路，而电抗不容忽略的电容、电感保留，且直流电源对地短路（因其内阻极小），便得交流通路。

　　现以图2-5所示的共射极放大器为例，按照上述方法，将电路中的耦合电容 C_1、C_2 开路，得直流通路，如图2-6(a)所示；将 C_1、C_2 短路，直流电源 U_{CC} 对地也短路，便得交流通路，如图2-6(b)所示。

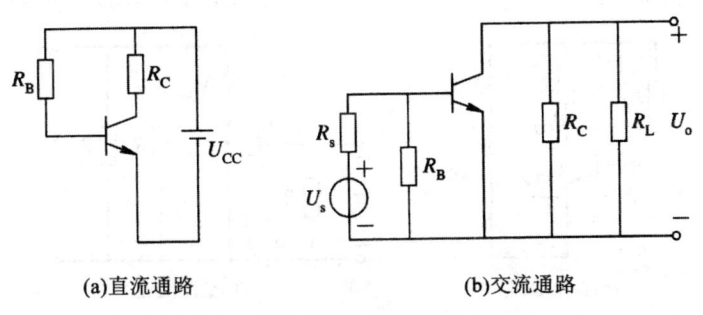

(a)直流通路　　　　　　　　　　(b)交流通路

图2-6　共射极放大器的交、直流通路

2.2　放大器图解分析法

　　对放大器进行分析，通常有两种方法，一种是图解法，另一种是等效电路法。图解法是在晶体管特性曲线上通过作图确定工作点及其信号作用下的相对变化量。这种方法具有形象、直观的优点，对初学者理解放大原理、波形关系及非线性失真等很有帮助。但对于小信号放大器，图解法难以准确地进行定量分析。因此，该方法通常是作为放大器分析的辅助方法。等效电路法是一种利用器件模型进行电路分析的方法，它具有运算简便、结果误差小的优点，所以是放大器分析的主要方法。在2.1节中已讨论了直流电路计算法，关于交流等效电路分析将在下一节详细讨论。本节以图2-5所示的共射极放大器为例对图解法进行研究。

2.2.1　直流图解分析

　　直流图解分析是在晶体管特性曲线上，用作图的方法确定出直流工作点，求出 I_{BQ}、U_{BEQ} 和 I_{CQ}、U_{CEQ}。

　　从原则上说，I_{BQ} 和 U_{BEQ} 可以在输入特性曲线上作图求出。但是输入特性不易准确测得，所以 I_{BQ} 和 U_{BEQ} 一般不用图解法确定，而是利用估算法，取 $U_{BEQ} \approx 0.7\text{V}$（硅管）或 0.3V（锗管），并按式(2-1a)算出 I_{BQ}。下面主要讨论输出回路的图解过程。

　　对于图2-5所示的共射极放大器，其直流通路重画于图2-7(a)中。由图可知，在集电极输出回路，可列出如下一组方程：

$$i_C = f(u_{CE}) \big|_{i_B = I_{BQ}} \quad \text{——特性曲线方程} \tag{2-5a}$$

$$u_{CE} = U_{CC} - i_C R_C \quad \text{——直流负载线方程} \tag{2-5b}$$

其中，特性曲线方程是由晶体管内部特性决定的 i_C 与 u_{CE} 之间的关系式，反映在输出特性上，它

是一条 i_B—I_{BQ} 的输出特性曲线,如图 2-8(a)所示。而直流负载线方程是 i_C 与 u_{CE} 受外部电路约束的关系式,由于负载电阻 R_C 和直流电源 U_{CC} 均为线性元件,因此在输出特性上该方程是一条直线,称为直流负载线。该负载线可以由两个特殊点作出,即当 $u_{CE}=0$ 时,$i_C=\dfrac{U_{CC}}{R}$ 为纵坐标上的 M 点,当 $i_C=0$ 时,$u_{CE}=U_{CC}$ 为横坐标上的 N 点。连接以上两点,得直流负载线 MN,其斜率为 $\dfrac{-1}{R_C}$,如图 2-8(a)所示。图中,直流负载线 MN 与 $i_B=I_{BQ}$ 的输出特性曲线相交于 Q 点,则该点就是方程组(2-5)的解(即直流工作点)。因而,量得 Q 点的纵坐标为 I_{CQ},横坐标则为 U_{CEQ}。

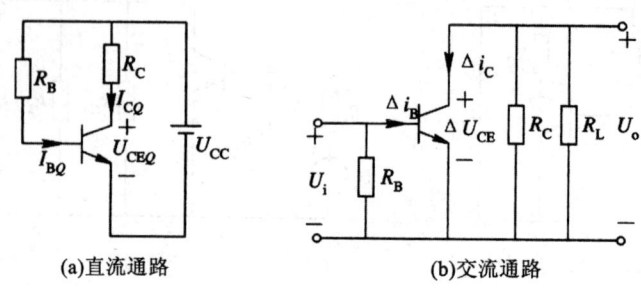

(a)直流通路 (b)交流通路

图 2-7 共射极放大器的直流、交流通路

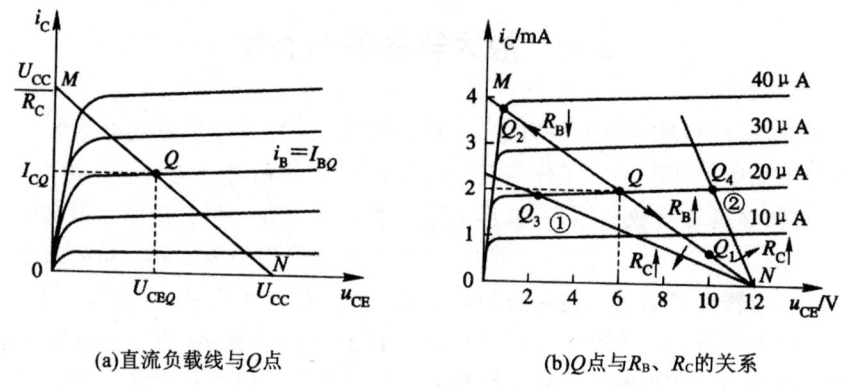

(a)直流负载线与 Q 点 (b) Q 点与 R_B、R_C 的关系

图 2-8 放大器的直流图解分析

2.2.2 交流图解分析

交流图解分析是在输入信号作用下,通过作图来确定放大管各级电流和极间电压的变化量。此时,放大器的交流通路如图 2-8(b)所示。由图可知,由于输入电压连同 U_{BEQ} 一起直接加在发射结上,因此,瞬时工作点将围绕 Q 点沿输入特性曲线上下移动,从而产生 i_B 的变化,如图 2-9(a)所示。为了确定因 i_B 引起的 i_C 和 u_{CE} 的变化,必须先在输出特性上画出 i_B 变化时瞬时工作点移动的轨迹,即交流负载线。由于工作点移动时,一方面,当输入电压过零时必然通过直流工作点 Q;另一方面,由图 2-8(b)可知,集电极输出回路约束 Δi_C 和 Δu_{CE} 的关系为 $\Delta u_{CE}=-\Delta i_C R_L'$,其中 $R_L'=R_C /\!/ R_L$ 因而,瞬时工作点移动的斜率为

$$k=\frac{\Delta i_C}{\Delta u_{CE}}=\frac{1}{R_L'} \tag{2-6}$$

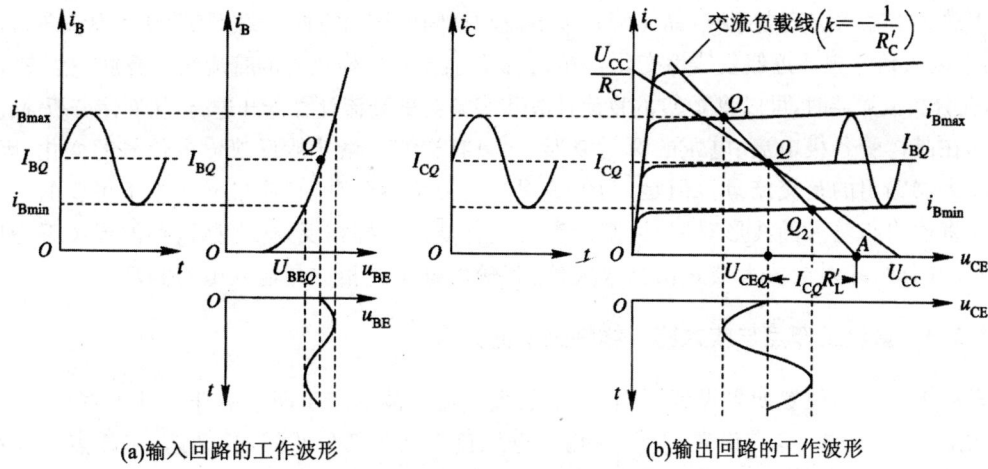

(a)输入回路的工作波形　　　　　　　　　(b)输出回路的工作波形

图 2-9　放大器的交流图解分析

由此可见,交流负载线是一条过 Q 点且斜率为$-1/R_L'$的直线。具体作法为:令 $\Delta i_C = I_{CQ}$,在横坐标上从 U_{CEQ} 点处向右量取一段数值为 $I_{CQ}R_L'$ 的电压,得 A 点,则连接 AQ 的直线即为交流负载线,如图 2-9(b)所示。

画出交流负载线之后,根据电流 i_B 的变化规律,可画出对应的 i_C 和 u_{CE} 的波形。在图 2-9(b)中,当输入正弦电压使 i_B 按图示的正弦规律变化时,在一个周期内 Q 点沿交流负载线在 Q_1 到 Q_2 之间上下移动,从而引起 i_C 和 u_{CE} 分别围绕 I_{CQ} 和 U_{CEQ} 作相应的正弦变化。由图可以看出,两者的变化正好相反,即 i_C 增大,u_{CE} 减小;反之,i_C 减小,则 u_{CE} 增大。

根据上述交流图解分析,可以画出在输入正弦电压下,放大管各极电流和极间电压的波形,如图 2-10 所示。观察这些波形,可以得出以下几点结论:

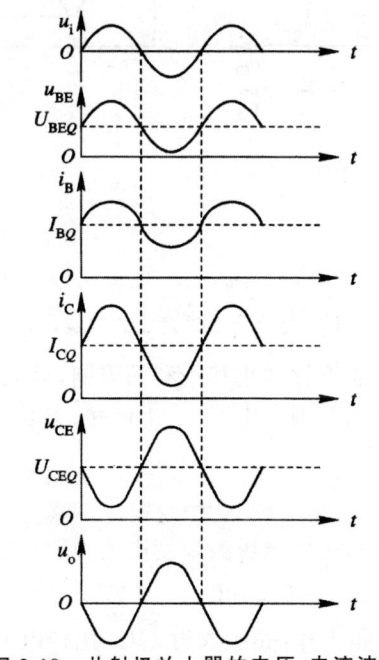

图 2-10　共射极放大器的电压、电流波形

①放大器输入交变电压时,晶体管各极电流和极间电压的方向始终不变,只是围绕各自的静态值,按输入信号规律近似呈线性变化。换句话说,就是在工作点处的直流量上叠加一个交流量。因此,在分析放大器时,可以将 Q 点的直流计算和 Q 点处的交流计算分开进行,从而使分析简化。

②在晶体管各极电流、电压的瞬时波形中,只有交流分量才能反映输入信号的变化,因此,需要放大器输出的是交流量。但是,为了确保交流分量不失真,直流量又是必不可少的。

③将输出与输入的波形对照,可知两者的变化规律正好相反,通常称这种波形关系为反相或倒相。因此,共射极放大器是反相放大器,其输出电压的相位与输入电压相反。

2.2.3　直流工作点与放大器非线性失真的关系

直流工作点的位置如果设置不当,会使放大器输出波形产生明显的非线性失真。

在图 2-11(a)中,Q 点设置过低,在输入电压负半周的部分时间内,动态工作点进入截止区,使 i_B、i_C 不能跟随输入变化而恒为零,从而引起 i_B、i_C 和 u_{CE} 的波形发生失真,这种失真称为截止失真。由图可知,对于 NPN 管的共射极放大器,当发生截止失真时,其输出电压波形的顶部被限幅在某一数值上。

若 Q 点设置过高,如图 2-11(b)所示,则在输入电压正半周的部分时间内,动态工作点进入饱和区。此时,当 i_B 增大时,i_C 则不能随之增大,因而也将引起 i_C 和 u_{CE} 波形的失真,这种失真称为饱和失真。由图可见,当发生饱和失真时,其输出电压波形的底部将被限幅在某一数值上。

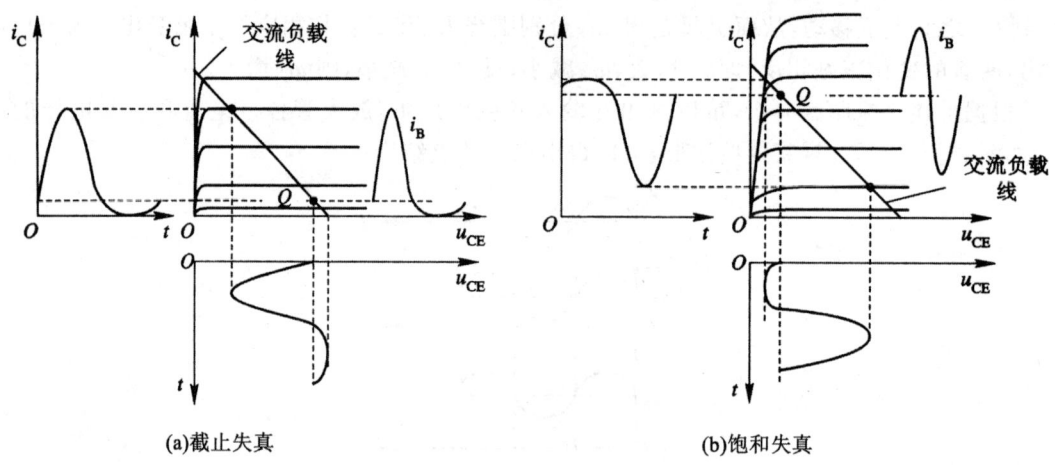

(a)截止失真　　　　　　　　　　　　(b)饱和失真

图 2-11　Q 点不合适产生的非线性失真

通过以上分析可知,由于受晶体管截止和饱和的限制,放大器的不失真输出电压有一个范围,其最大值称为放大器输出动态范围。由图 2-11 可知,因受截止失真限制,其最大不失真输出电压的幅度为

$$U_{om} = I_{CQ} R'_L \qquad (2\text{-}7a)$$

而因饱和失真的限制,最大不失真输出电压的幅度则为

$$U_{om} = U_{CEQ} - U_{CES} \qquad (2\text{-}7b)$$

式中,U_{CES} 表示晶体管的临界饱和压降,一般取为 1V。比较以上两式所确定的数值,其中较小的即为放大器最大不失真输出电压的幅度,而输出动态范围 U_{opp} 则为该幅度的两倍,即

$$U_{\text{opp}} = 2U_{\text{om}} \tag{2-8}$$

显然,为了充分利用晶体管的放大区,使输出动态范围最大,直流工作点应选在交流负载线的中点处。

2.3 放大器的交流等效电路分析法

在放大电路中,偏置电路将晶体管偏置在放大区某一合适的工作点处,如图 2-13 所示。在此前提下,如果输入交流信号,就会引起晶体管各极电流和极间电压的变化。分析计算这些变化量的大小及其相互关系,即为交流或动态分析,其实质就是确定在 Q 点处因输入引起的电流和电压的偏移量。如果输入限制为小信号,即在图 2-12 中围绕 Q 点在一个不大的范围内变化,此时在 Q 点处可用直流关系来近似伏安特性。因此对信号而言,可以把晶体管看作线性有源器件,并用相应的线性元件来等效,便可得到 Q 点处的交流小信号模型。这样对放大器的交流分析就转化为对其等效电路的分析。本节首先推导晶体管小信号电路模型,然后以共射极电路为例,讨论放大器性能指标的等效电路分析法。

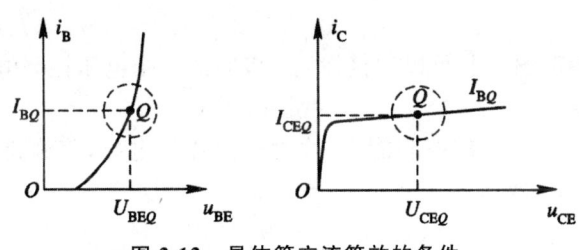

图 2-12 晶体管交流等效的条件

2.3.1 晶体管交流小信号电路模型

工作在放大状态下的共射极晶体管如图 2-13(a)所示。为了方便,在模拟晶体管放大过程时,先忽略管内寄生效应的影响。在输入信号作用下,图示晶体管的发射结加有交流电压 u_{be},由于基极电流受 e 结电压的控制,这时将产生基极交流电流 i_{b},根据管内电流分配关系,集电极便输出交流电流 i_{c}。因为晶体管输出端一般接有负载,所以以 i_{c} 的变化将在 c、e 极间产生交流电压 u_{ce} 因此,晶体管各极端电压和端电流在信号作用下变为

$$u_{\text{BE}} = U_{\text{BEQ}} + u_{\text{be}}, i_{\text{B}} = I_{\text{BQ}} + i_{\text{b}}$$
$$i_{\text{C}} = I_{\text{CQ}} + i_{\text{c}}, u_{\text{CE}} = U_{\text{CEQ}} + u_{\text{ce}}$$

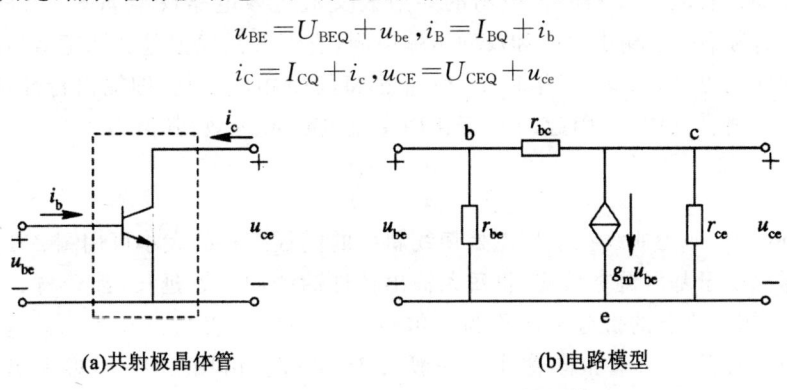

(a)共射极晶体管　　　　　　　(b)电路模型

图 2-13 晶体管放大过程分析及电路模型

由此推理,晶体管输入端 u_{be} 控制 i_B 的作用,可以用 b、e 极间相应的交流结电阻 r_{be} 来等效,其大小为静态工作点处 u_{BE} 对 i_B 的偏导值,即

$$r_{be} = \frac{u_{be}}{i_b} = \frac{\partial u_{BE}}{\partial i_B}\bigg|_Q = \frac{\partial i_E}{\partial i_B} \cdot \frac{\partial u_{BE}}{\partial i_E}\bigg|_Q = (1+\beta)r_e \qquad (2\text{-}9)$$

式中:

$$r_e = \frac{\partial u_{BE}}{\partial i_E}\bigg|_Q = \frac{u_{be}}{i_b}, \quad 1+\beta = \frac{\partial i_E}{\partial i_B} = \frac{i_e}{i_b}$$

分别为发射结交流电阻和 r_e 等效到基极支路的折合系数。根据正向 PN 结电流与电压间的近似关系式

$$i_E \approx I_S e^{\frac{u_{BE}}{U_T}}$$

可求得 r_e,其值为

$$r_e = \frac{\partial u_{BE}}{\partial i_E}\bigg|_Q = \frac{1}{\frac{1}{U_T} I_S e^{\frac{u_{BEQ}}{U_T}}} = \frac{U_T}{I_{EQ}} \qquad (2\text{-}10)$$

可见,r_e 与温度有关,并与晶体管直流工作电流 I_{EQ} 成反比。室温下,$U_T = 26\text{mV}$,所以 $r_e = 26\text{mV}/I_{EQ}$。

u_{be} 通过 i_b 对 i_c 的控制作用,可以用接在 c、e 极间的一个电压控制电流源来等效,即

$$i_c = g_m u_{be} \qquad (2\text{-}11)$$

式中控制参量 g_m 反映 u_{be} 对 i_c 的控制能力,称为正向传输电导,简称跨导。其大小为静态工作点处 i_c 对 u_{BE} 的偏导值,即

$$g_m = \frac{i_c}{u_{be}} = \frac{\partial i_C}{\partial u_{BE}}\bigg|_Q = \frac{\partial i_C}{\partial i_B} \cdot \frac{\partial i_B}{\partial u_{BE}}\bigg|_Q = \frac{\beta}{r_{be}} \qquad (2\text{-}12)$$

式中:

$$\beta = \frac{\partial i_C}{\partial i_B}\bigg|_Q = \frac{i_c}{i_b}$$

为共射极交流电流放大系数。利用式(2-9)和 $\alpha = \dfrac{\beta}{1+\beta}$,$g_m$ 又可表示为

$$g_m = \frac{\beta}{(1+\beta)r_e} = \frac{\alpha}{r_e} = \frac{\alpha I_{EQ}}{U_T} = \frac{I_{CQ}}{U_T} \qquad (2\text{-}13)$$

根据上述晶体管放大过程所模拟出的共射极交流等效电路模型如图 2-14(b)所示。图中,r_{ce} 和 r_{bc} 分别为集电极输出电阻和反向传输电阻,它们都是模拟基区调宽效应的等效变量。由晶体管特性曲线可知,当 u_{CE} 变化时,i_C 和 i_B 都将发生相应变化,即输出特性略有上翘而输入特性有细微分离。其中,u_{ce} 引起的 i_c 变化用交流电阻 r_{ce} 等效,其值为

$$r_{ce} = \frac{u_{ce}}{i_c} = \frac{\partial u_{CE}}{\partial i_C}\bigg|_Q \qquad (2\text{-}14)$$

反映在输出特性上,即为曲线在工作点处切线斜率的倒数。r_{ce} 的大小可用图 2-14 所示的厄尔利电压来估算。由于基区调宽效应,将每条输出特性曲线向左方延长,都会与 u_{CE} 的负轴相交于一点,其交点相对原点的折合电压称为厄尔利电压,用 U_A 表示。显然,U_A 越大,表示基区调宽效应越弱。对于小功率晶体管,U_A 一般大于 100V。由图 2-15 不难求出在 Q 点处的 r_{ce} 即

$$r_{ce} = \frac{\partial u_{CE}}{\partial i_C}\bigg|_Q = \frac{U_A + U_{CEQ}}{I_{CQ}}\bigg|_{I_{BQ}} \approx \frac{U_A}{I_{CQ}} \tag{2-15}$$

例如，取 $U_A = 100\text{V}$，当 $I_{CQ} = 2\text{mA}$ 时，$r_{ce} \approx 50\text{k}\Omega$

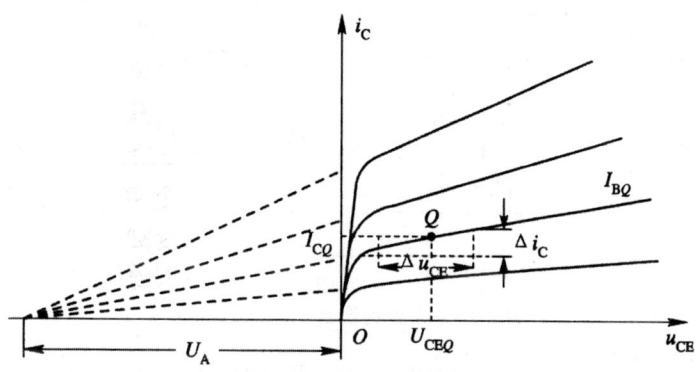

图 2-14　利用厄尔利电压求 r_{ce}

u_{ce} 引起的 i_b 变化用交流电阻 r_{bc} 等效，其值为

$$r_{bc} = \frac{u_{be}}{i_b} = \frac{\partial u_{BE}}{\partial i_E}\bigg|_Q = \frac{\partial i_C}{\partial i_B} \cdot \frac{\partial u_{CE}}{\partial i_C}\bigg|_Q = \beta r_{ce} \tag{2-16}$$

反映在输入特性上，即是工作点处对不同 u_{CE} 曲线的分离程度。由于 r_{bc} 的数值非常大，因此工程分析时可忽略它的影响。

现在进一步讨论电路模型中如何反映晶体管固有寄生效应的影响，它们主要是晶体管结构中三个掺杂区的体电阻和两个结的结电容。

图 2-15 为平面管的结构示意图，图中 $r_{bb'}$、$r_{ee'}$ 和 $r_{cc'}$ 分别表示基区、发射区和集电区沿电流方向的体电阻。由于基区宽度极窄，因此 $r_{bb'}$ 的阻值较大，对低频管约为几百欧姆，而高频管约为几十欧姆。相比之下，$r_{ee'}$ 和 $r_{cc'}$ 的数值很小，可以忽略不计。$C_{b'e}$ 和 $C_{b'c}$ 分别为发射结电容和集电结电容。因为 e 结正偏，所以 $C_{b'e}$ 主要是 e 结的扩散电容，而 c 结反偏，$C_{b'c}$ 主要是 c 结的势垒电容。在图 2-13(b) 的电路模型中，当考虑了寄生参量 $r_{bb'}$、$C_{b'e}$ 和 $C_{b'c}$ 的影响后，便得到图 2-17(a) 所示的完整电路模型。注意，图 2-13(b) 中的 b 端现在变成了 b′ 端，因而相应参数下标中的 b 也应变为 b′。该模型通常称为晶体管混合 π 型电路模型。在混合 π 型电路中，每个参数都有明确的物理意义，它们的数值均与频率无关，其中主要参数 $r_{b'e}$ 和 g_m 可以通过计算确定。这些都为晶体管电路的分析带来了方便。

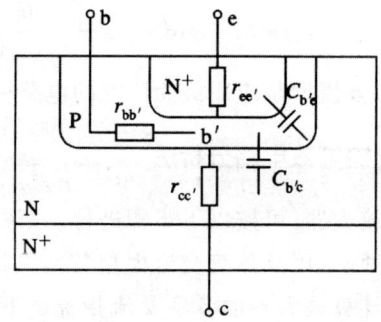

图 2-15　平面管结构示意图

放大器在低频交流条件下工作时,晶体管的电容效应及反向传输电阻 $r_{b'c}$ 可忽略,则混合 π 型电路模型便简化为图 2-16(b)所示的低频模型。其中电量均改为正弦有效值。

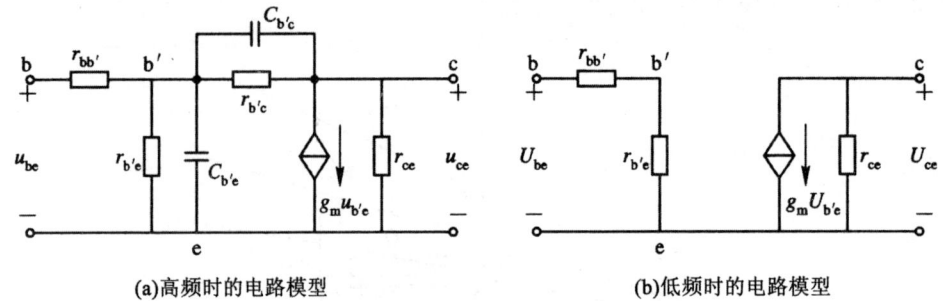

(a)高频时的电路模型   (b)低频时的电路模型

图 2-16   完整的混合 π 型电路模型

当晶体管在小电流条件下工作时($I_{CQ} < 0.5\text{mA}$),如在模拟集成电路中,因为

$$r_{b'e} = (1+\beta)r_e = (1+\beta)\frac{U_T}{I_{EQ}} = \beta\frac{26}{I_{CQ}} > 50\beta\Omega$$

满足 $r_{b'e} \gg r_{bb'}$,所以可进一步将 $r_{bb'}$ 忽略。这样图 2-17(b)电路简化为压控型电路模型,如图 2-17(a)所示。

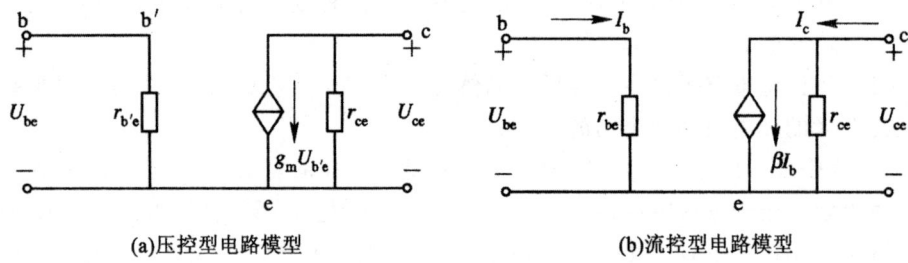

(a)压控型电路模型   (b)流控型电路模型

图 2-17   晶体管低频电路模型

将图 2-17(b)电路中的 $r_{bb'}$ 和 $r_{b'e}$ 串联合并,并根据式(2-12)将压控电流源 $g_m U_{b'e}$。变为流控电流源,即

$$U_{b'e} = \frac{\beta}{r_{b'e}} \cdot r_{b'e} I_b = \beta I_b$$

这样便得到如图 2-17(b)所示的流控型电路模型。其中

$$r_{be} = r_{bb'} + r_{b'e} = r_{bb'} + (1+\beta)r_e = r_{bb'} + \beta\frac{26(\text{mV})}{I_{CQ}(\text{mV})}(\Omega)$$

在分立元件的放大电路分析中,该模型是应用最为广泛的电路模型。

2.3.2   共射极放大器的交流等效电路分析法

利用晶体管交流模型分析放大器,可按以下步骤进行。第一步,根据直流通路估算直流工作点;第二步,确定放大器交流通路,用晶体管交流模型替换晶体管得出放大器的交流等效电路;第三步,根据交流等效电路计算放大器的各项交流指标。下面将以共射极放大器为例,着重讨论放大电路交流性能的分析方法。

共射极放大器如图 2-18(a)所示。图中,采用分压式稳定偏置电路,使晶体管有一合适工作点(I_{CQ},U_{CEQ})。由于旁通电容 C_E 将 R_E 交流短路,因而射极交流接地。由放大器交流通路可以画出图 2-18(b)所示交流等效电路。图中虚线方框部分就是被替换的晶体管交流模型。根据该等效电路,共射极放大器的交流指标分析如下。

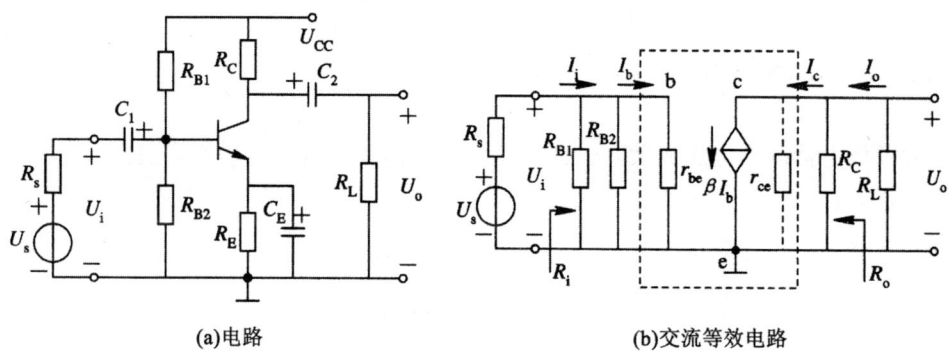

(a)电路　　　　　　　　　　(b)交流等效电路

图 2-18　共射极放大器及其交流等效电路

1. 电压放大倍数

由图可知,输入交流电压可表示为

$$U_i = I_b r_{be}$$

输出交流电压为

$$U_o = -I_c(R_C /\!/ R_L) = -\beta I_b(R_C /\!/ R_L)$$

故得电压放大倍数

$$A_u = \frac{U_o}{U_i} = -\frac{\beta(R_C /\!/ R_L)}{r_{be}} = \frac{\beta R_L'}{r_{be}} \qquad (2\text{-}17)$$

式中:

$$r_{be} = r_{bb'} + (1+\beta)r_e = r_{bb'} + \beta\frac{26(\text{mV})}{I_{CQ}(\text{mV})}(\Omega)$$

① A_u 表达式中的负号,表明共射极放大器的输出电压与输入电压反相,这与图解分析的结果相一致。

② 由于 $r_{bb'}$ 很小,当忽略其影响时,A_u 可近似为

$$A_u \approx -\frac{\alpha}{r_e}R_L' = -g_m R_L' = -\frac{R_L'}{26(\text{mV})}I_{CQ}$$

可见,A_u 几乎与 β 无关,而与 I_{CQ} 近似成正比。因此,适当增大 I_{CQ},可以有效提高 A_u。

③ $R_L'(=R_C /\!/ R_L)$ 越大,A_u 越大。因而要求 R_C、R_L 尽可能大,但是增大 R_C 将受到 Q 点的制约。可以设想,在 R_L 足够大的前提下,如果用电流源代替 R_C,则共射极放大器将具有很高的电压增益。

2. 电流放大倍数

由图 2-19(b)可以看出,流过 R_L 的电流 I_o 为

$$I_o = I_c\frac{R_C}{R_C + R_L} = \beta I_b\frac{R_C}{R_C + R_L}$$

而

$$I_i = I_b \frac{R_B + r_{be}}{R_B}$$

式中，$R_B = R_{B1} /\!/ R_{B2}$。由此可得

$$A_i = \frac{I_o}{I_i} = \beta \frac{R_B}{R_B + r_{be}} \cdot \frac{R_C}{R_C + R_L} \qquad (2\text{-}18)$$

若满足 $R_B \gg r_{be}$、$R_L \ll R_C$，则

$$A_i \approx \beta \qquad (2\text{-}19)$$

可见，共射极放大器既有电压放大，又有电流放大，因而具有极大的功率增益。

3. 输入电阻

由图 2-19(b)，显而易见

$$R_i = \frac{U_i}{I_i} = R_{B1} /\!/ R_{B2} /\!/ r_{be} \qquad (2\text{-}20)$$

若 $(R_{B1} /\!/ R_{B2}) \gg r_{be}$，则

$$R_i \approx r_{be} \qquad (2\text{-}21)$$

4. 输出电阻

按照 R_o 的定义，在图 2-19(b)电路的输出端加一电压 U_o 并将 U_s 短路时，因 $I_b = 0$，则受控源 $\beta I_b = 0$。这时，从输出端看进去的电阻为 R_C，因此

$$R_o = \frac{U_o}{I_o} \bigg|_{U_s = 0} = R_C \qquad (2\text{-}22)$$

5. 源电压放大倍数

A_{us} 定义为输出电压 U_o 与信号源电压 U_s 的比值，即

$$A_{us} = \frac{U_o}{U_s} = \frac{U_i}{U_s} \cdot \frac{U_o}{U_i} = \frac{R_i}{R_s + R_i} A_u \qquad (2\text{-}23)$$

可见，$|A_{us}| < |A_u|$。若满足 $R_i \gg R_s$，则 $A_{us} \approx A_u$。

6. 将旁通电容 C_E 开路即发射极接有电阻 R_E 时的情况

此时，对交流信号而言，发射极将通过电阻 R_E 接地，其交流等效电路如图 2-19 所示。由图可知

$$U_i = I_b r_{be} + I_e R_E = I_b r_{be} + (1+\beta) I_b R_E$$

而 U_o 仍为 $-\beta I_b R_L'$，则电压放大倍数变为

$$A_u = \frac{U_o}{U_s} = -\frac{\beta R_L'}{r_{be} + (1+\beta) R_E} \approx -\frac{g_m R_L'}{1 + g_m R_E} \qquad (2\text{-}24)$$

可见放大倍数减小了。这是因为 R_E 的自动调节（负反馈）作用，使得输出随输入的变化受到抑制，从而导致 A_u 减小。当 $(1+\beta) R_E \gg r_{be}$ 时，则有

$$A_u \approx -\frac{R_L'}{R_E} \qquad (2\text{-}25)$$

与此同时，从 b 极看进去的输入电阻 R_i' 变为

$$R_i' = \frac{U_i}{I_b} = r_{be} + (1+\beta) R_E$$

即射极电阻 R_E 折合到基极支路应扩大 $(1+\beta)$ 倍。因此,放大器的输入电阻为

$$R_i = R_{B1} /\!/ R_{B2} /\!/ R_i'　\qquad (2\text{-}26)$$

显然,与式(2-20)相比,输入电阻明显增大了。

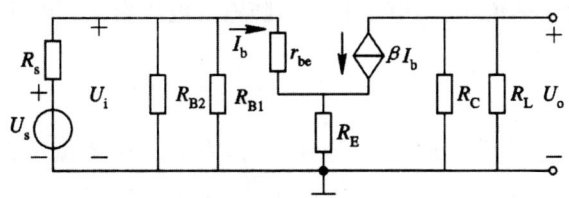

图 2-19　发射极接电阻时的交流等效电路

对于输出电阻,尽管 I_c 更加稳定,但从输出端看进去的电阻仍为 R_c,即 $R_o = R_c$。

2.4　共集电极放大器和共基极放大器

2.4.1　共集电极放大器

共集电极放大电路如图 2-20(a)所示。图中采用分压式稳定偏置电路使晶体管工作在放大状态。具有内阻 R_s 的信号源 U_s 从基极输入,信号从发射极输出,而集电极交流接地,作为输入、输出的公共端。由于信号从射极输出,因此该电路又称为射极输出器。

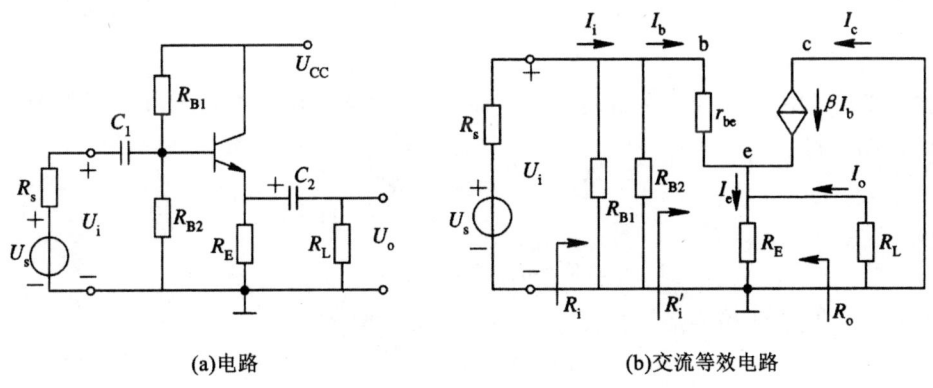

(a)电路　　　　　　(b)交流等效电路

图 2-20　共集电极放大器及交流等效电路

利用晶体管交流模型,可画出共集电极放大器的交流等效电路如图 2-20(b)所示。下面根据等效电路来分析该放大器的交流指标。

1. 电压放大倍数

由图 2-20(b),可得如下关系式

$$U_o = I_e (R_E /\!/ R_L) = (1+\beta) I_b R_L'$$
$$U_i = I_b r_{be} + U_o = I_b r_{be} + (1+\beta) I_b R_L'$$

因而

$$A_u = \frac{U_o}{U_i} = \frac{(1+\beta) R_L'}{r_{be} + (1+\beta) R_L'} \qquad (2\text{-}27)$$

式中：

$$R'_L = R_E // R_L$$

式(2-27)表明，A_u 恒小于 1，一般情况下，满足 $(1+\beta)R'_L \gg r_{be}$，因而又接近于 1，且输出电压与输入电压同相。换句话说，输出电压几乎跟随输入电压变化。因此，共集电极放大器又称为射极跟随器。

2．电流放大倍数

在图 2-20(b)中，当忽略 R_{B1}、R_{B2} 的分流作用时，则 $I_b = I_i$，而流过 R_L 的输出电流 I_o 为

$$I_o = I_e \frac{R_E}{R_E + R_L} = (1+\beta)I_b \frac{R_E}{R_E + R_L}$$

由此可得

$$A_i = \frac{I_o}{I_i} = (1+\beta)\frac{R_E}{R_E + R_L} \tag{2-28}$$

可见，共集电极放大器虽然没有电压放大能力，但 $A_i \gg 1$，所以仍有较大的功率增益。

3．输入电阻

由图 2-20(b)可知，从基极看进去的电阻 R'_i 为

$$R'_i = r_{be} + (1+\beta)R'_L$$

所以

$$R_i = R_{B1} // R_{B2} // R'_i \tag{2-29}$$

与共射极放大电路相比，由于 R_i 显著增大，因而共集电极放大电路的输入电阻大大提高了。

4．输出电阻 R_o

在图 2-20(b)中，当输出端外加电压 U_o，而将 U_s 短路并保留内阻 R_s 时，可得图 2-21 所示电路。由图可得

$$U_o = -I_b(r_{be} + R'_s)$$

式中：而

$$R'_s = R_s // R_{B1} // R_{B2}$$

则由 e 极看进去的电阻 R'_o 为

$$R'_o = \frac{U_o}{I'_o} = \frac{r_{be} + R'_s}{1+\beta}$$

所以，输出电阻

$$R_o = \frac{U_o}{I_o}\bigg|_{U_s=0} = R_E // R'_o = R_E // \frac{r_{be} + R'_s}{1+\beta} \tag{2-30}$$

可见，由于基极支路总电阻 $(r_{be} + R'_s)$ 除以 $(1+\beta)$ 后再与 R_E 相并，因而共集电极放大器的输出电阻很小。

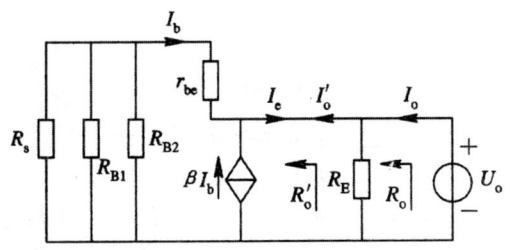

图 2-21　求共集电极放大器 R_o 的等效电路

对照 R_i' 和 R_o' 的表达式,不难理解其电路意义:因为射极电流比基极电流大 $(1+\beta)$ 倍,在计算 R_i' 时,是把射极支路电阻折合到基极去,所以要乘以 $(1+\beta)$;反之,在计算 R_o' 时,是把基极支路电阻折合到射极去,当然要除以 $(1+\beta)$。正是由于这种折合关系,共集电极放大器才具有输入电阻大而输出电阻小的特点。

2.4.2　共基极放大器

图 2-22(a)给出了共基极放大电路。图中 R_{B1}、R_{B2}、R_E 和 R_C 构成分压式稳定偏置电路,为晶体管设置合适而稳定的工作点。信号从射极输入,由集电极输出,而基极通过旁通电容 C_B 交流接地,作为输入、输出的公共端。按交流通路画出该放大器的交流等效电路,如图 2-22(b)所示。

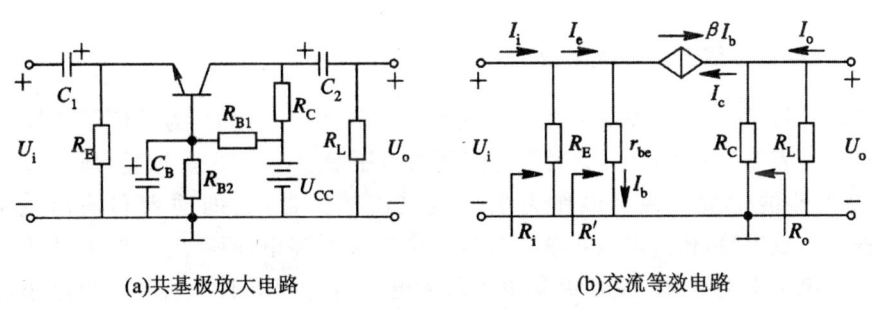

(a)共基极放大电路　　　　　　　　　　(b)交流等效电路

图 2-22　共基极放大器及其交流等效电路

1. 电压放大倍数

由图 2-22(b)可知

$$U_i = I_b r_{be}, U_o = \beta I_b (R_C /\!/ R_L)$$

所以

$$A_u = \frac{U_o}{U_i} = \frac{\beta R_L'}{r_{be}} \tag{2-31}$$

式中:

$$R_L' = R_C /\!/ R_L$$

可见,共基极放大器的电压放大倍数与共射极放大电路相同,但为正值,即输出电压与输入电压同相。

2. 电流放大倍数

在图 2-22(b)中，由于输入电流 $I_i \approx I_e$，而输出电流 $I_o = I_c \dfrac{R_C}{R_C + R_L}$，故有

$$A_i = \frac{I_o}{I_i} = \frac{I_c}{I_e}\frac{R_C}{R_C + R_L} = \alpha\frac{R_C}{R_C + R_L} \tag{2-32}$$

显然，$A_i < 1$。若 $R_C \ll R_L$，则 $A_i \approx \alpha$，即共基极放大器没有电流放大能力。但因 $A_u \gg 1$，所以仍有功率增益。

3. 输入电阻

按上述基极支路和射极支路的折合关系，由射极看进去的电阻 R_i 为

$$R_i' = \frac{U_i}{I_e} = \frac{r_{be}}{1+\beta}$$

所以

$$R_i = R_E /\!/ R_i' = R_E /\!/ \frac{r_{be}}{1+\beta} \tag{2-33}$$

可见，该式与共集电极放大器的输出电阻一致，表明共基极放大器的输入电阻很小。

4. 输出电阻

由图 2-22(b)可知，若 $U_i = 0$，则 $I_b = 0$，$\beta I_b = 0$，显然有

$$R_o = R_C \tag{2-34}$$

2.4.3 三种基本放大器性能比较

以上我们分析了共射、共基和共集电极三种基本放大器的性能，为了便于比较，现将它们的性能特点列于表 2-1 中。其中，共射极电路既有电压增益，又有电流增益，所以应用最广，常用作各种放大器的主放大级。但作为电压或电流放大器，它的输入和输出电阻并不理想——即在电压放大时，输入电阻不够大且输出电阻又不够小；而在电流放大时，输入电阻又不够小且输出电阻也不够大。对于共集电极放大电路，其输入电阻大而输出电阻小，故接近理想电压放大器，但电压增益却小于(接近于)1。因此，共集电极放大电路常用作多级电压放大器的输入或输出级，实现阻抗变换，即将高阻的输入电压几乎不衰减地变换为低阻电压源，或将低阻负载变换为高阻负载，从而有利于电压的放大和传输。而共基极放大电路正相反，其输入电阻小而输出电阻大，接近理想的电流放大器，但电流增益却小于(接近于)1。因此，共基极放大电路可将低阻的输入电流几乎无衰减地变换为高阻电流源，或将高阻负载变换为低阻负载，从而有利于电流放大和传输。由此可见，三种基本放大器的性能各有特点，因而决定了它们在电路中的不同应用。因此，在构成实际放大器时，应根据要求，合理选择电路并适当进行组合，取长补短，以使放大器的综合性能达到最佳。

表 2-1　共射、共基、共集电极放大器性能比较

性能	共射极放大器	共基极放大器	共集电极放大器
A_u	$-\dfrac{\beta R'_L}{r_{be}}$ 大(几十~几百) U_i 与 U_o 反相	$\dfrac{\beta R'_L}{r_{be}}$ 大(几十~几百) U_i 与 U_o 同相	$\dfrac{(1+\beta)R'_L}{r_{be}+(1+\beta)R'_L}$ 小(≈ 1) U_i 与 U_o 同相
A_i	约为 β (大)	约为 α ($\leqslant 1$)	约为 $(1+\beta)$ (大)
G_p	大(几千)	中(几十~几百)	小(几十)
R_i	r_{be} 中(几百~几千欧)	$\dfrac{r_{be}}{1+\beta}$ 低(几~几十欧)	$r_{be}+(1+\beta)R'_L$ 大(几十千欧)
R_o	高($\approx R_C$)	高($\approx R_C$)	低$\left(\dfrac{R'_s+r_{be}}{1+\beta}\right)$
高频特性	差	好	好
用途	单级放大或多级放大器的中间级	宽带放大、高频电路	多级放大器的输入、输出级和中间缓冲级

2.5　场效应管放大器

2.5.1　场效应管偏置电路

场效应管构成放大器时,首要问题仍然是直流偏置问题,即场效应管应工作在恒流区某一合适的工作点处。对场效应管偏置电路的要求与晶体管相同。由于结型场效应管的栅、源电压和漏、源电压的极性必须相反,而耗尽型 MOS 管也可如此,因此可以采用图 2-23(a)所示的自偏压电路(对 P 沟管,U_{DD} 取负值)。因为栅极电流为零,所以栅、源电压为

$$U_{GSQ}=U_{GQ}-U_{SQ}=-I_{DQ}R_D \tag{2-35}$$

对于增强型 MOS 管,其栅、源电压和漏、源电压的极性相同且在数值上要大于开启电压,这时应提高栅极电位而采用分压式偏置电路,如图 2-23(b)所示。此时

$$U_{GSQ}=U_{GQ}-U_{SQ}=\frac{R_{G2}U_{DD}}{R_{G1}+R_{G2}}-I_{DQ}R_D \tag{2-36}$$

可见,只要合理选择 R_{G1}、R_{G2} 和 R_S 的阻值,就可以使 U_{GSQ} 为正压、零或负压。因此该偏置电路适用于所有的场效应管。

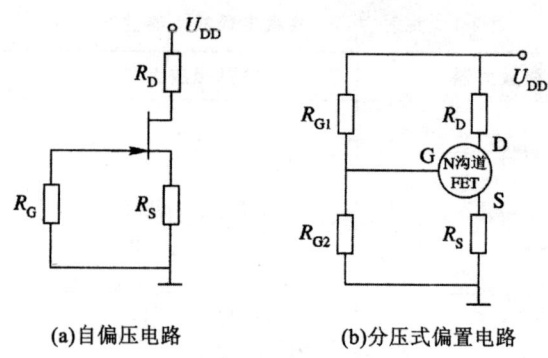

(a)自偏压电路　　　　(b)分压式偏置电路

图 2-23　场效应管偏置电路

将恒流区的转移特性与式(2-35)或式(2-36)联立求解,即

$$\begin{cases} I_{DQ}=f(U_{GS})\mid_{U_{DS}>U_{GS}-U_{th}} & [2\text{-}37(a)] \\ U_{GSQ}=-I_{DQ}R_S \ 或 \ U_{GSQ}=U_{GQ}-I_{DQ}R_S & [2\text{-}37(b)] \end{cases}$$

可确定场效应管的静态工作点 $Q(U_{GSQ},I_{DQ})$。求解该方程组有两种方法:图解法和解析法。下面分别简述。

1. 图解法

首先画出式[2-37(a)]的转移特性曲线,然后作式[2-37(b)]的直流负载线。对自偏压电路,它是一条过原点且斜率为 $-1/R_S$ 的直线,如图 2-24(a)所示。对于分压式偏置电路,它是一条截距为 U_{GQ} 而斜率为 $-1/R_S$ 的直线,如图 2-24(b)所示。两条曲线的交点即为静态工作点 Q。分别量出 Q 点的坐标,便得到 U_{GSQ} 和 I_{DQ},如图 2-24 所示。

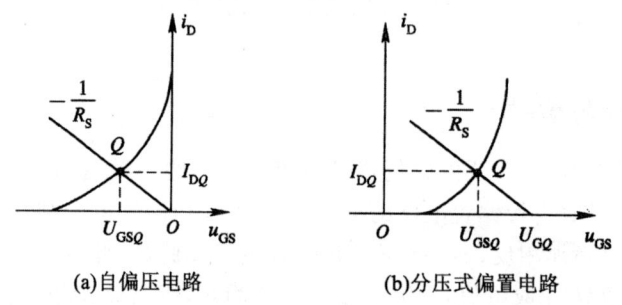

(a)自偏压电路　　　　(b)分压式偏置电路

图 2-24　图解法求解静态工作点

2. 解析法

如果能写出转移特性的数学表示式,例如结型场效应管有

$$I_{DQ}=I_{DSS}\left(1-\frac{U_{GSQ}}{U_{GSof}}\right)^2$$

将式(2-37b)代入上式,可得

$$I_{DQ}=I_{DSS}\left(1-\frac{-I_{DQ}R_S}{U_{GSof}}\right)^2 \tag{2-38}$$

可见,这是一个关于 I_{DQ} 的二次方程。求解该方程,并舍去一个不合理的根,便求得 I_{DQ}。然后

将其代入式(2-37b)，可得 U_{GSQ}。显然，解析求解的过程并不轻松。

利用上述两种方法求得工作点 I_{DQ} 和 U_{GSQ} 后，由图 2-24 可知场效应管的 U_{GSQ} 为

2.5.2　场效应管的低频小信号电路模型

偏置在恒流状态下的共源极场效应管如图 2-25(a)所示。当 G、S 端输入交变电压 U_{gs} 时，根据场效应管的放大原理，其栅极电流为零，而漏极端产生受控电流 $g_m U_{gs}$。为此等效电路如图 2-25(b)所示。即栅、源之间开路，而漏、源之间有一压控电流 $g_m U_{gs}$，其中 g_m 为场效应管在工作点处的跨导。图中，r_{ds} 是模拟沟道长度调制效应而等效的输出电阻，其值为工作点处输出特性曲线斜率的倒数，即

$$r_{ds}=\frac{\Delta U_{DS}}{\Delta I_D}\bigg|_Q=\frac{U_{ds}}{I_d}\bigg|_Q \tag{2-39}$$

通常，r_{ds} 的数值在几十 kΩ 以上，所以在放大器分析中可以忽略其影响。

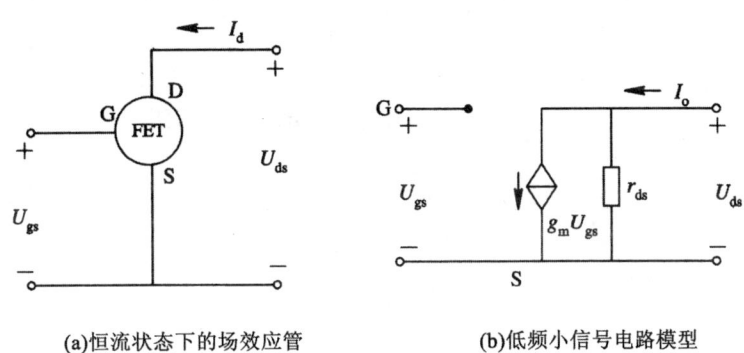

(a)恒流状态下的场效应管　　　　(b)低频小信号电路模型

图 2-25　场效应管低频小信号电路模型

2.5.3　场效应管放大器

场效应管放大器的组成原理与晶体管相同。根据公共端所接的电极不同，场效应管放大器也有共源、共漏和共栅三种基本组态电路。下面分别加以讨论。

1. 共源放大器

共源放大器及其交流等效电路分别如图 2-26(a)、(b)所示。由图 2-26(b)可知 $U_{gs}=U_i$，当忽略 r_{ds} 的影响时，则输出电压 U_o 为

$$U_{gs}=U_i U_o=-g_m U_{gs}(R_D /\!/ R_L)=-g_m U_i(R_D /\!/ R_L)$$

因而，电压放大倍数 A_u 为

$$A_u=\frac{U_o}{U_i}=-g_m(R_D /\!/ R_L) \tag{2-40}$$

负号表明输出电压与输入反相，即共源放大器为反相放大器。

显然，输入电阻为

$$R_i=R_G \tag{2-41}$$

而输出电阻为

$$R_o=R_D \tag{2-42}$$

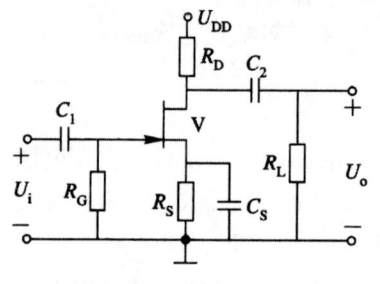 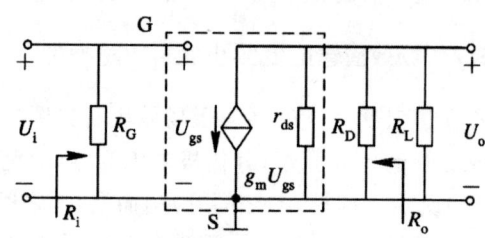

(a)共源放大器电路　　　　　　　　　(b)低频等效电路

图 2-26　共源放大器及其等效电路

2. 共漏放大器

共漏放大器及其交流等效电路分别如图 2-27(a)、(b)所示。由图 2-27(b)可知

$$U_i = U_{gs} + U_o$$

而

$$U_o = g_m U_{gs} (R_S /\!/ R_L)$$

所以

$$A_u = \frac{U_o}{U_i} = \frac{U_o}{U_{gs} + U_o} = \frac{g_m (R_S /\!/ R_L)}{1 + g_m (R_S /\!/ R_L)} \tag{2-41}$$

可见,共漏放大器的电压放大倍数小于 1。

输入电阻 R_i 为

$$R_i = R_G \tag{2-42}$$

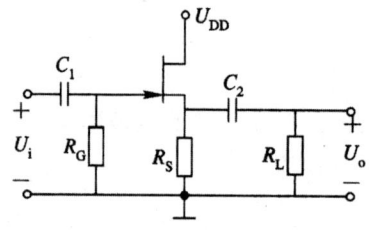 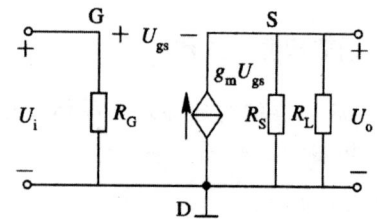

(a)共漏放大器电路　　　　　　　　　(b)低频等效电路

图 2-27　共漏放大器及其交流等效电路

根据戴维南定理,可得输出电阻的等效电路,如图 2-28 所示。当 $U_i = 0$ 而输出端加电压 U_o 时,$U_{gm} = -U_o$,则

$$R'_o = \frac{U_o}{I'_o} \bigg|_{U_i=0} = \frac{U_o}{-(g_m u_{gs})} = \frac{U_o}{-(-g_m U_o)} = \frac{1}{g_m}$$

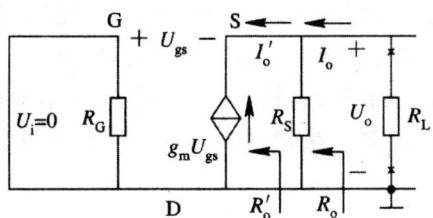

图 2-28　计算 R_o 的等效电路

因而输出电阻 R_o 为

$$R_o = \frac{U_o}{I_o}\bigg|_{U_i=0} = R'_o \mathbin{/\!/} R_S = \frac{1}{g_m} \mathbin{/\!/} R_S \tag{2-43}$$

可见,共漏放大器具有输出电阻小的特点。

3. 共栅放大器

共栅放大器及其交流等效电路分别如图 2-29(a)、(b)所示。根据图 2-28(b))不难求得电压放大倍数为

$$A_u = \frac{U_o}{U_i} = \frac{-g_m U_{gs}(R_D \mathbin{/\!/} R_L)}{-U_{gs}} = g_m(R_D \mathbin{/\!/} R_L) \tag{2-44}$$

对于输入电阻,因为

$$R'_i = \frac{U_i}{I_s} = \frac{-U_{gs}}{-(g_m U_{gs})} = \frac{1}{g_m}$$

所以

$$R_i = R_S \mathbin{/\!/} R'_i = R_S \mathbin{/\!/} \frac{1}{g_m} \tag{2-45}$$

而输出电阻为

$$R_o = R_D \tag{2-46}$$

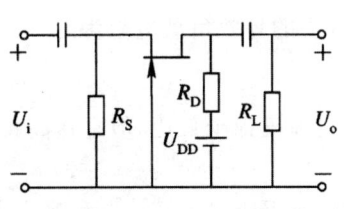

(a)共栅放大器电路

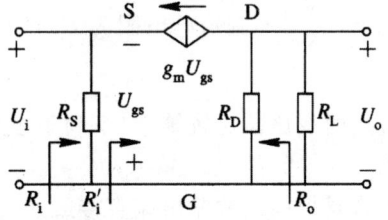

(b)低频等效电路

图 2-29　共栅放大器及其交流等效电路

通过以上分析可以看出,共源、共漏和共栅三种基本放大器的性能特点分别与晶体管的共射、共集电和共基极相对应。

2.6　放大器的级联

在许多应用场合,要求放大器有较高的放大倍数及合适的输入、输出电阻,而单级放大器的放大倍数不可能做得很大。因此,需要将多个基本放大器级联起来,构成多级放大器。由于三种基本放大器的性能不同,故在构成多级放大电路时,应充分利用它们的特点,合理组合,用尽可能少的级数来满足放大倍数和输入、输出电阻的要求。本节首先简要说明多级放大器中级间耦合方式及其性能指标的计算方法,然后对实际中常用的几种组合放大器进行简要概括。

2.6.1 级间耦合方式

多级放大器各级之间连接的方式称为耦合方式。级间耦合时,一方面要确保各级放大器有合适的直流工作点,另一方面应使前级输出信号尽可能不衰减地加到后级输入。常用的耦合方式有三种,即阻容耦合、变压器耦合和直接耦合。

阻容耦合是通过电容器将后级电路与前级相连接,其方框图如图 2-30(a)所示。由于电容器隔直流而通交流,因此各级的直流工作点相互独立,这样就给设计、调试和分析带来很大方便。而且,只要耦合电容选得足够大,则较低频率的信号也能由前级几乎不衰减地加到后级,实现逐级放大。

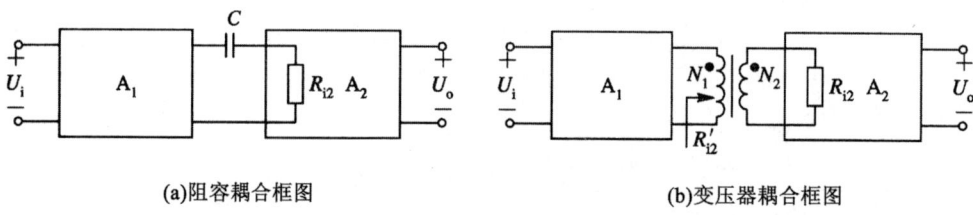

(a)阻容耦合框图   (b)变压器耦合框图

图 2-30　阻容耦合与变压器耦合的方框图

因为变压器能够通过磁耦合将原边的交流信号传送到副边,所以也可用它作为放大器级间的耦合元件,其连接框图如图 2-30(b)所示。变压器耦合具有各级直流工作点相互独立和原、副边交流可不共地的优点,而且还有阻抗变换作用。在图 2-30(b)中,若变压器原边与副边的匝数比 $n=\dfrac{N_1}{N_2}$,而副边的电阻为 R_{i2},则从原边看进去的等效负载电阻为

$$R'_{i2}=n^2 R_{i2} \tag{2-47}$$

由于低频应用时变压器比较笨重,不利于小型化,因此目前已很少采用,但是在高频电路中,仍有广泛应用。

直接耦合是把前级的输出端直接或通过恒压器件接到下级输入端。这种耦合方式不仅可以使缓变信号获得逐级放大,而且便于电路集成化。但是,直接耦合使前后级之间的直流相互连通,造成各级直流工作点互相影响,不能独立。因此,必须考虑各级间直流电平的配置问题,以使每一级都有合适的工作点。图 2-31 示出了几种电平配置的实例。其中:图(a)电路分别采用 R_{E2} 和二极管来垫高后级发射极的电位,从而抬高了前级集电极的电位;图(b)是采用稳压管实现电平移动,使后级电位比前级低一个稳定电压值 U_Z;图(c)采用了电阻和恒流源串接实现电平移位,由图(c)可知,此时输出端的电位 $U_{oQ}=U_{iQ}-U_{BEQ}-I_oR$,比从射极输出时降低了 I_oR;图(d)电路是采用 NPN 管和 PNP 管交替连接的方式。由于 PNP 管的集电极电位比基极电位低,因此,在多级耦合时,不会造成集电极电位逐级升高。所以,这种连接方式无论在分立元件或者集成的直接耦合电路中都被广泛采用。

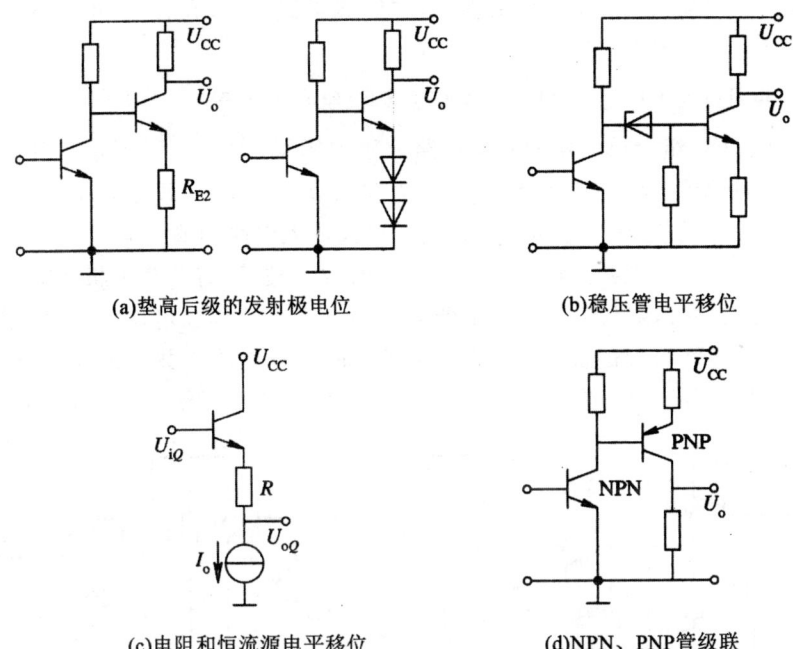

(a)垫高后级的发射极电位　　　　　　　　(b)稳压管电平移位

(c)电阻和恒流源电平移位　　　　　　　　(d)NPN、PNP管级联

图 2-31　直接耦合电平配置方式实例

　　在直接耦合放大器中,另一个突出问题是所谓零点漂移,即前级工作点随温度的变化会被后级传递并逐级放大,使得输出端产生很大的漂移电压。显然,级数越多,放大倍数越大,则零点漂移现象就越严重。因此,在直接耦合电路中,如何稳定前级工作点,克服其漂移,将成为至关重要的问题。

2.6.2　级联放大器的性能指标计算

　　分析级联放大器的性能指标,一般采用的方法是:通过计算每一单级指标来分析多级指标。在级联放大器中,由于后级电路相当于前级的负载,而该负载正是后级放大器的输入电阻,故在计算前级输出时,只要将后级的输入电阻作为其负载,则该级的输出信号就是后级的输入信号。因此,一个 n 级放大器的总电压放大倍数 A_u 可表示为

$$A_u = \frac{U_o}{U_i} = \frac{U_{o1}}{U_i} \cdot \frac{U_{o2}}{U_{o1}} \cdot \cdots \cdot \frac{U_o}{U_{o(n-1)}} = A_{u1} \cdot A_{u2} \cdot \cdots \cdot A_{un} \tag{2-48}$$

可见,A_u 为各级电压放大倍数的乘积。

　　级联放大器的输入电阻就是第一级的输入电阻 R_{i1}。不过在计算 R_{i1} 时应将后级的输入电阻 R_{i2} 作为其负载,即

$$R_i = R_{i1} \Big|_{R_{L1} = R_{i2}} \tag{2-49}$$

而级联放大器的输出电阻就是最末级的输出电阻 R_{on}。不过在计算 R_{on} 时应将前级的输出电阻 $R_{o(n-1)}$,作为其信号源内阻,即

$$R_o = R_{on} \Big|_{R_{sn} = R_{o(n-1)}}$$

2.6.3　组合放大器

　　实际应用的放大器,除了要有较高的放大倍数之外,往往还对输入、输出电阻及其他性能

提出要求。根据三种基本放大电路的特性,将它们适当组合,取长补短,可以获得各具特点的组合放大器。

1. 共集—共射(CC-CE)和共射—共集(CE-CC)组合放大器

CC-CE 和 CE-CC 组合放大器的交流通路分别如图 2-32(a)、(b)所示。利用共集电极放大器输入电阻大而输出电阻小的特点,将它作为输入级构成 CC-CE 组合电路时,放大器具有很高的输入电阻,这时源电压几乎全部输送到共射极放大电路的输入端。因此,这种组合放大器的源电压增益近似为后级共射极放大器的电压增益。相反,将共集电极放大器作为输出级构成 CE-CC 组合电路时,则放大器具有很低的输出电阻。这样在电压放大时,增强了放大器带重负载特别是电容性负载的能力,其效果相当于将负载与前级共射极放大电路隔离开来。因此,这种组合放大器的电压增益近似为共射极放大器在负载开路时的电压增益。

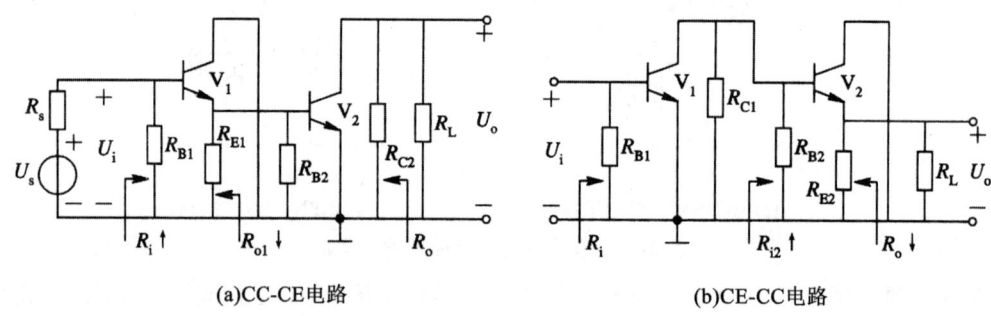

(a)CC-CE电路   (b)CE-CC电路

图 2-32　CC-CE 和 CE-CC 组合放大器

2. 共射—共基(CE-CB)组合放大器

CE-CB 组合放大器及其交流通路分别如图 2-33(a)、(b)所示。由于共基极放大器的输入电阻很小,将它作为负载接在共射极放大电路之后,致使共射极放大器只有电流增益而没有电压增益。而共基极放大电路只是将共射极放大电路的输出电流接续到输出负载上。因此,这种组合放大器的增益相当于负载为 $R'_L(=R_C /\!/ R_L)$ 的一级共射极放大器的增益,即

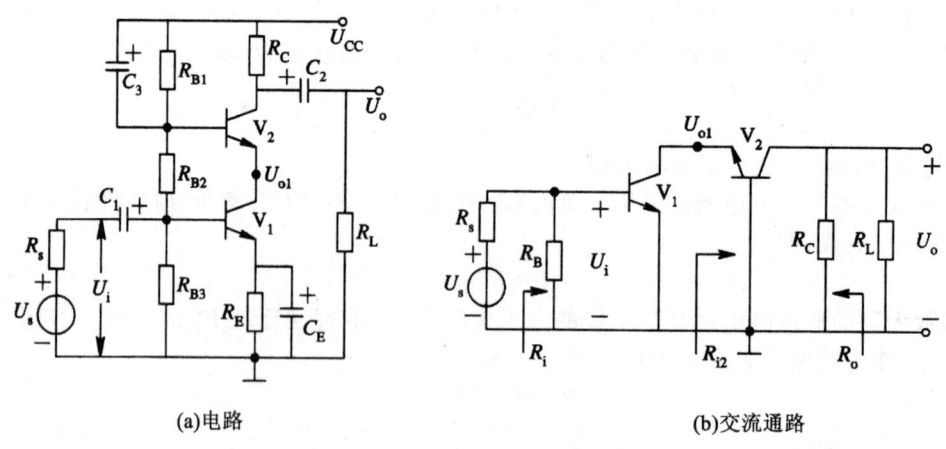

(a)电路   (b)交流通路

图 2-33　CE-CB 组合放大器

$$A_u = \frac{U_o}{U_i} = -\frac{\beta_1 I_{b1} \alpha_2 R'_L}{r_{be1} I_{b1}} = -\frac{\beta_1 \alpha_2 R'_L}{r_{be1}} \approx -\frac{\beta_1 R'_L}{r_{be1}}$$

而

$$A_i = \frac{I_o}{I_i} \approx \frac{I_{c2}}{I_{b1}} = \frac{I_{c1}}{I_{b1}} \cdot \frac{I_{c2}}{I_{e2}} = \beta_1 \cdot \alpha_2 \approx \beta_1$$

接入低阻共基极放大电路使得共射极放大器电压增益减小的同时,也大大减弱了共射极放大管内部的反向传输效应。其结果,一方面提高了电路高频工作时的稳定性,另一方面明显改善了放大器的频率特性。正是这一特点,使得 CE-CB 组合放大器在高频电路中获得广泛应用。

除了上述常用的组合放大器之外,还有共集—共基(CC-CB)组合电路。关于 CC-CB 组合放大器的性能特点请读者自行分析。

第3章　集成运算放大电路

3.1　概述

所谓集成电路(Integrated Circuit,IC),实际上是采用半导体制造工艺将二极管、三极管、电阻、电容等元件以及它们之间的连线集成在一块半导体芯片上,构成一个具有特定功能的完整电路。集成电路是 20 世纪 60 年代初期开始发展起来的一种新型半导体器件,与传统的分立元件电路相比,集成电路中元件密集度高,因而体积小、重量轻;同时具有耗电省、成本低廉等优点;而且,由于外部焊点和连线数目大大减少,有效地提高了电路的可靠性。所以,集成电路一出现,就得到了飞速的发展和广泛的应用。

按集成电路的功能来划分,有数字集成电路和模拟集成电路两种。数字集成电路的工作信号是数字量,并能在输入、输出信号之间实现一定的逻辑关系。除数字集成电路以外的其他集成电路统称为模拟集成电路。模拟集成电路的种类很多,有集成运算放大器,集成乘法器、集成功率放大器、集成 A/D 和 D/A 以及集成稳压器等,本章主要讨论其中应用最为广泛的集成运算放大器。

由于集成运算放大器内部的所有元器件都是利用半导体工艺统一制造在同一块硅片上,因而电路的结构和其中的元器件有一些不同的特点,主要有以下几个方面:

①同一芯片上的相邻器件之间,由于材料、制造工艺一致,距离又近,因此参数的匹配性比较好,而且温度特性也相近,故当温度变化时,仍能较好地保持参数的匹配。这个优点特别适合于组成对称形式的电路结构,所以,在集成运放中,尤其是输入级,广泛地采用差动式放大电一路。

②集成电路中的电阻和电容,绝对值的精度很差,典型值为 20%,但是由于处在同一硅片上,用相同的工艺制造而成,因此元件之间的相对误差比较小,典型值为 1%。这一点也有利于采用差动式放大电路。

③用集成电路工艺制造的电阻、电容等元件,其数值范围有一定限制。典型情况下,电阻值为 $10\Omega \sim 50\text{k}\Omega$,电容值为 200pF 以下,无法制造大电容。因此在集成运放内部,避免使用大电阻。放大级之间基本上都采用直接耦合方式,不用阻容耦合方式。

④在集成电路中,制造三极管(特别是 NPN 三极管)有时比制造电阻、电容等无源器件更方便,占用更少的芯片面积,因而成本更低廉,所以在集成运放中,常常用三极管代替电阻(特别是大电阻),这一点也是与分立元件放大电路的明显区别之处。

⑤集成电路中不能制造电感

⑥集成电路中的 PNP 三极管一般做成横向的,横向 PNP 管的 β 值比较小,典型值为 $1 \sim 5$。

制造好的集成运算放大器最后要进行封装,然后通过引脚与外部联系。封装好的集成电路的外形常见的有以下三种：双列直插式、圆壳式和扁平式，分别如图 3-1(a)、(b)和(c)所示。

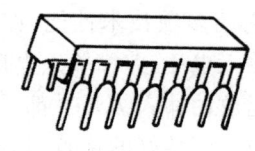

(a)双列直插式

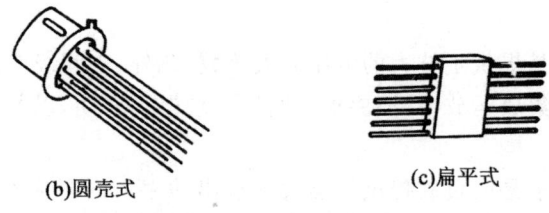

(b)圆壳式　　　　　　　　　(c)扁平式

图 3-1　集成电路的封装

　　集成运算放大通常有几个、甚至十几个引脚，其中有的接输入、输出信号，有的接直流电源，还有的集成运放有调零端以及外接校正电容的端子等等。但是，为了简化起见，在电路图中通常不画出所有的引脚，而常常采用运算放大器的简化符号，只画出两个输入端和一个输出端，如图 3-2 所示。由于集成运放的输入级一般由差动式放大电路组成，因此有两个输入端，其中一个输入端的信号与输出信号之间为反相关系，故称为反相输入端，在图中用符号"一"标注；另一个输入端的信号与输出信号之间为同相关系，则称为同相输入端，用符号"＋"标注，见图 3-2。

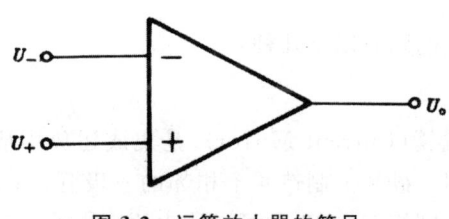

图 3-2　运算放大器的符号

3.2　集成运放的基本组成单元

　　集成运放的内部实际上是一个高放大倍数的直接耦合放大电路，电路的结构一般包括输入级、中间级、输出级和偏置电路四个部分，如图 3-3 所示。

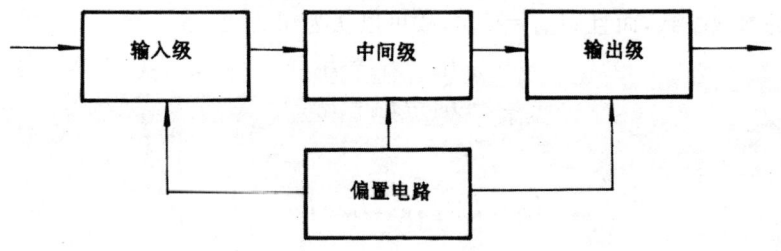

集成运放的输入级直接影响它的多项技术性能，如差模输入电阻、输入失调电压及其温漂、输入失调电流及其温漂、共模输入电压、差模输入电压以及共模抑制比等，因此对提高集成运放的质量起着关键作用。集成运放的输入级几乎都采用差动式放大电路的结构形式，以便利用集成电路内部元器件之间参数匹配性好的优点，达到抑制温度漂移的目的。组成差动放大电路的两个三极管的基极，就是集成运放的两个输入端，即一个反相输入端和一个同相输入端。

中间级的主要任务是提供足够大的电压放大倍数，此外，中间级应该提供输出级所需的较大的推动电流。在有些集成运放中，还要求中间级实现电平移动，以及将双端输出转换为单端输出等等。

对输出级的主要要求是向负载提供足够大的输出功率。同时应有较低的输出电阻，以便获得较强的带负载能力。输出级还应有过载保护措施，以免当输出端短路或负载电流过大时损坏输出级的管子。

偏置电路的作用是分别给上述各个放大级提供适当的偏置电流，以确定各级的静态工作点。不同的放大级对偏置电流的要求有所不同。对于输入级，为了提高集成运放的输入电阻，降低输入偏置电流、失调电流及其温漂等，通常要求设置一个比较低而非常稳定的偏置电流，一般为微安数量级。

下面针对上述几个基本组成部分进行讨论，首先讨论集成运放的偏置电路。

3.2.1　偏置电路

集成运放中常用的偏置电路有以下几种：

1. 镜像电流源

镜像电流源又称为电流镜（Current Mirror），是集成运放中应用十分广泛的一种偏置电路。这种电路实际上是在同一硅片上制造两个相邻的三极管，由于它们的工艺、参数等一致，而且两管的基极和发射极分别接在一起，故可以认为两管中的电流相等，如同"镜像"一般。于是，我们可以通过改变其中一个管子的电流来控制另一管的电流，以调节放大电路的偏置电流，确定静态工作点。

镜像电流源的电路如图 3-4 所示。其中基准电流 I_R 的大小由直流电源 V_{cc} 和偏置电阻 R 决定，由图可见

$$I_R = \frac{V_{cc} - U_{BE1}}{R}$$

由于 T_1、T_2 的参数一致，而且 $U_{BE1} = U_{BE2}$，故可以认为

$$I_{B1} = I_{B2} = I_B$$
$$I_{C1} = I_{C2} = I_C$$

由图可得

$$I_{C2} = I_{C1} = I_R - 2I_B = I_R - \frac{I_{C2}}{\beta}$$

则

$$I_{C2} = \frac{I_R}{1 + \dfrac{2}{\beta}} \tag{3-1}$$

当 $\beta \gg 2$ 时,式(3-1)的分母近似等于 1,则

$$I_{C2} \approx I_R$$

可见输出电流,I_{C2} 与基准电流 I_R 基本相等,二者成为"镜像"关系。

这种偏置电路的优点是结构简单,而且有一定的温度补偿作用。

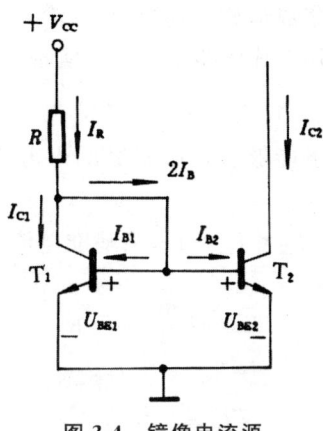

图 3-4　镜像电流源

2. 比例电流源

在上述镜像电流源的基础上,可以在三极管 T_1、T_2 的发射极分别接入两个电阻 R_1 和 R_2,如图 3-5 所示。如果改变 R_1 和 R_2 阻值的比例,即可得到不同比例的电流,故称之为比例电流源。

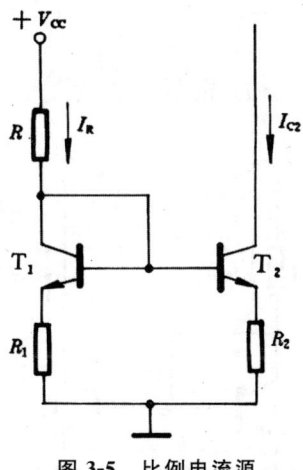

图 3-5　比例电流源

由图可见,三极管 T_1、T_2 的基极至公共端之间的电压相等,即

$$U_{BE1} + I_{E1}R_1 = U_{BE2} + I_{E2}R_2$$

由于 T_1 和 T_2 是用相同的工艺做在同一硅片上的两个相邻的三极管,因此可以认为它们的

U_{BE} 值基本相等,则上式成为

$$I_{E1}R_1 \approx I_{E2}R_2 \tag{3-2}$$

当基极电流可以忽略时,由上式可得

$$I_{C2} \approx I_{E2} \approx \frac{R_1}{R_2}I_{E1} \approx \frac{R_1}{R_2}I_R \tag{3-3}$$

可见比例电流源中两个管子电流的大小近似与它们发射极电阻的阻值成反比。

上述两种电流源的缺点是,当直流电源 V_{cc} 变化时,I_{C2} 几乎按同样的规律变化,因此不适用于允许直流电源大范围变化的集成运放。其次,有些输入级要求微安级的偏置电流,则此时所用电阻的阻值很大,达兆欧级,用集成电路工艺无法实现。

3. 微电流源

为了在不使用大电阻的条件下能够获得微安级的小电流,我们在镜像电流源中 T_2 的发射极接入一个电阻 R_e,如图 3-6 所示。

接入 R_e 后,因 $U_{BE2} < U_{BE1}$,故 $I_{C2} < I_{C1} \approx I_R$,当基准电流 I_R 一定时,可以得到比较小的输出电流 I_{C2}。在图 3-6 中

$$U_{BE2} - U_{BE1} \approx I_{C2}R_e$$

由二极管方程可知

$$I_C \approx I_E = I_S(e^{\frac{U_{BE}}{U_T}} - 1)$$

式中,I_S 为反向饱和电流,U_T 为温度电压当量,在常温下 $U_T \approx 26mV$。当 $U_{BE} \gg U_T$ 时,由上式可得

$$U_{BE} \approx U_T \ln \frac{I_C}{I_S}$$

则 $U_{BE1} - U_{BE2} \approx U_T \left(\ln \frac{I_{C1}}{I_{S1}} - \ln \frac{I_{C2}}{I_{S2}} \right) \approx I_{C2}R_1$ 可认为两个管子的反向饱和电流相等,即 $I_{S1} = I_{S2}$,则上式成为

$$U_T \ln \frac{I_{C1}}{I_{C2}} \approx I_{C2}R_e$$

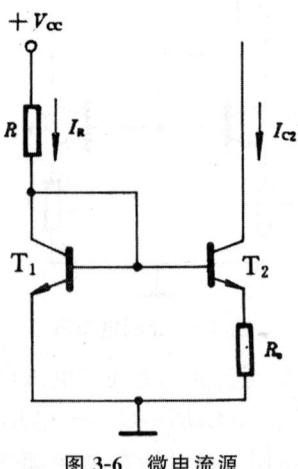

图 3-6 微电流源

或

$$R_e \approx \frac{U_T}{I_{C2}} \ln \frac{I_{C1}}{I_{C2}} \tag{3-4}$$

因此,在 I_{C1} 一定的条件下,如果要求得到某一个微小电流 I_{C2},则根据上式可以估算所需电阻 R_e 的阻值。

上面了解了三种常见的偏置电路,在实际的集成运放中常常利用几种不同的偏置电路组合成为一个多路电流源,则根据一路基准电流,可得到多路不同的偏置电流。

3.2.2　差动放大输入级

差动放大电路的主导思想是利用参数匹配的两个三极管组成对管形成对称形式的电路结构,进行补偿,达到减小温度漂移的目的。本小节主要讨论差动放大电路的基本形式,差动放大电路的分析以及差动放大电路的输入、输出接法。

1. 差动放大电路的基本形式

差动放大电路的基本形式有三种:简单形式、长尾式和恒流源式。

(1)简单形式

将两个不仅电路结构相同,而且三极管和电阻参数也匹配的单管放大电路合在一起,就成为简单形式的差动放大电路,如图 3-7 所示。在这个电路中,要求三级管的 $\beta_1 = \beta_2 = \beta$,$U_{BEQ1} = U_{BEQ2} = U_{BEQ}$,电阻 $R_{c1} = R_{c2} = R_c$,$R_{b1} = R_{b2} = R_b$,$R_1 = R_2 = R$,输入电压被加在两个三极管的基极之间,输出电压则从两个三极管的集电极之间取得。

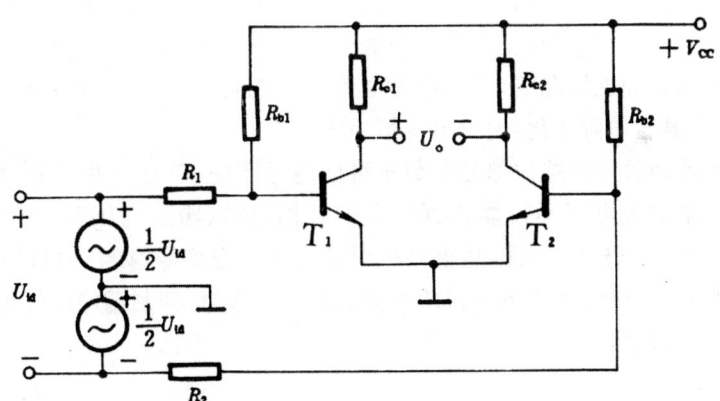

图 3-7　简单形式差动放大电路

当输入电压为零时,在理想情况下,电路的左右两部发完全对称,则三极管 T_1 和 T_2 的静态集电极电流和集电极电压都相等,于是输出电压也等于零:

当温度变化时,假设由于温度升高使 T_1 的集电极电流 I_{CQ1} 增大,则 U_{CQ1} 下降。与此同时 I_{CQ2} 的变化量也增大,故 U_{CQ2} 也下降。在理想情况下,U_{CQ1} 与 U_{CQ2} 的变化量相等,于是输出电压 U_o 保持不变,由此可见,差动式放大电路具有抑制温度漂移的能力。

如果在放大电路的两个输入端之间加上一个输入电压,则由电路左右两部分完全对称,因此三极管 T_1 和 T_2 的基极回路将各自得到外加输入电压的一半。但当 T_1 的输入电压为正时,T_2 的输入电压为负,也就是说两个三极管的输入电压大小相等,极性相反,这样的输入电

压称为差模输入电压或差动输入电压,用 U_{id} 来表示。由图 3-7 可见,此时两个三极管的输入电压分别为

$$U_{i1} = \frac{1}{2} U_{id}$$

$$U_{i2} = -\frac{1}{2} U_{id}$$

假设每一边单管放大电路的电压放大倍数为 A_{u1} 则两个三极管的集电极输出电压分别为

$$U_{c1} = \frac{1}{2} U_{id} A_{u1}$$

$$U_{c2} = -\frac{1}{2} U_{id} A_{u1}$$

放大电路的输出电压为

$$U_o = U_{c1} - U_{c2} = \frac{1}{2} U_{id} A_{u1} - \left(-\frac{1}{2} U_{id} A_{u1} \right) = U_{id} A_{u1}$$

放大电路对差模输入电压的放大倍数称为差模电压放大倍数,用 A_d 来表示。由上式可得

$$A_d = \frac{U_o}{U_{id}} = A_{u1} \qquad\qquad (3-5)$$

可见,差动式放大电路的差模电压放大倍数与单管放大电路的电压放大倍数相同。差动放大电路与单管放大电路相比,多用了一个三极管,而放大倍数并未得到提高,但是,对温度漂移的抑制能力大大增强了。

当温度变化时,差动放大电路中两个三极管的集电极电流同时增大或同时减小,相当于在两个三极管的输入端加上幅度和极性都相同的信号。我们把大小相等、极性相同的输入电压称为共模输入电压,在理想情况下,差动放大电路的参数完全对称,则对共模输入电压没有放大作用。此时无论温度如何变化,输出电压恒为零。

实际上,由于差动放大电路内部的参数不可能绝对匹配,总有一些差异,因此当温度变化时,两个三极管的集电极电压不可能达到完全的补偿,所以输出电压 U。仍有一定的温度漂移。而且,从每一边的三极管来看,其集电极对地电压的温度漂移与一般的单管放大电路一样,没有丝毫的改善。总之,对简单形式的差动放大电路来说,抑制温漂的性能很不理想,故在实际工作中一般不被采用。

(2)长尾式

为了改善每个三极管输出电压的温度漂移,引出了长尾式差动放大电路,如图 3-8 所示。

图 3-8 中的电路是在简单形式差动放大电路的基础上,在两个三极管的发射极接入一个电阻 R_e,这个电阻通常称为"长尾"。

假设在长尾式放大电路的输入端加上一个正的共模电压,使三极管 T_1、T_2 的集电极电流均增大,则流过电阻 R_e 的电流也增大,致使三极管的发射极电位 UE 升高,因而两个三极管的发射结电压 $U_{BE} = U_B - U_E$ 将随之减小,结果又使 T_1、T_2 的集电极电流减小。长尾 R_e 的这种作用有点类似分压式工作点稳定电路中的发射极电阻,也是引入了一个负反馈。但是长尾式电路中的 R_e,是引入了一个共模负反馈,也就是说,它对共模信号有负反馈作用,而对差模信号没有负反馈作用。当加上差模输入电压时,如果 T_1 的集电极电流 I_{C1} 增大,则 T_2 的集电极

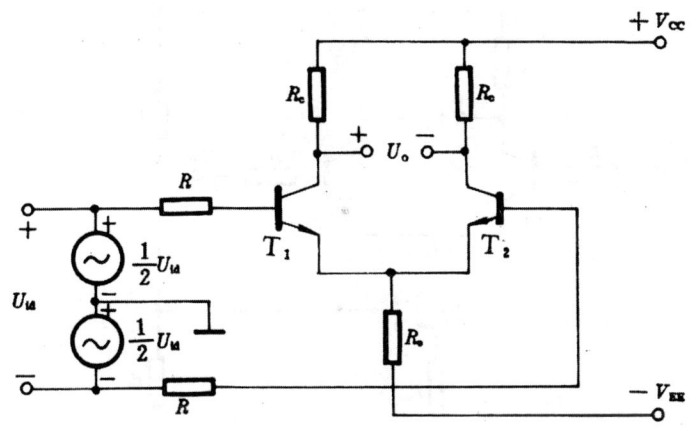

图 3-8　长尾式差动放大电路

电流 I_{C2} 将减小。由于两个三极管的输入电压大小相等、方向相反,而且电路结构和参数均对称,因此,在管子特性的线性范围内,可认为 I_{C1} 的增大量与 I_{C2} 的减小量相等,;则流过 R_e 的电流没有变一化,于是发射极电位 U_E 也保持不变,因此,在差模输入信号下,R_e 没有负反馈作用。

但是,电阻 R_e 上有一个直流压降,使三极管集电极输出电压的变化范围减小。为了补偿 R_e 上的直流压降,常常将 R_e 接到一个负电源 V_{EE},如图 3-8 所示。该放大电路共需用两路直流电源。接入负电源的另一个优点是使静态时两个放大管的基极电位接近于零电位。另外,此时在三极管基极与 V_{CC} 之间可以不接基极电阻 R_b,而由 V_{EE} 提供静态基流。

由于 R_e 对共模信号有负反馈作用,因此降低了放大电路的温度漂移,而且,从每一边三极管的集电极输出电压看,零点漂移得到了抑制。又因为 R_e 对差模信号没有负反馈作用,所以,差模电压放大倍数不受影响。可见,共模负反馈既能减小温漂,又不会降低差模电压放大倍数,这正是它的突出优点。

显然,R_e 愈大,则共模负反馈的作用愈强,抑制温漂的效果愈好。但是若 R_e 过大,一方面因 R_e 上直流压降增大,相应地要求负电源 V_{EE} 的电压很高;另一方面,我们已经知道,在集成电路中抑制造大电阻十分困难。为了达到既能增强共模负反馈的作用,又不必使用大电阻,也不致要求 V_{EE} 的电压过高的目的,提出了恒流源式差动放大电路。

(3)恒流源式

在恒流源式差动放大电路中,使用一个恒流三极管 T_3 代替长尾电阻 R_e,如图 3-9 所示。用三极管代替大电阻,这正是设计集成运放内部电路的一贯思想。

对于一个三极管来说,如果工作在其输出特性的恒流区,则当集电极电压 u_{CE} 变化时集电极电流 i_C 基本保持不变,在这个区域,三极管 c、e 之间等效的动态电阻 r_{ce} 很大($r_{ce}=\dfrac{\Delta u_{CE}}{\Delta i_C}$)所以,恒流三极管 T_3 相当于一个阻值很大的长尾电阻 R_e,从而可以获得很强的共模负反馈,同时又不要求很高的负电源电压。

在图 3-9 所示的恒流源式差动放大电路中,恒流管 T_3 的基极电位 U_{B3} 由电阻 R_{b1} 和 R_{b2} 分压决定,基本上不随温度而变化,其发射极电位 $U_{E3}=U_{B3}-U_{BE3}$,也基本上不受温度变化的影

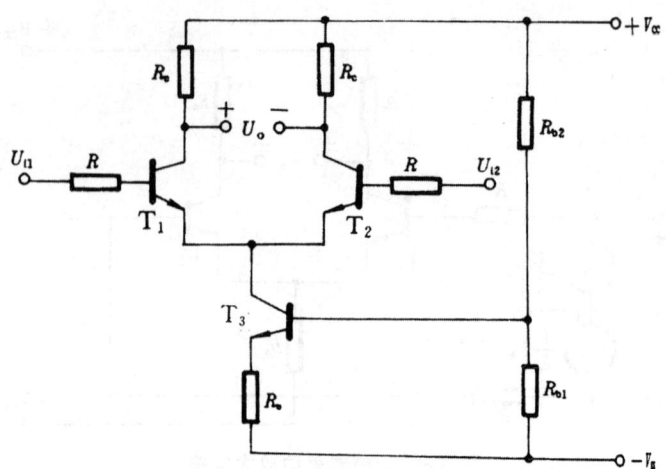

图 3-9　恒流源式差动放大电路

响,故当温度变化时发射极电流 I_{E3} 可以基本保持稳定。而放大管的电流 I_{C1} 和 I_{C2} 之和近似等于 I_{C3},因此,I_{C1} 和 I_{C2} 就不会随温度的升降而同时增大或减小,也就是说,引入恒流三极管后,抑制了共模信号的变化。

恒流三极管的基极电位,可以用多种不同的方式来设置,如图 3-10(a)、(b)、(c)、和(d)所示。

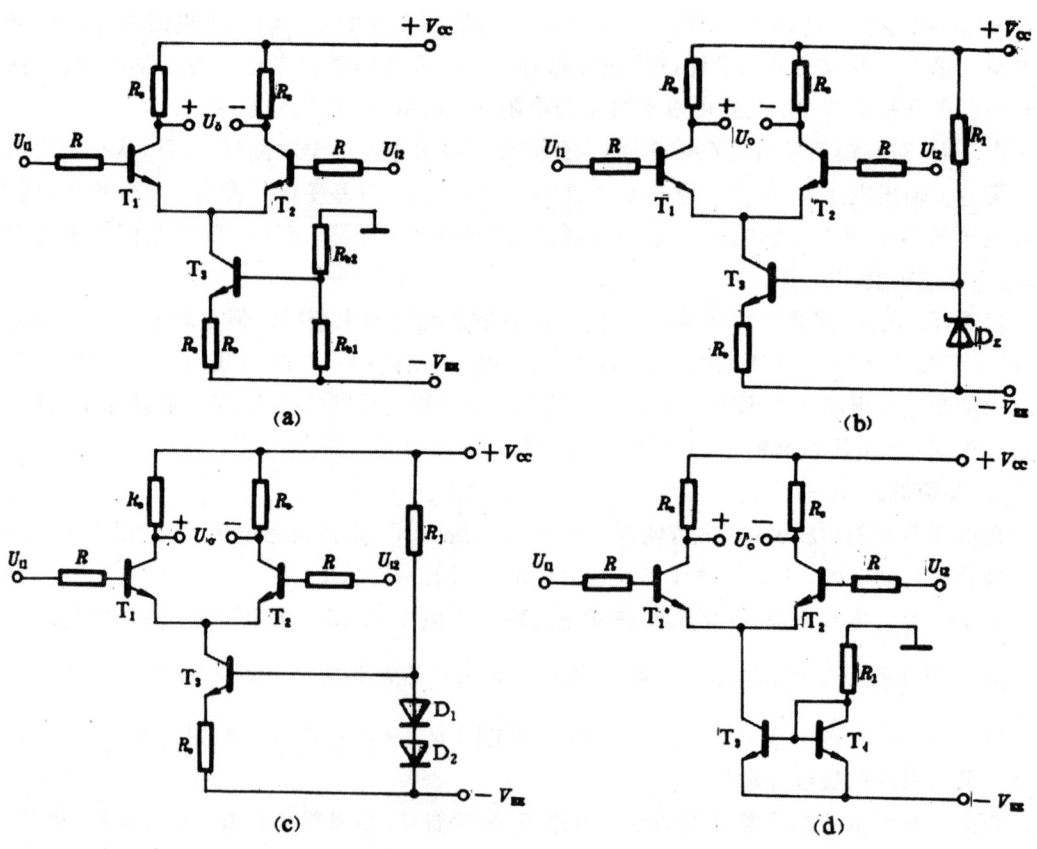

图 3-10　恒流管的各种接法

在图 3-10(a)中,分压电阻 R_{b1}、R_{b2} 接公共端和负电源之间;在图(b)中,通过稳压管 D_z 来建立恒流管的基极电位;在图(c)中,用两个正向偏置的二极管 D_1、D_2 代替图(b)中的稳压管;在图(d)中,通过一个镜像电流源来提供恒流。

以后,为了画图的方便,差动放大电路中的恒流管有时不具体画出,而只用一个简化的符号来表示,如图 3-11 所示。

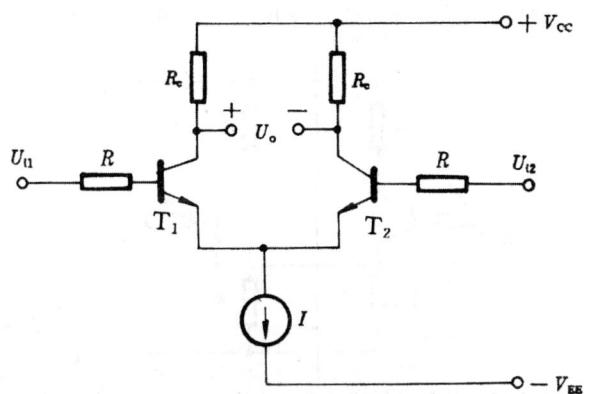

图 3-11　差动放大电路中恒流管的简化符号

2. 差动的放大电路的分析

(1)静态分析

对于恒流源式和长尾式两种不同的差动放大电路,估算静态工作点的过程有所不同,下面分别进行讨论。

1)恒流源式

无论上述哪一种形式的恒流源式差动放大电路(见图 3-9 和图 3-10),估算静态工作点的过程均从确定恒流三极管的电流开始。现以图 3-9 中的电路为例进行估算。

在图 3-9 中,在静态时,当忽略 T_3 的基流时,电阻 R_b,上的电压为直流电源 V_{CC} 与 V_{EE} 之和经过电阻 R_{b1}、R_{b2} 分压后得到,即

$$U_{R_{b1}} \approx \frac{R_{b1}}{R_{b1}+R_{b2}}(V_{EE}+V_{CC})$$

电阻 R_e 上的电压等于

$$U_{R_e} = U_{R_{b1}} - U_{BEQ3}$$

恒流管 T_3 的静态电流为

$$I_{CQ3} \approx I_{EQ3} = \frac{U_{R_e}}{R_e} \approx \frac{1}{R_e}\left[\frac{R_{b1}}{R_{b1}+R_{b2}}(V_{EE}+V_{CC})-U_{BEQ3}\right] \tag{3-6}$$

设两个放大管的参数对称,则它们的静态电流和电压为。

$$I_{CQ1} = I_{CQ2} \approx \frac{1}{2}I_{CQ3} \tag{3-7}$$

$$U_{CQ1} = U_{CQ2} = V_{CC} - I_{CQ1}R_c \tag{3-8}$$

$$I_{BQ1} = I_{BQ2} = \frac{I_{CQ1}}{\beta_1} \tag{3-9}$$

$$U_{BQ1} = U_{BQ2} = -I_{BQ1}R \tag{3-10}$$

图 3-10 中几个电路估算静态工作点的方法与上面的方法类似。

2)长尾式

当输入信号等于零时,图 3-8 所示长尾式差动放大电路可以画成如图 3-12 所示电路。原电路中的长尾电阻 R_e 用两个并联的电阻来等效,其中每个电阻的阻值等于 $2R_e$。由图可见,电路的左右两个部分完全对称,我们只需取其中的任一半来估算静态工作点。

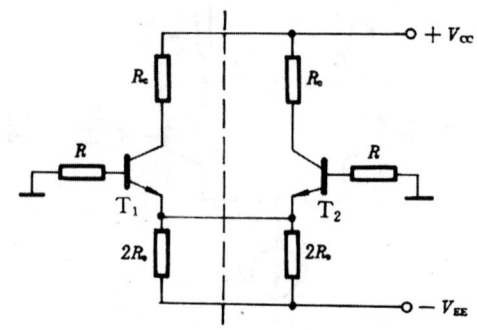

图 3-12 估算长尾式差动放大电路 Q 点的等效电路

估算 Q 点时从基极回路开始。由于电路对称,设 $I_{BQ1} = I_{BQ2} = I_{BQ}$,$I_{CQ1} = I_{CQ2} = I_{CQ}$,$U_{BEQ1} = U_{BEQ2} = U_{BEQ}$,$U_{CQ1} = U_{CQ2} = U_{CQ}$,且 $\beta_1 = \beta_2 = \beta$。由图 3-12 可见,

$$I_{BQ}R + U_{BEQ} + 2I_{EQ}R_e = V_{EE}$$

则

$$I_{BQ} = \frac{V_{EE} - U_{BEQ}}{R + 2(1+\beta)R_e} \tag{3-11}$$

电路中其他静态电流或电压为

$$I_{CQ} \approx \beta I_{BQ} \tag{3-12}$$

$$U_{CQ} = V_{CC} - I_{CQ}R_c \tag{3-13}$$

$$U_{BQ} = -I_{BQ}R \tag{3-14}$$

(2)动态分析

对于长尾式或恒流源式的差动放大电路,由于长尾电阻 R_e 或恒流管 T_3 所引入的均是共模负反馈,也就是说,当加入差模输入信号时,两个放大管的集电极电流将一个增加,另一个减少,二者之总和保持不变,因而,它们的发射极电位 U_E 也保持不变,相当于一个固定电压。因此,在交流通路中,长尾电阻 R_e 和恒流管均可以看作短路,所以,两种差动放大电路的交流通路相同,如图 3-13 所示。

如果在两个三极管的集电极之间接有负载电阻 R_L,如图 3-13 中虚线所示,则因为加上差模输入信号时,一个三极管的集电极电位降低,另一管升高,故可以认为 R_L 的中点电位保持不变,即在 $\frac{R_L}{2}$ 处相当于交流接地,因此可以认为每个三极管的集电极与地之间接有 $\frac{R_L}{2}$ 的负载电阻。

根据图 3-13 中的交流通路,可以估算差动放大电路的差模电压放大倍数 A_d、差模输入电阻 R_{id} 和输出电阻 R_o。

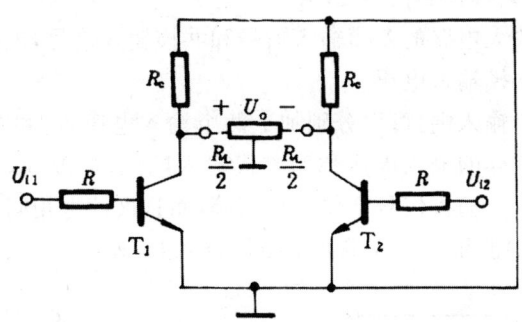

图 3-13　长尾式、恒流源差放的交流通路

由交流通路中 T_1 的基极回路可得

$$I_{b1} = \frac{U_{i1}}{R + r_{be}}$$

而

$$I_{c1} = \beta I_{b1}$$

则

$$U_{c1} = -I_{c1}\left(R_c /\!/ \frac{R_L}{2}\right)$$

$$= -\frac{\beta\left(R_c /\!/ \frac{R_L}{2}\right)}{R + r_{be}} U_{i1}$$

同理

$$U_{c2} = -I_{c2}\left(R_c /\!/ \frac{R_L}{2}\right)$$

$$= -\frac{\beta\left(R_c /\!/ \frac{R_L}{2}\right)}{R + r_{be}} U_{i2}$$

输出电压为

$$U_o = U_{c1} - U_{c2} = -\frac{\beta\left(R_c /\!/ \frac{R_L}{2}\right)}{R + r_{be}}(U_{i1} - U_{i2})$$

则放大电路的差模电压放大倍数为

$$A_d = \frac{U_o}{U_{i1} - U_{i2}} = -\frac{\beta\left(R_c /\!/ \frac{R_L}{2}\right)}{R + r_{be}} \tag{3-15}$$

可见,差动放大电路的差模电压放大倍数与单管放大电路的电压放大倍数基本上相同。

从图 3-13 中交流通路的两个输入端往里看,差动放大电路的差模输入电阻为

$$R_{id} = 2(R + r_{be}) \tag{3-16}$$

从交流通路的输出端,即两个三极管的集电极往里看,差动放大电路的输出电阻为

$$R_o = 2R_c \tag{3-17}$$

（3）差动放大电路的共模抑制比 KCMR

前面曾经提到差动放大电路的差模输入信号和共模输入信号，现在进一步加以讨论。

1）差模输入电压和共模输入电压

差动放大电路有两个输入端，可以分别加上两个输入电压 U_{i1} 和 U_{i2} 如果两个输入电压大小相等，而且极性相反，这样的输入电压称为差模输入电压，如图 3-14（a）所示。差模输入电压用符号 U_{id} 表示，如果两个输入信号不仅大小相等，而且极性也相同，这样的输入电压称为共模输入电压，如图 3-14（b）所示。共模输入电压用符号 U_{ic} 表示。

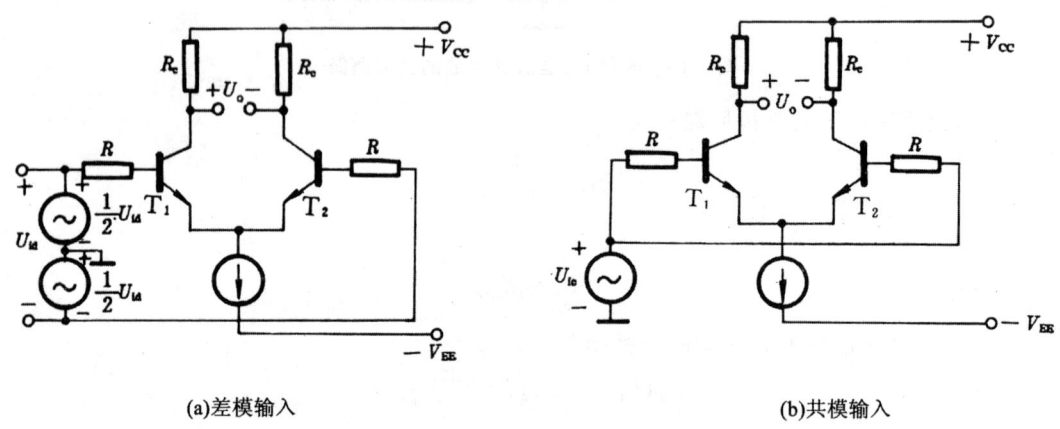

(a)差模输入   (b)共模输入

图 3-14 差模输入电压与共模输入电压

如果在差动放大电路的两个输入端加上任意大小、任意极性的输入电压 U_{i1} 和 U_{i2} 我们都可以将它们认为是某个差模输入电压与某个共模输入电压的组合，其中差模输入电压 U_{id} 和共模输入电压 U_{ic} 的值分别为

$$U_{id}=U_{i1}-U_{i2} \tag{3-18}$$

$$U_{ic}=\frac{1}{2}(U_{i1}-U_{i2}) \tag{3-19}$$

例如，$U_{i1}=5\text{mV}$，$U_{i2}=1\text{mV}$，则此时

$$U_{id}=5-1=4\text{mV}$$

$$U_{ic}=\frac{1}{2}(5-1)=3\text{mV}$$

通常情况下，我们认为差模输入电压反映了有效的信号，对于 U_{id} 希望得到尽可能大的电压放大倍数；而认为共模输入电压可能反映由于温度变化而产生的漂移信号，或者是随着有效信号一起进入放大电路的某种干扰信号，对于 U_{ic} 我们希望尽量加以抑制，不予放大和传送。

2）差模电压放大倍数和共模电压放大倍数

放大电路对差模输入电压的放大倍数称为差模电压放大倍数，用符号 A_d 表示，即

$$A_d=\frac{U_o}{U_{id}} \tag{3-20}$$

前面已经求得双端输出时差动放大电路的差模电压放大倍数如式(3-15)所示。

放大电路对共模输入电压的放大倍数，称为共模电压放大倍数，用符号 A_c 表示，即

$$A_c = \frac{U_o}{U_{ic}} \tag{3-21}$$

　　加上共模输入电压时,差动放大电路的交流通路如图 3-15 所示。图中仍用两个阻值等于 $2R_e$ 的电阻并联来代替长尾电阻 R_e。如为恒流源式差动放大电路,恒流管相当于一个阻值很大的长尾电阻。根据图 3-15,可以求得差动放大电路的共模电压放大倍数。

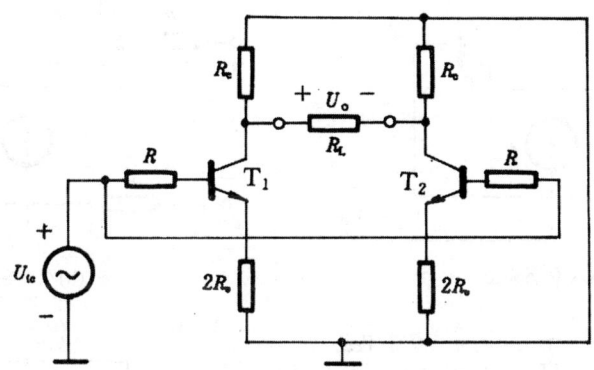

图 3-15　输入共模电压时的交流通路

　　如果差动放大电路左右两侧的参数完全对称,则加上共模输入电压时两管的集电极电压 U_{c1} 与 U_{c2} 总是相等,于是输出电压 $U_o = 0$,故理想情况下,双端输出时差动放大电路的共模电压放大倍数 $A_c = 0$。实际的差动放大电路内部参数不可能完全对称,此时,共模电压放大倍数 $A_c \neq 0$。A_c 愈小,表示放大电路抑制温漂的能力愈强。

　　如果差动放大电路既有差模输入电压,又有共模输入电压,则在线性工作情况下,可以利用叠加原理求得总的输出电压为

$$U_o = A_d U_{id} + A_c U_{ic} \tag{3-22}$$

　　3)共模抑制比

　　差动放大电路的共模抑制比,是其差模电压放大倍数与共模电压放大倍数之比,一般用对数表示,单位为分贝,即

$$K_{CMR} = 20 \lg \left| \frac{A_d}{A_c} \right| \tag{3-26}$$

共模抑制比是一个表征差动放大电路对温度漂移的抑制能力的综合指标。

　　对于一个差动放大电路,我们希望其差模电压放大倍数愈大愈好,共模电压放大倍数愈小愈好。理想情况下 A_c 等于零,则共模抑制比 K_{CMR} 等于无穷大。这种情况表示差动放大电路左右两部分的管子和元件参数绝对一致,因此当温度变化时;两个三极管集电极输出电压的漂移能够完全抵消。实际的差动放大电路参数不可能理想化地匹配,对于简单形式的差动放大电路,抑制温漂的能力比较差。也就是说,它的共模放大倍数 A_c 相对比较大,共模抑制比 K_{CMR} 较低。长尾式和恒流源式的差动放大电路利用 R_e 或恒流管引入一个共模负反馈,使 A_c 降低,而 A_d 不变,结果提高了共模抑制比。

　　3. 差动放大电路的输入输出接法

　　差动放大电路有两个三极管,它们的基极和集电极分别成为两个输入端和两个输出端。因此,差动放大电路的输入端和输出端的连接,有四种不同的方法,这就是双端输入、双端输

出,双端输入、单端输出,单端输入、双端输出,以及单端输入、单端输出。上述四种接法分别见图 3-16(a)、(b)、(c)、(d)。不同的接法之下放大电路的性能有所不同,下面分别进行讨论。

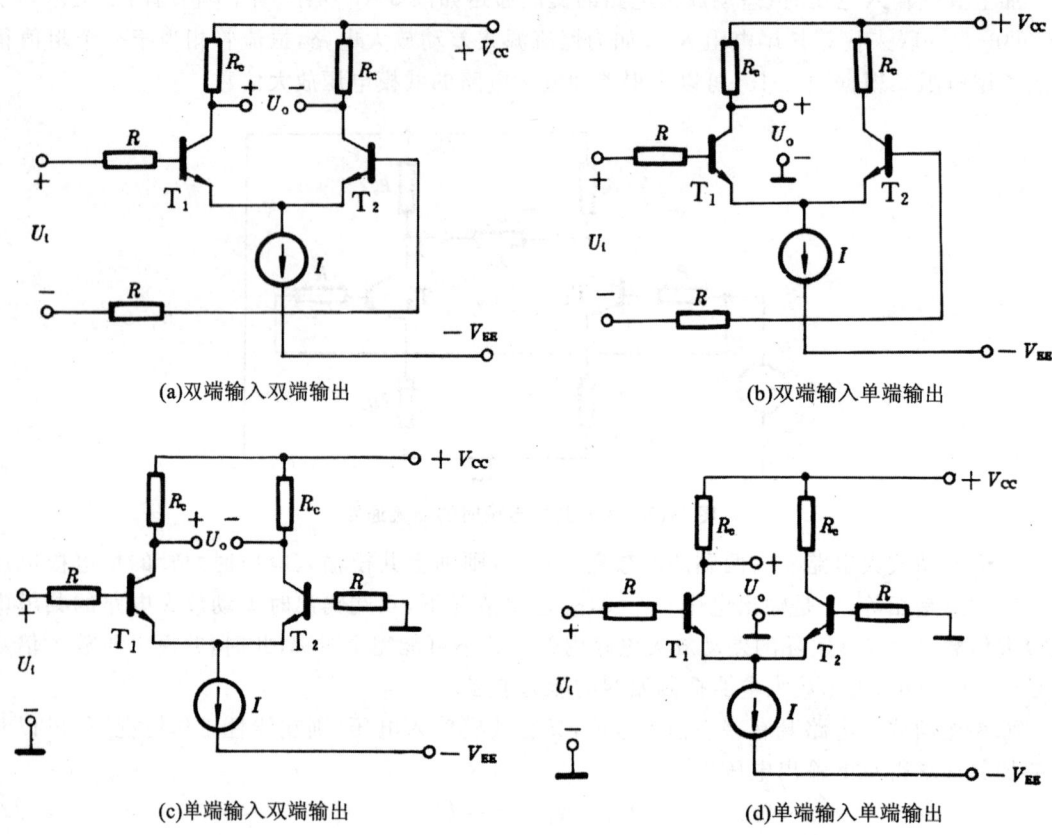

(a)双端输入双端输出   (b)双端输入单端输出

(c)单端输入双端输出   (d)单端输入单端输出

图 3-16　差动放大电路的四种接法

(1)双端输入、双端输出

电路如图 3-16(a)所示。前面已对这种双端输入、双端输出的差动放大电路进行了比较详细的讨论,并分析了其静态和动态工作状况。由式(3-15)、(3-16)和(3-17)可知,这种差放电路的差模电压放大倍数、差模输入电阻和输出电阻分别为

$$A_d = -\frac{\beta\left(R_c /\!/ \dfrac{R_L}{2}\right)}{R + r_{be}}$$

$$R_{id} = 2(R + r_{be})$$

$$R_o = 2R_c$$

由前面的分析还可知道,因为差动放大电路中两个三极管的集电极电压互相补偿,所以双端输出时抑制温度漂移的能力很强。在理想情况下,共模电压放大倍数 $A_c = 0$,共模抑制比 K_{CMR} 为无穷大。

(2)双端输入、单端输出

电路见图 3-16(b)。由于采用单端输出方式,因此另一个三极管的集电极电压的变化没有反映在输出电压 U_o 上,所以差模电压放大倍数只有双端输出时的一半,即

$$A_d = -\frac{1}{2} \frac{\beta\left(R_c /\!/ \dfrac{R_L}{2}\right)}{R + r_{be}} \qquad (3\text{-}24)$$

但要注意,只有当如图 3-16(b) 所示,从 T_1 集电极输出时,A_d 的表达式中才有负号。如果改为从 T_2 的集电极单端输出,则得到的 A_d 为正值,即输出电压与输入电压同相。总之,从不同的放大管输出时,A_d 的极性也不同。

图 3-16(b) 电路的差模输入电阻不变,仍为

$$R_{id} = 2(R + r_{be}) \qquad (3\text{-}25)$$

由于输出电压从一个三极管的集电极与地之间取得,故输出电阻为

$$R_o = R_c \qquad (3\text{-}26)$$

当从单端输出时,不能利用两个集电极电压互相补偿的优点,故抑制温漂的能力不如双端输出电路。但是,由于引入一个共模负反馈,因此电路仍有较高的共模抑制比。

由图 3-15 中的交流通路可得,当加上共模输入电压 U_{ic} 时,三极管 T_1 的基极电流为

$$I_{b1} = -\frac{U_{ic}}{R + r_{be} + 2(1+\beta)R_e}$$

集电极电流为

$$I_{c1} = \beta I_{b1}$$

从 T_1 集电极单端输出时

$$U_o = U_{c1} = -I_{c1}(R_c /\!/ R_L) = -\frac{\beta(R_c /\!/ R_L)U_{ic}}{R + r_{be} + 2(1+\beta)R_e}$$

则单端输出时的共模电压放大倍数为

$$A_c = \frac{U_o}{U_{ic}} = -\frac{\beta(R_c /\!/ R_L)}{R + r_{be} + 2(1+\beta)R_e} \qquad (3\text{-}27)$$

当 $2(1+\beta)R_e \gg R + r_{be}$ 时,上述可简化为

$$A_c \approx -\frac{R_c /\!/ R_L}{2R_e} \qquad (3\text{-}28)$$

根据式 (3-24) 和 (3-28) 可求得单端出时差动放大电路的共模抑制比为

$$K_{CMR} = \left|\frac{A_d}{A_c}\right| \approx \frac{\beta R_e}{R + r_{be}} \qquad (3\text{-}29)$$

由以上分析可知,长尾电阻 R_e 愈大,则共模负反馈愈强,共模电压放大倍数 $|A_c|$ 愈小,因而共模抑制比 K_{CMR} 愈高。

在单端输出时,常常将不输出电压一侧的集电极负载电阻 R_c 省去。例如,当从 T_1 集电极单端输出时,可以省去 T_2 的集电极负载电阻,而将 T_2 的集电极直接接到直流电源 V_{CC} 上。

双端输入、单端输出接法常被用于将双端输入信号转换为要求具有一个公共接地端的单端输出信号。

(3) 单端输入、双端输出

由图 3-16(c) 可见,当采用单端输入接法时,输入电压 U_i 只加在一个三极管的基极与公共端之间,另一管的基极接地。现在需要分析一下,此时两个三极管是否还工作在“差动”状态,即在单端输入信号作用下,是否仍然当一个三极管的电流增大时,另一个三极管的电流相

应地减小。

在图 3-16(c)中，假设某个瞬间输入电压的极性为正，则 T_1 的集电极电流 i_{c1} 增大，于是流过长尾电阻 Re 或恒流管(恒流管的作用相当一个大阻值的长尾电阻)的电流随之增大，使发射极电位 u_E 升高。此时 T_2 基极回路的电压 $u_{BE_2}=u_{B_2}-u_E$ 将降低，使 T_2 的集电极电流 i_{c2} 减小。可见，在单端输入信号作用下两个三极管的电流仍然是一个增大，另一个减小。

长尾电阻 R_e(或恒流管)引入一个共模负反馈，它具有稳定 R_e 中电流的作用。当共模负反馈很强时，可认为两个三极管的集电极电流之和基本不变，即加上单端输入电压时，可以认为 $\Delta i_{c1}+\Delta i_{c2}\approx 0$，则 $\Delta i_{c1}\approx -\Delta i_{c2}$，就是说 i_{c1} 增加的量与 i_{c2} 减少的量近似相等，说明单端输入时，差动放大电路的两个三极管仍然工作在差动状态。

我们也可以把单端输入电压看成是一个差模输入电压和一个共模输入电压的组合。已知两个三极管的输入电压为 $U_{i1}=U_i$，$U_{i2}=0$，则根据式(3-18)和(3-19)可得到相应的差模输入电压和共模输入电压分别为

$$U_{id}=U_{i1}-U_{i2}=U_i$$

$$U_{ic}=\frac{1}{2}(U_{i1}-U_{i2})=\frac{1}{2}U_i$$

图 3-16(c)中单端输入、双端输出差动放大电路的差模电压放大倍数、差模输入电阻和输出电阻分别为

$$A_d=-\frac{\beta\left(R_c/\!/\dfrac{R_L}{2}\right)}{R+r_{be}} \tag{3-30}$$

$$R_{id}\approx 2(R+r_{be}) \tag{3-31}$$

$$R_o=2R_c \tag{3-32}$$

这种接法主要用于将单端输入信号转换成双端输入信号，以作为下一级差动放大电路的输入信号，或用于负载的两端均要求悬空，任一端不能接地的情况。

(4)单端输入、单端输出

电路如图 3-16(d)所示。由于从一个三极管的集电极输出，因此，差模电压放大倍数只有双端输出时的一半。在图(d)的接法下，

$$A_d=-\frac{1}{2}\frac{\beta(R_c/\!/R_L)}{R+r_{be}} \tag{3-33}$$

如果改为从 T_2 的集电极单端输出，则输出电压与输入电压不反相，即上述 A_d 的表达式中没有负号。

单端输入、单端输出差动放大电路的差模输入电阻和输出电阻分别为

$$R_{id}\approx 2(R+r_{be}) \tag{3-34}$$

$$R_o=R_c \tag{3-35}$$

综上所述，差动放大电路的输入、输出端采用不同接法时，具有以下几个特点：

①双端输出时，差模电压放大倍数与单管放大电路的电压放大倍数基本相同，即

$$A_d=-\frac{\beta\left(R_c/\!/\dfrac{R_L}{2}\right)}{R+r_{be}}$$

单端输出时，A_d 约等于双端输出时的一半，即

$$A_d = -\frac{1}{2}\frac{\beta(R_c /\!/ R_L)}{R+r_{be}}$$

②双端输出时，输出电阻 $R_o=2R_c$；单端输出时，$R_o=R_c$。

③双端输出时，理想情况下共模抑制比 K_{CMR} 等于无穷大；单端输出时，由于引入了很强的共模负反馈，因此也能得到较高的共模抑制比，但 K_{CMR} 不如双端输出高。

④对于长尾式和恒流源式差动较放大电路，当单端输入时放大电路仍然基本上工作在差动状态，因此各项性能与双端输入近似相同，单端输入时，差模输入电阻为 $R_{id}\approx2(R+r_{be})$。

⑤单端输出时，A_d 的极性可以改变。如从某一个三极管的基极输入，并从同一个三极管的集电极输出，则 U_o 与 U_i 反相，A_d 为负；如从某一个三极管的基极输入，但从另一个三极管的集电极输出，则 U_o 与 U_i 同相，A_d 为正。

除了以上论述的各种差动放大电路以外，还有若干其他形式的差动放大电路，例如场效应管差动放大电路，以及各种复合形式的差动放大电路等，它们的基本原理都是相同的。场效应管差放的主要优点是可以获得高的差模输入电阻。复合形式的差放有共集—共基差动放大电路等等，这种电路同时兼有共集和共基两种组态的优点。

3.2.3　中间级

对中间级的主要要求是能够提供尽可能大的电压放大倍数，为此，除了要求该级本身的电压放大倍数比较大以外，还应有较高的输入电阻，以免影响前级的放大倍数。此外，对于不同的集成运放，中间级可能还有提供输出级所需的驱动电流、电平移动以及双端一单端之间的转换寺坝任务。

为了得到比较大的电压放大倍数，在集成运放的中间级，经常采用有源负载以及复合管等电路结构形式。

1. 有源负载

我们已经知道，共射、共基接法时，通常集电极负载电阻 R_c 愈大，则电压放大倍数也愈大。但是，用集成电路工艺制造大电阻又十分困难。为了解决这个矛盾，可以用一个三极管代替负载电阻 R_c，称为有源负载。

在放大区，三极管的输出特性曲线比较平坦，集电极的等效电阻 $r_{ce}=\frac{\Delta u_{CE}}{\Delta i_C}$ 很大，理想情况下，r_{ce} 为无穷大，见图 3-17。因此采用有源负载可得到很高的电压放大倍数。

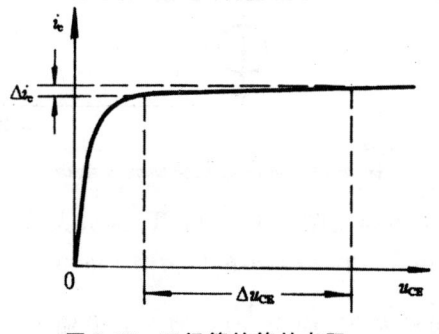

图 3-17　三极管的等效电阻 r_{ce}

接有有源负载的单管共射放大电路的原理性电路图如图 3-18(a)所示,为了画图的方便,有源负载常用图 3-18(b)中的简化符号表示。

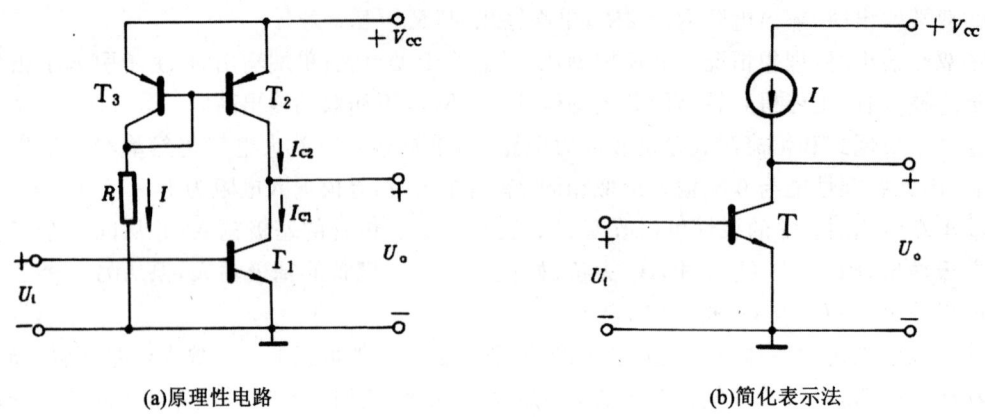

(a)原理性电路   (b)简化表示法

图 3-18 有源负载单管共射放大电路

在图 3-18(a)中,三极管 T_1 是放大管,T_2 为有源负载。不难看出,T_2 与 T_3 组成一个镜像电流源,作为偏置电路。本电路中,基准电流为

$$I = \frac{V_{CC} - U_{BE3}}{R}$$

如果忽略 T_1、T_3 的基流,则放大管 T_1 的工作电流为

$$I_{C1} = I_{C2} \approx I$$

由此确定本单管放大电路的静态工作点。

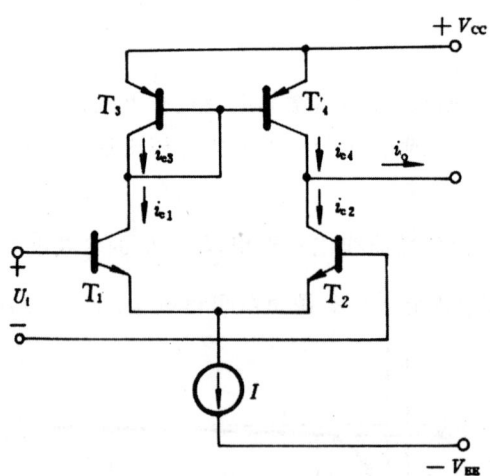

图 3-19 有源负载差动放大电路

采用有源负载的差动放大电路见图 3-19。T_1、T_2 为放大管、T_3、T_4 组成镜像电流源为有源负载。电路的静态工作点由 T_1、T_2 发射极的恒流源 I 决定。

静态时,两个放大管的电流相等,均为 $\frac{1}{2}I$。加上差模输入电压时,设电压为正,则 i_{C1} 增

大，i_{C2} 减小，而且 $\Delta i_{C2} \approx -\Delta i_{C1}$。当 β_3、$\beta_4 \gg 1$ 时，可认为 $\Delta i_{C1} \approx \Delta i_{C3}$。又因 T_3、T_4 为镜像电流源，故 $\Delta i_{C3} \approx \Delta i_{C4}$。贝 $\Delta i_{C2} \approx -\Delta i_{C4}$。若从 T_2 的集电极单端输入出，则输出电流 i_O 是 i_{C4} 与 i_{C2} 之差，最后可得

$$\Delta i_O = \Delta i_{C4} - \Delta i_{C2} \approx \Delta i_{C4} - (-\Delta i_{C4}) = 2\Delta i_{C4}$$

可见输出电流的变化量为一般单端输出时的两倍，因此可以得到相当于双端输出时的放大倍数。

在集成运放中，采用有源负载的差动放大电路应用十分广泛。

2. 复合管

由两个或两个以上三极管相组合成为一个复合管，可以得到比原来高许多倍的电流放大系数 β 和输入电阻 r_{be}。

由两个 NPN 三极管组成的复合管如图 3-20 所示，图中 T_1 的发射极接到 T_2 的基极，两管的集电极连在一起。

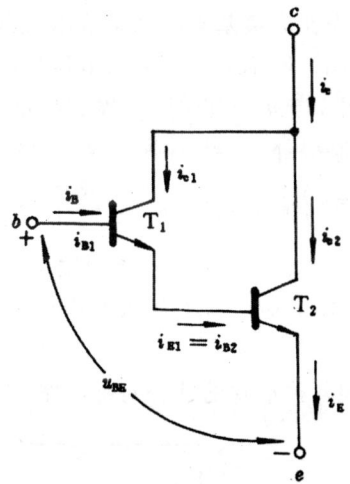

图 3-20　复合管的 β 和 r_{be}

根据定义，复合管的 β 应是其 i_C 与 i_B 的变化量之比，即

$$\beta = \frac{\Delta i_C}{\Delta i_B}$$

由图可见，Δi_B 和 Δi_C 分别为

$$\Delta i_B = \Delta i_{B1}$$
$$\Delta i_C = \Delta i_{C1} + \Delta i_{C2}$$
$$= \beta_1 \Delta i_{B1} + \beta_2 (1 + \beta_1) \Delta i_{B1}$$

则复合管的 β 为

$$\beta = \frac{\Delta i_C}{\Delta i_B} = (\beta_1 + \beta_2 + \beta_1\beta_2) \approx \beta_1\beta_2 \tag{3-36}$$

根据定义，复合管的输入电阻是其 u_{BE} 与 i_B 的变化量之比，即

$$r_{be} = \frac{\Delta u_{BE}}{\Delta i_B}$$

由图可见，

$$\Delta u_{BE} = \Delta i_{B1} r_{be1} + \Delta i_{E1} r_{be2}$$
$$= \Delta i_B [r_{be1} + (1+\beta_1) r_{be2}]$$

则复合管的 r_{be} 为

$$r_{be} = \frac{\Delta u_{BE}}{\Delta i_B} = r_{be1} + (1+\beta_1) r_{be2} \qquad (3\text{-}37)$$

3.2.4　输出级

集成运放输出级的任务是向负载提供足够的输出功率。输出级应有较低的输出电阻以增强带负载能力。也希望有较高的输入电阻，以免降低中间级的电压放大倍数。一般来说，不要求输出级提供很高的电压放大倍数。通常要求输出级有过载保护电路，防止负载电流过大或输出端短路时损坏功率管。

我们已经知道共集电极放大电路（又称射极输出器或射极跟随器）的特点是输出电阻低，带负载能力比较强，因此可以考虑作为最基本的功率输出级电路。但是，一般的射极输出器对正、负向输入信号跟随的能力不同。通常对负向输入电压的跟随范围相对比较小。例如，在图 3-21 所示的双电源射极输出器中，当 u_1 为正时，三极管导电，正向输出电压最大可达 $(V_{CC} - U_{CES})$，其中 U_{CES} 是三极管的饱和管压降。当 u_1 为负时，三极管电流下降。当输入电压负到一定程度时，三极管将截止，此时负向输出电压等于 $\frac{R_L}{R_L + R_e} \times (-V_{EE})$。一般电路中取 $V_{EE} = V_{CC}$，则显然负向输出电压比正向时低。如欲增大负向输出电压的幅值，势必要增大 V_{EE} 或减小 R_e，结果都将使电路的静态功耗增加。为了克服射极输出器的上述缺点，引入了互补对称输出级。

集成运放的输出级大都采用各种形式的互补对称电路，下面分别进行讨论。

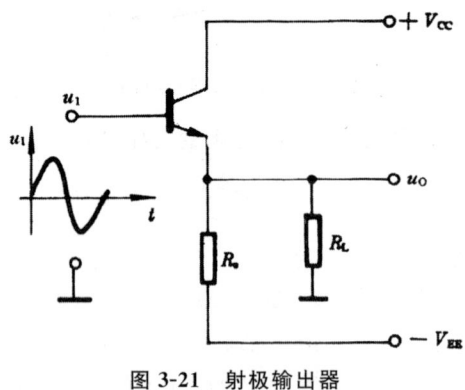

图 3-21　射极输出器

1. 乙类互补对称输出级

最简单的乙类互补对称输出级如图 3-22(a) 所示。电路由一个 NPN 型三极管和一个 PNP 型三极管组成，两管的发射极连涯一起，接到负载电阻 R_L，输入电压 u_1 加在两管的基极上。

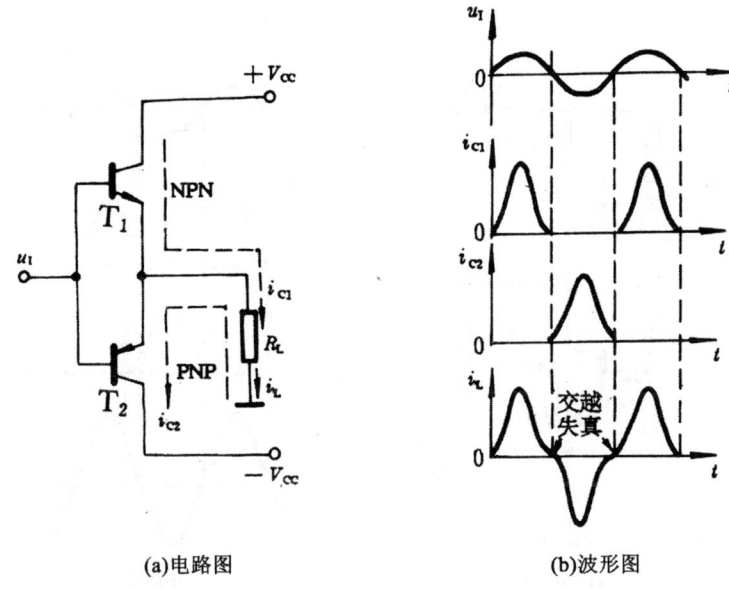

(a)电路图　　　　　(b)波形图

图 3-22　乙类互补对称输出级

当 u_I 为正时，T_1 导通，集电极电流 i_{C1} 由 $+V_{CC}$ 经 T_1 流至负载电阻后流入公共端；当 u_I 为负时，T_2 导通，i_{C2} 由公共端经负载电阻和 T_2 流至 $-V_{CC}$。无论 T_1 或 T_2 导电，电路都工作在射极跟随器状态。当 u_I 为正弦波时，i_{C1}、i_{C2} 和负载电流 i_L 的波形如图 3-22(b)所示。i_L 是两个集电极电流的合成，即 $i_L = i_{C1} - i_{C2}$，由于电路结构对称，两个三极管轮流导电，互相补充，故称互补对称输出级。又因为每管导电 180°，所以称为"乙类"放大电路。

乙类互补对称输出级的优点是效率高，当不加输入电压时，两个三极管的静态电流等于零。但是当 u_I 幅度较小，在小于三极管输入特性上的死区电压时，两个三极管均不导电，因此输出波形的交越失真比较严重。

2. 甲乙类互补对称输出级

为了减小交越失真，设法使交流输入电压为零时，T_1、T_2 中均已有一个较小的静态基流，则加上正弦输入电压时，两个三极管轮流导电的交替过程比较平滑，以减小交越失真。此时每管导电角略大于 180°，而小于 360°，故称为"甲乙类"。甲乙类互补对称输出级的电路见图 3-23(a)。

静态时，有一个电流从 $+V_{CC}$ 经 R_{b1}、R、D_1、D_2 和 R_{b2} 流至 $-V_{CC}$，此时 T_1 的基极电位略高于 T_2 的基极电位，故两个三极管中各自有一个基极电流 i_{B1} 和 i_{B2}，则两管的集电极也各有一个较小的静态电流流过。加上 u_I 后，若 u_I 为正，则 i_{B1} 逐渐增大，i_{B2} 逐渐小，然后 T_2 截止。可见，有一段时间 T_1、T_2 同时导电，每管的导电时间略大于半个周期，故输出波形失真较小，见图 3-23(b)。甲乙类互补对称输出级应用比较广泛。

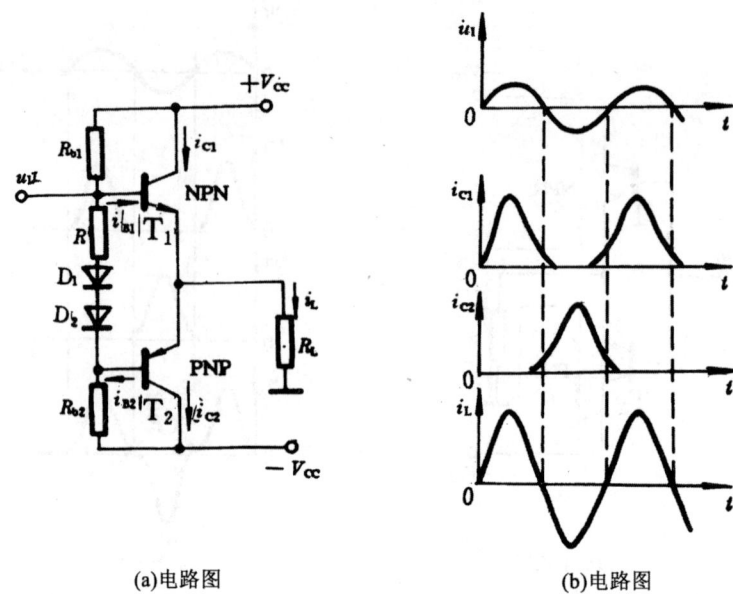

(a)电路图　　　　　　　　(b)电路图

图 3-23　甲乙类互补对称输出级

3. 复合管组成的功率输出级

当集成运放的负载电流比较大时,要求提供给功率管基极的推动电流也比较大。例如当负载电流的有效值,$I_L=2A$ 时,其峰值为 $2×\sqrt{2}=2.8A$,若功率管的 $\beta=20$,则要求向基极提供的推动电流的峰值为 140mA。对于中间级来说,要输出这样大的推动电流十分困难。为了解决这个矛盾,可在输出级采用复合管,如果组成复合管的 T_1、T_2 的 β 分别为 $\beta_1=50$、$\beta_2=20$,则总的 $\beta≈20×50=1000$,当负载电流峰值仍为 2.8A 时,中间级只需输出 2.8mA 的推动电流。

由复合管组成的互补对称输出级如图 3-24 所示。为了实现互补,要求该电路中的大功率三极管 T_3 和 T_4 的特性尽量对称,但他们属不同类型,T_3 为 NPN 型,T_4 为 PNP 型,难达良好的对称。为此,使 T_3 和 T_4 采用同一类型的三极管(如 NPN),而 T_2 为另一种类型(如 PNP),则 T_2 与 T_4 所组成的复合管的类型为 PNP 型,见图 3-25。这种电路称为准互补对称输出级。电路中电阻 R_{e1} 和 R_{c2} 的作用是调整 T_3 和 T_4 的静态工作点。

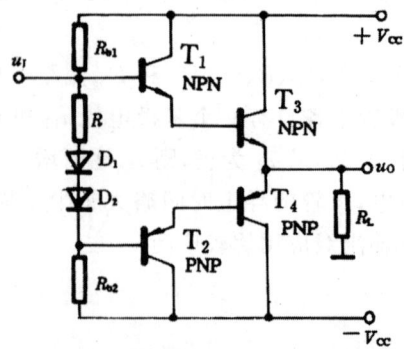

图 3-24　采用复合管的互补对称输出级

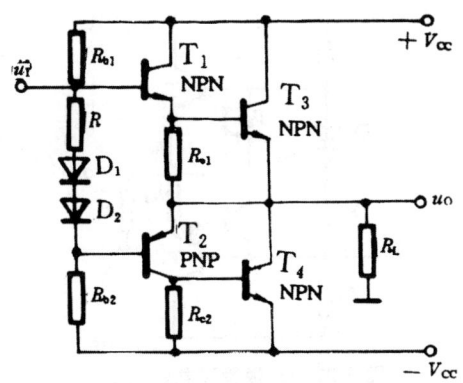

图 3-25　准互补对称输出级

4. 输出级的过载保护电路

当集成运放的负载电流过大时,应有适当的过载保护措施,以免输出级的功率管被烧毁。常用的过载保护电路有两种:二极管过载保护电路和三极管过载保护电路。

图 3-26 中的输出级利用二极管 D_3、D_4 和发射电阻 R_{e1}、R_{e2} 进行过载保护。正常工作时 D_3、D_4 截止,不起作用。当流过 T_1 的正向电流过大时,R_{e1} 上压降增大,使 D_3 导通,则 T_1 基流的一部分被分流,于是限制了 T_1 的输出电流。同理,当流过 T_2 的反向电流过大时,R_{e2} 上的压降使 D_4 导通,将 T_2 的基流分流,限制了 T_2 的输出电流。

由图可见,输出级三极管 T_1、T_2 输出电流的最大限度约为

$$I_{Emax} \approx \frac{U_D}{R_e}$$

其中 U_D 为二极管的正向压降。设 $U_D = 0.7V$,$R_{e1} = R_{e2} = R_e = 20\Omega$,则 $I_{Emax} \approx \frac{0.7}{20} = 35mA$。发射极电阻 R_e 愈大,则 I_{Emax} 愈小。

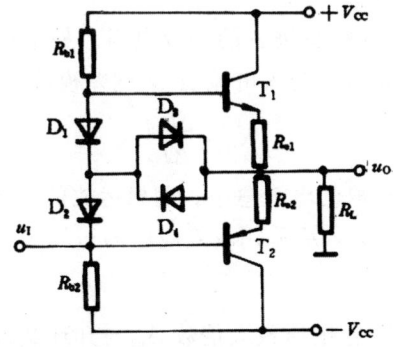

图 3-26　二极管过载保护电路

当周围环境温度升高时,二极管的正向压降 U_D 将减小,由上式可知,此时输出电流的最大限度 I_{Emax} 也将随之减小。这样更加有利于保护在高温情况下工作的集成运放。

图 3-27 中的输出级利用三极管 T_3、T_4 和发射极电阻 R_{e1}、R_{e2} 进行过载保护。正常工作时,R_{e1}、R_{e2} 上的压降较小,T_3、T_4 截止,不起作用。当流过 T_1 的正向电流过大时,T_3 导通,将 T_1 的基极分流。当 T_2 中的反向电流过大时,则 T_4 导通,限制了 T_2 的基极电流。

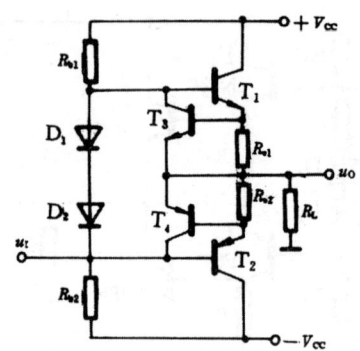

图 3-27 三极管过载保护电路

3.3 集成运放的主要技术指标

为了能够根据需要正确选用适当的集成运放,必须了解其各项主要技术指标的含义,下面分别进行讨论。

1. 开环差模电压增益

A_{od} 是在开环(即不加反馈)条件下,集成运放的差模电压放大倍数。由于开环时电压放大倍数的值一般很大,所以通常用对数表示,即

$$A_{od} = 20 \lg \left| \frac{\Delta U_O}{\Delta U_{I1} - \Delta U_{I2}} \right| \tag{3-38}$$

式中,ΔU_O 为输出电压的变化量,ΔU_{I1} 和 ΔU_{I2} 分别是加在反相输入端和同相输入端的电压变化量。实际工作中希望集成运放的开环差模电压增益愈大愈好。理想运放的 A_{od} 等于无穷大,一般集成运放的 A_{od} 为 100 分贝左右,目前高档的运放可达 140 分贝。

2. 差模输入电阻

R_{id} 是从集成运放的两个输入端看进去的等效电阻。如果在集成运放的两个输入端之间加上差模输入电压 ΔU_{Id},得到相应的输入电流 ΔI_{Id},则差模输入电阻为

$$R_{id} = \frac{\Delta U_{Id}}{\Delta I_{Id}}$$

R_{id} 愈大,则集成运放对信号源索取的电流愈小。理想运放的差模输入电阻为无穷大。例如通用型运放 F007 的 R_{id} 为 2 兆欧,输入级采用场效应管的运放 R_{id} 可达 106 兆欧。

3. 共模抑制比

共模抑制比的定义是开环差模电压放大倍数 A_{od} 与开环共模电压放大倍数 A_{oc} 之比,通常用分贝表示,即

$$K_{CMR} = 20 \lg \left| \frac{A_{od}}{A_{oc}} \right| \tag{3-39}$$

共模抑制比愈大,表示集成运放对共模信号的抑制能力愈强。通过本章前面的结论可以知道,温度变化对差动放大电路的影响,实际上相当于加一个共模输入信号。因此,K_{CMR} 愈大,电路对温漂的抑制能力也愈强。理想运放的共模抑制比等于无穷大。多数集成运放的 K_{CMR} 在 80

分贝以上,优质的运放可达 160 分贝。

4. 输入失调电压及失调电压温漂

在理想情况下,当集成运放的输入电压为零时,输出电压也应为零,但实际上此时输出电压常常不等于零,我们称之为输出失调电压。将此输出失调电压除以开环电压放大倍数,即是输入失调电压 U_{IO},因此,U_{IO} 的含义是,为了使输出电压等于零,在集成运放输入端需要加上的补偿电压。产生失调电压的原因是输入级差分对管 U_{BE} 的不匹配。理想运放的输入失调电压等于零,通用型集成运放的 U_{IO} 约为 (1~10) 毫伏,高精度、低漂移型运放的 U_{IO} 小于 0.5 毫伏。

输入失调电压温漂的定义是

$$\alpha_{U_{IO}} = \frac{dU_{IO}}{dT} \tag{3-40}$$

代表 U_{IO} 的温度系数。它是集成运放产生温漂的主要原因之一。这个指标比 U_{IO} 更为重要,因为我们可以通过调零措施使输入电压为零时输出电压也等于零,但是却无法采取措施将 O~u_{io} 调小,为了减小放大电路的温漂,要 $\alpha_{U_{IO}}$ 愈小愈好。理想运放的 $\alpha_{U_{IO}}$ 等于零,通用型集成运放的 $\alpha_{U_{IO}}$ 约为 (10~20)$\mu V/℃$,高精度、低漂移型运放的 $\alpha_{U_{IO}}$ 可达 1$\mu V/℃$。

5. 输入偏置电流

集成运放的输入偏置电流是当输出电压等于零时,两个输入端偏置电流的平均值,可表示为

$$I_{IB} = \frac{1}{2}(I_{B1} + I_{B2}) \tag{3-41}$$

I_{IB} 的值主要取决于输入级的静态工作电流 I_{CQ} 和该级的 β 值。理想运放的 I_{IB} 等于零,输入级为双极型三极管的集成运放,I_{IB} 大约为 10 纳安至 1 微安,当采用场效应管组成输入级时,I_{IB} 小于 1 纳安。

6. 输入失调电流及失调电流温漂

输入失调电流 I_{IO} 是当集成运放的输出电压等于零时,两个输入端的偏置电流之差,可表示为

$$I_{IO} = |I_{B1} - I_{B2}| \tag{3-42}$$

I_{IO} 是由于输入级差分对管偏置电流的不对称而引起的。一般来说,集成运放的偏置电流愈大,则输入失调电流也愈大。

输入失调电流温漂的定义是

$$\alpha_{I_{IO}} = \frac{dI_{IO}}{dT} \tag{3-43}$$

代表 I_{IO} 的温度系数。理想运放的输入失调电流及其温漂均等于零。

7. 最大共模输入电压

U_{Icm} 表示集成运放输入端能够承受的最大共模电压,如超过这个范围,运放的共模抑制性能将急剧恶化,可能导致运放不能正常工作。

8. 最大差模输入电压

U_{Idm}是指集成运放的反相输入端与同相输入端之间能够承受的最大电压,若超过此值,输入级差分对管中的某一个三极管的发射结可能被反向击穿。

3.4 集成运放的典型电路

前面讨论了集成运放的基本组成单元和主要技术指标,本节将要论述两种集成运放的典型电路:双极型集成运放 F007 和 CMOS 集成运放 C14573。

3.4.1 F007

F007 是一种利用双极型集成工艺制造的运算放大器,属于第二代通用型集成运放,它是目前应用比较广泛的一种产品。

本节主要研究 F007 的电路组成,引脚和符号,及其主要技术指标。

1. 电路组成

F007 的电路原理图如图 3-28 所示。图中圆圈内的数字,表示该引出端对应的集成运放的引脚编号。由图可见,电路包括四个组成部分:偏置电路、差动放大输入级、中间级和输出级。下面分别进行讨论。

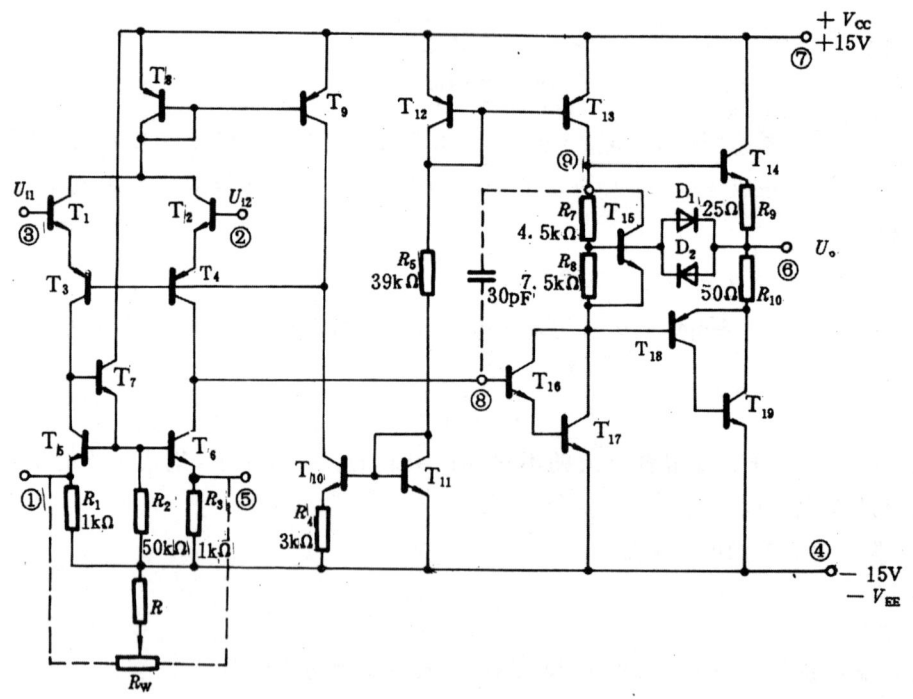

图 3-28　F007 的电路原理图

(1)偏置电路

F007 的偏置电路由图 3-28 中的 T_8、T_9、T_{10}、T_{11}、T_{12} 和 T_{13} 以及电阻 R_4、R_5 等元件组成,

如图 3-29 所示。

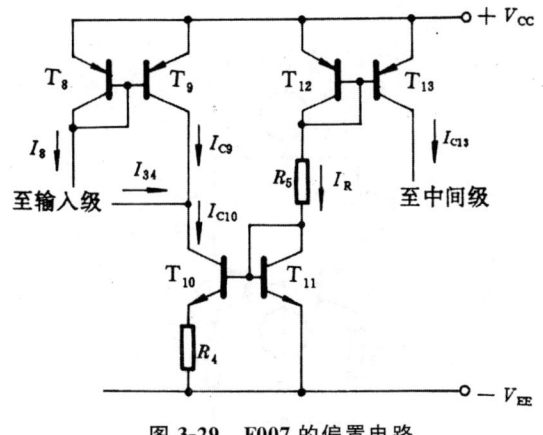

图 3-29　F007 的偏置电路

输入级需要一个比较稳定的微弱偏置电流。在图 3-29 中，T_{10} 和 T_{11} 组成一个微电流源，因此，I_{c10} 比基准电流 I_R 小得多，由 I_{c10} 提供 I_{c9} 和 T_3、T_4 的基流 I_{34}。横向 PNP 管 T_8、T_9 组成镜像电流源产生 I_8，再由 I_8 提供差动放大输入级 T_1、T_2 的集电极电流，所以输入级的偏置电流比较小。

另外两个横向 PNP 管 T_{12} T_{13} 组成的镜像电流源产生 I_{c13} 这是中间级放大管 T_{16}、T_{17} 的集电极偏置电流。

(2)输入级

F007 的输入级由三极管 $T_1 \sim T_7$ 及电阻 R_1、R_2 和 R_3 组成，R_W 为外接调零电位器，电阻 R 也需外接，见图 3-30。

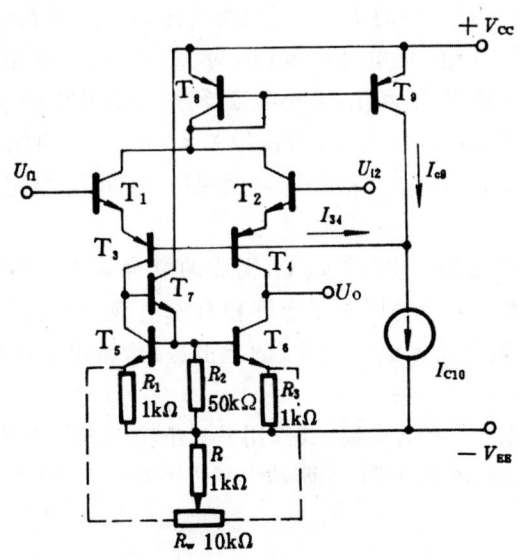

图 3-30　F007 的输入级电路图

电路由 T_1、T_2、T_3 以及 T_4 组成共集－共基差动放大级，T_5、T_6 作为其有源负载，相当于大阻值的集电极负载电阻 R_C。输入信号加在 T_1、T_2 的基极上，输出信号从 T_4 的集电极得到,因此,属于双端输入、单端输出接法。如暂不考虑调零电路和 T_7 的作用,F007 输入级的简化示意图如图 3-31 所示。

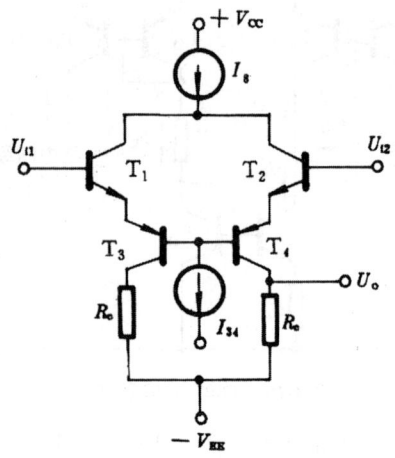

图 3-31　F007 输入级示意图

共集—共基差动输入级是一种复合形式的差动放大电路,兼有共集组态和共基组态的优点。T_1、T_2 接成共集组态,可以得到较高的差模输入电阻和共模输入电压。T_3、T_4 是共基组态,有电压放大作用,又采用有源负载,因此电压放大倍数较高,同时频率响应也比较好。

三极管 T_7 与 R_2 接成射极跟随器,除了向 T_5、T_6 提供基极偏流以外,还将 T_3 集电极的电压变化传递到 T_6 的基极,使输入级在单端输出的条件下仍能得到相当于双端输入时的电压放大倍数。接入 T_7 还使放大管 T_3 和 T_4 的集电极负载趋于均衡。

由图 3-30 可见,微电流源产生的 I_{C10} 包括两部分电流:I_{C9} 和 I_{34}。I_{C9} 通过 T_8、T_9 组成的镜像电流源提供放大管 T_1、T_2 的集电极电流;I_{34} 为 T_3、T_4 的基极电流之和。这样的接法形成了一个共模反负馈,可以稳定 I_{C1} 和 I_{C2} 减小温度漂移,提高共模抑制比。例如当温度升高使 I_{C1} 和 I_{C2} 增大时,则 I_8 增大,由于 I_8 与 I_{C9} 为镜像关系,因此 I_{C9} 也增大,但 $I_{C10}=I_{C9}+I_{34}$,而 I_{C10} 是恒定电流,于是 I_{34} 减小,使 I_{C3}、I_{C4} 减小,从而保持 I_{C1} 和 I_{C2} 稳定。

(3)中间级

F007 中间级的示意图见图 3-32,T_{16}、T_{17} 组成的复合管作为放大管,T_{13} 是它的有源负载。放大电路为共射接法。由于采用了复合管和有源负载,中间级既有很高的电压放大倍数,又具有很高的输入电阻。输入电压由 T_{16} 的基极送入,输出电压从 T_{17} 的 c、e 两端送到下一级。

T_{15} 和 R_7、R_8 组成所谓 U_{BE} 扩大电路,其作用是减小输出级的交越失真。

为了防止产生自激振荡,在图中⑧、⑨两端之间需外接一个 30pF 的电容。

2. 引脚及符号

集成运放 F007 外形为圆壳式,有 12 个引脚。其引脚的示意图以及在电路中的符号如图 3-32 所示。此处引脚的编号与图 3-28 中 F007 的原理图上所标注的引脚编号相对应。

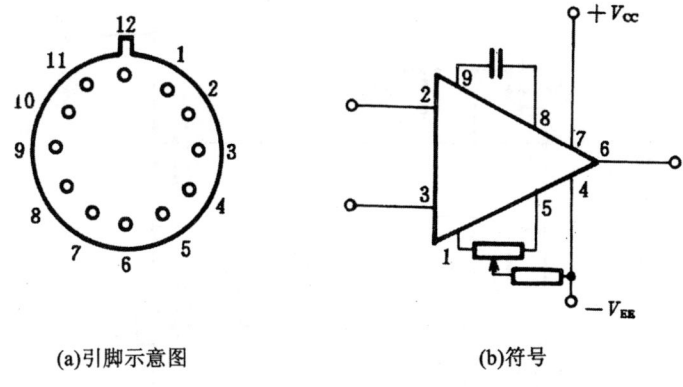

(a)引脚示意图　　　　　　　　　(b)符号

图 3-32　F007 的引脚示意图及符号

3.4.2　C14573

前一小节研究的 F007 是双极型集成运放,本小节将要对另一种典型产品,即 CMOS 四运算放大器 C14573 进行讨论。

早期的集成运放基本上都采用双极型工艺制造,这是由于当时 MOS 工艺存在一些缺点,使之不适合于做成集成运算放大器。例如,MOS 三极管的跨导较小,使集成运放的开环电压增益无法提高;MOS 器件参数匹配性差,导致运放的失调电压较高;以及 MOS 管的低频噪声较大等等。但是,由于 MOS 工艺的不断改进,这些问题已经逐步得到解决。特别是利用 CMOS 工艺制造的集成运放,与双极型运放相比,二者各有千秋。由 NMOS 和 PMOS 互补器件组成的 CMOS 集成运放,除了有一般 MOS 电路的特点,如输入电阻高、功耗小、价格低廉等等以外,还具有一些突出的优点:线性度好,温度特性较好,以及电路结构简单等等,因此,目前得到了比较广泛的应用。下面研究 CMOS 集成运放 C14573 的电路组成、引脚和主要技术指标。

1. 电路组成

C14573 的一个芯片内包括四个电路完全相同的 CMOS 集成运算放大器,每个运放的电路原理图如图 3-33 所示。

由图可见,运放内部只有两个放大级:一个差动放大输入级和一个输出级。此外,还包括一个偏置电路。

输入级由 PMOS 管 P_3、P_4 组成差动放大对管,NMOS 管 N_1、N_2 分别是它们的有源负载。N_1 与 N_2 本身接成镜像电流源。差动放大电路为共源接法,从 P_3、P_4 的栅极双端输入,从 P_4 的漏极单端输出给下一级。

输出级由 NMOS 管 N_3 担任放大管,PMOS 管 P_2 是其有源负载。本级是一个单管共源放大电路。为了防止自激振荡,在放大管 N3 的漏极和栅极之间接入一个校正电容 C。该电容已集成在电路内部,无需外接。

偏置电路由 PMOS 管 P_0、P_1、P_2 和外接电阻 R 组成,提供差动输入级和输出级所需的偏置电流,通过改变外接电阻 R 的大小,可以灵活地设定放大电路的偏置电流。

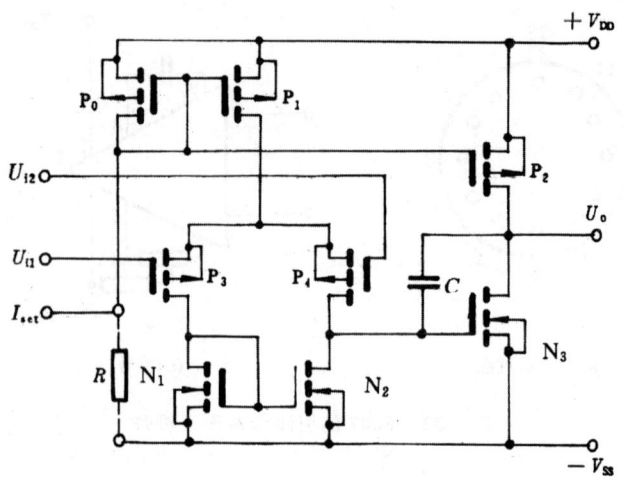

图 3-33 C14573 电路原理图

这种 CMOS 集成运放既可以在双电源（$+V_{DD}$，$-V_{SS}$）下工作，也可在单电源下工作。由于价格低廉、功耗小，一个芯片内集成了四个运放，故适用于需要多个运放的情况。运放的输入、输出电平与 CMOS、TTL 电路兼容，在模拟-数字混合系统中使用比较方便。

2. 引脚图

集成运放 C14573 采用双列直插式封装，共有 16 个引脚可与外电路联系，它的引脚排列见图 3-34。

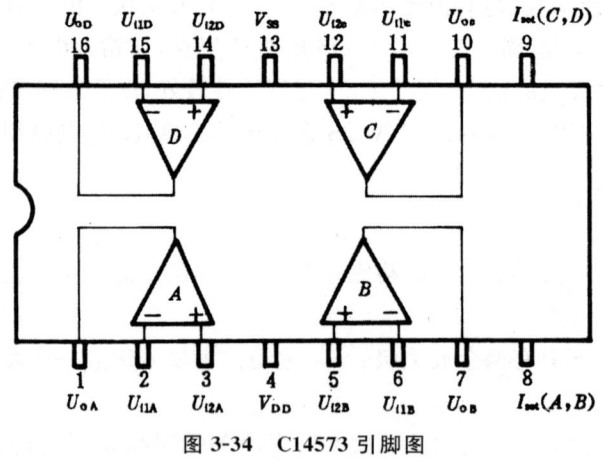

图 3-34 C14573 引脚图

3.5 各类集成运放的特点和性能比较

集成运放可以分为两大类，一类为通用型运放，另一类为专用型运放。通用型适用于一般无特殊要求的场合，由于通用型运放比较容易得到，相对来说价格也比较低廉，因此大多数情况下可先考虑选用此类运放。根据它们发展的过程以及技术指标的优劣，通用型运放又包括三种类型：Ⅰ型、Ⅱ型和Ⅲ型，后者的指标一般优于前者。专用型运放是为适应各种不同的特殊需要而设计的,往往对某些单项指标提出比较高的要求。下面简单说明几种专用型集成运放的特点及用途。

1. 高精度型

高精度集成运放的温度漂移和噪声非常低,而开环差模电压增益和共模抑制比又非常高,因此,有时也称之为低漂移型或低噪声型。

高精度集成运放主要用于低于毫伏级的微弱信号的精密检测,自动化控制仪表以及高精度集成稳压器等等。

2. 低功耗型

低功耗型集成运放的静态功耗非常低,一般比通用型低 $1 \sim 2$ 个数量级,通常不超过毫瓦级。这种运放可以在很低的电源电压下工作,可用电池供电,也可在标准电压范围内工作。在低电源电压下工作时,不仅静态功耗低,而且仍能保持良好的技术指标,例如,仍能够得到较高的开环差模增益和共模抑制比等。

低功耗集成运放主要用于供电电源受到严格限制的遥感、遥测、生物功能器械及某些特殊的化工控制系统等等。

3. 高阻型

高阻型集成运放常常利用结型场效应管或 MOS 场效应管构成输入级,也有的全部由 MOS 工艺制成。这种集成运放的输入电阻高达 $10^{12} \Omega$ 的数量级。

高阻型集成运放主要用于测量放大器,采样-保持电路、带通滤波器、模拟调节器(PID 调节器)以及信号源电阻很高的电路中。

4. 高速型

对高速型集成运放的主要要求是在大信号工作情况下具有良好的频率特性。高速型集成运放的转换速率 S_R 大多为几十至几百 $V/\mu s$,有的甚至高达 $1000 V/\mu s$,其单位增益带宽 f_C 一般为 10 兆赫左右,有的可达几百兆赫。

高速型集成运放常被用于高速采样—保持电路、A/D 和 D/A 转换器,有源滤波电路、模拟乘法器以及精密比较器中。

5. 高压型

某些情况下要求集成运放能够输出比较高的电压,例如 25V 以上,此时需要选用高压型集成运放。与通用型运放相比,高压型集成运放具有更高的耐压,更大的动态输出范围,而且通常功耗也更高。

6. 大功率型

大功率型集成运放不仅能够输出较高的电压,同时能够输出较大的电流,最终在集成运放的负载上可以得到较大的输出功率。

除了上述通用和专用型的集成运放以外,还有一些特种用途的集成运算放大器,例如跨导放大器、电压跟随器等等。所谓跨导放大器实际上是一种由输入电压控制输出电流的集成运算放大器,它的突出特点是输出电阻很高,因此可以看成为电流源。通常采用跨导而不是电压放大倍数作为衡量其放大倍数的技术指标。跨导放大器常被用于采样-保持电路中,以及用于产生音响效果及电子音乐合成等等。电压跟随器输出电压的幅值、相位均与输入电压相同,输出、输入之间成为"跟随"关系。电压跟随器也可以利用通用型集成运放组成,但是,将开环差模电压增益 A_{od} 很高的通用型集成运放组成电压跟随器时,为了保证电路稳定工作,通常需要接入一个比较大的校正电容,结果将使电路的通频带变窄。如果采用专用的电压跟随器芯片,可以避免这个缺点。电压跟随器的电压放大倍数基本上等于1,具有很高的输入电阻和很低的输出电阻,可以用作缓冲级。

3.6 集成运放使用注意事项

随着集成技术的发展,集成运放的性能不断提高,而价格逐步降低,因而集成运放的应用日益广泛和深入。在实际使用运放时,为了保证集成运放的应用电路能够正常工作,并防止损坏,有一些事项应加以注意,下面分别进行讨论。

3.6.1 集成运放参数的测试

当选用不同型号的集成运放产品时,一般可以通过查阅器件手册了解某种型号集成运放的各种参数值。但是由于器件制造的分散性,所用运放的实际参数与手册上给定的典型参数之间可能存在着差别,所以有时需要测试。

针对各种不同的应用电路,对集成运放各项技术指标所要求的侧重方面也有所不同,因此参数测试的具体项目也各不相同。集成运放各项参数的具体测试方法和测试电路请参阅有关文献,因限于篇幅,此处不再赘述。

3.6.2 异常现象的分析和排除

将集成运放接入应用电路中后,有时可能会出现一些预料之外的异常现象。此时应针对出现的情况进行分析,并采取适当措施,使电路恢复正常工作。常见的异常现象有以下几种:

1. 集成运放无法调零

有时当集成运放的输入电压等于零时,无法将输出电压调整为零,输出电压可能达到集成运放的正向和负向最大输出电压值。

产生该异常现象的原因可能是,调零电位器不起作用;应用电路内部接线有误;反馈极性接错或负反馈开环;存在虚焊点;集成运放内部已损坏等等。如果将电路先断电再重新通电后即可以调零,则可能是由于运放输入端电压幅度过大而产生的"堵塞"现象。为了防止堵塞,可在集成运放的输入端加上保护电路。

2. 产生自激振荡

这种异常现象表现为当集成运放的输入为零时,利用示波器可观察到在输出端存在一个频率较高、近似为正弦波的输出信号。自激振荡产生的信号不太稳定,当人体或金属物体靠近电路时,波形将随之产生变化。

消除自激振荡的常用措施有,在电路中适当地方按规定的参数接入校正网络;避免负反馈过强,防止反馈极性接错;合理安排接线,防止杂散电容过大等等。

3. 漂移过于严重

如果集成运放的温度漂移过于严重,大大超过手册规定的参数值,则属于异常现象,应设法排除。

产生漂移过大的原因可能有,集成运放本身已损坏或质量不合格;集成运放靠近发热物体或受到强电磁场的干扰;输入回路的保护二极管受到光的照射;存在虚焊点;调零电位器滑动端接触不良等等。

3.6.3　集成运放的保护

使用集成运放时,为了保证安全,防止损坏,应在电路中采取适当的保护措施,常用的保护有三个方面。

1. 输入保护

如果加在集成运放输入端的共模电压或差模电压过高,可能使集成运放内部输入级的某一个三极管的发射结被反向击穿而损坏,或造成某一个三极管性能下降,而使差分对管的参数不对称,导致集成运放的技术指标恶化。输入电压幅度过大还可能使集成运放产生"堵塞"现象,使放大电路不能正常工作。

常用的保护措施是在集成运放的输入端接入两个二极管,以限制输入信号的幅度,如图 3-35(a)和(b)所示。在图 3-35(a)中,加在集成运放两个输入端之间的差模输入电压将不会超过二极管 D_1、D_2 的正向导通电压(约 0.6V)。在图 3-35(b)中,集成运放承受的共模输入电;压将被限制在 $+V$ 或 $-V$。

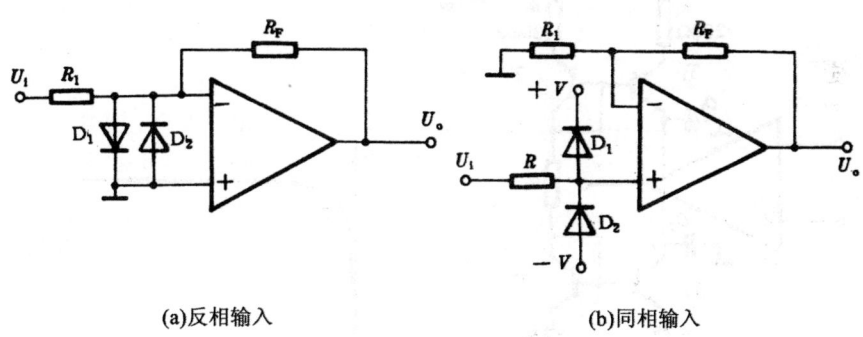

(a)反相输入　　　　　　　　(b)同相输入

图 3-35　集成运放的输入保护

2. 电源极性接错保护

有些集成运放工作时需正负两路电源,如果电源的极性接错,可能使集成运放被损坏。为此可在正负两路电源与集成运放的相应引脚之间分别串入二极管 D_1 和 D_2,以进行保护,如图 3-36 所示。

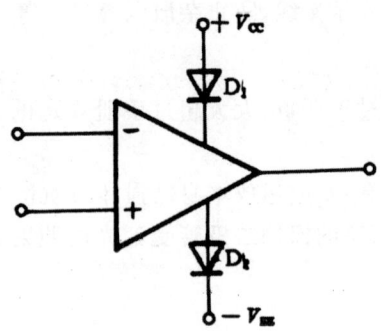

图 3-36 电源极性接错保护

3. 输出限流保护

为了防止因集成运放的工作电流过大而损坏器件,可以采用如图 3-37(a)所示的保护电路。其中 T_1 与 T_3、T_2 与 T_4 各自分别组成镜像电流源。基准电流由 $+V_{CC}$—R_3—T_3—R_5—T_4—R_4—V_{EE} 支路产生。由基准电流确定 T_1 和 T_2 的发射极电流 I_{E1} 和 I_{E2}。

正常工作时,流过保护管 T_1、T_2 的集电极电流不大,例如,对 T_1 来说,此时 $I_{C1} < I_{E1}$,而 I_{B1},较大,其工作点位于图 3-37(b)6 中 A 点处,保护管处于饱和区,管压降很小,相当于将集成运放直接接到直流电源上。若由于某些原因造成集成运放的工作电流过大,此时 I_{C1} 增大,保护管的工作点将经过 B 点移到 C 点或 D 点,三极管工作在恒流区,管压降增大,于是限制了集成运放工作电流的增长,同时,加在集成运放上的直流电源电压值也将下降,保护了集成运放。

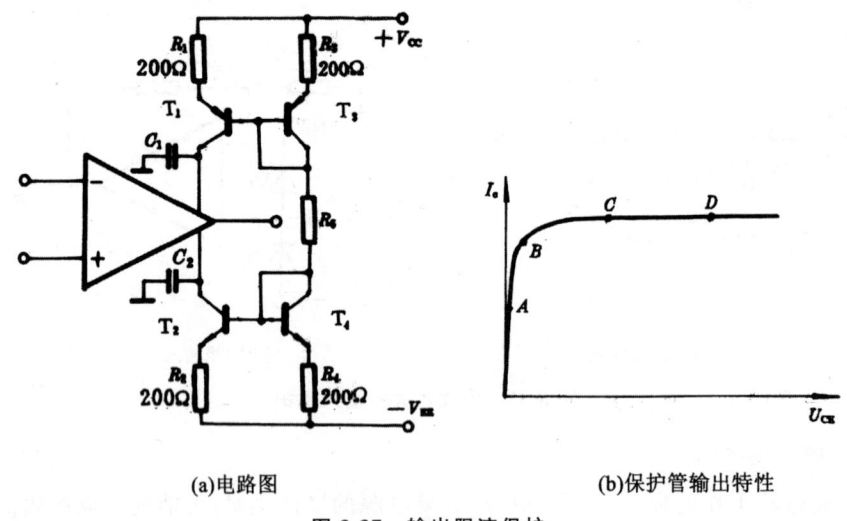

(a)电路图   (b)保护管输出特性

图 3-37 输出限流保护

第4章 功率放大电路

4.1 概述

4.1.1 功率放大电路的功能和特点

在电子电路中,信号经过加工、处理之后,要送到负载(执行机构)中去完成某种任务,例如要喇叭发声、继电器动作、仪表指示等。这时对电信号不仅要求有一定数值的电压,而且要求具有一定数值的功率,才能推动负载去工作。因此,信号进入执行机构之前往往需要通过一种放大电路使其功率得以提高,以便向负载提供足够的信号功率。这种电路称为功率放大电路或称为功率放大器。

功率放大电路和普通电压放大电路一样,是一种依靠放大元件的能量控制作用,实现能量转换的电路。目前,应用较多的单元电路如图 4-1 所示。它是射极输出器电路,在负载 R_L 上可以得到较大的功率。由于功率放大电路的主要任务是输出较大的信号功率,故在性能要求上有下面三个主要特点。

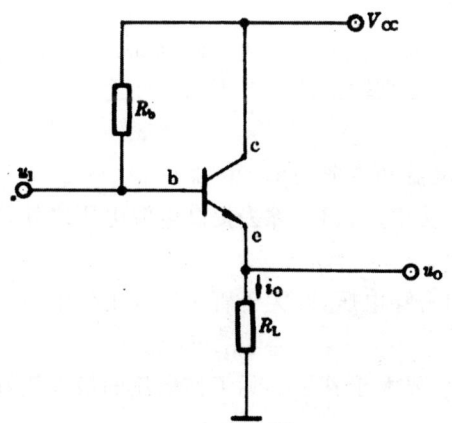

图 4-1 功率放大电路

1. 输出功率要足够大

功率放大电路最主要的是向负载输出足够大的信号功率。如果输入信号是某一频率的正弦信号,根据以前所学知识,我们可以写出输出信号的最大功率的表达式,即

$$P_{om} = \frac{U_{om}}{\sqrt{2}} \times \frac{I_{om}}{\sqrt{2}}$$

$$= \frac{1}{2} U_{om} \cdot I_{om} \tag{4-1}$$

其中 U_{om} 和,I_{om} 分别为负载 R_L 上的正弦电压和电流的幅值。

2. 效率要高

功率放大电路是依靠放大元件把电源供给的直流功率转换成交流信号功率,再输送给负载。因此,不仅要求输出功率大,而且希望转换效率高。为了定量地反映放大电路效率的高低,通常用 η 表示,表达式为

$$\eta = \frac{P_{om}}{P_V} \times 100\% \tag{4-2}$$

其中 P_{om} 为信号最大输出功率,P_V 是电源供给的直流功率。在电源供给直流功率相同的条件下,信号输出功率愈大,电路的效率也愈高。

3. 非线性失真要小

为了得到较大的信号输出功率,功率放大电路的晶体三极管都工作在大信号状态。我们知道,管子的特性曲线都存在着非线性,并且信号变化范围愈大,特性曲线的非线性问题愈突出,所以输出信号不可避免地会产生一定的非线性失真。表现在输入信号是单一频率的正弦波时,输出信号中将会有一定数量的谐波。因此,为了表示非线性失真的大小,通常用非线性失真系数 D 表示,它等于谐波总量和基波成分之比。

通常情况下,输出功率愈大,非线性失真就愈严重,必须正确处理好这一对矛盾。

4.1.2 提高输出功率和效率的途径

1. 提高输出功率的途径

由前面分析可知,功率放大电路的输出功率值,取决于三极管可能提供的最大输出电压和最大输出电流的大小。因此,提高输出功率有下面一些途径:

(1)提高电源电压

选用耐压高、容许工作电流和耗散功率大的器件。

如果选用晶体三极管作功率放大管,除去提高电源电压之外,要选用极限参数满足以下条件的管子:

①集电极与发射极之间击穿电压,要大于管子实际工作电压的最大值,即

$$U_{(BR)CEO} > U_{cemax} \tag{4-3}$$

②集电极最大允许电流,要大于管子实际工作电流的最大值,即

$$I_{CM} > I_{cmax} \tag{4-4}$$

③集电极允许的耗散功率,要大于集电极实际损耗功率的最大值,即

$$P_{CM} > P_{Cmax} \tag{4-5}$$

随着大功率 MOS 管的发展,也可选用 VMOS 管作功率管。由于它在合适的电源电压下,可以输出很大的功率,目前使用得愈来愈多。

(2)改善器件的散热条件

电源供给的直流功率中,有相当大的部分消耗在放大器件上,使之温度很高。为了保证器件输出很大功率情况下不损坏,需要采用散热或强迫冷却的措施,例如对器件加散热片或进行风冷等。

普通功率三极管的外壳较小,散热效果较差,所以允许的耗散功率较低。但是,如果加上散热片,使热量及时通过散热片传送出去,管子温度不致很高,在相同温升下,输出的功率可以大大提高。例如低频大功率管 3AD6 在不加散热装置时,允许的最大功耗 P_{CM} 仅为 1W,但如图 4-2 所示加有 $120 \times 120 \times 4mm^3$ 散热片的条件下,它的允许功率损耗最大值可以达到 10W。目前,在功率放大电路中,为提高输出信号功率,在功放管上一般加有散热片。各种器件对散热片的具体要求,可以在器件手册中查找现成的数据。

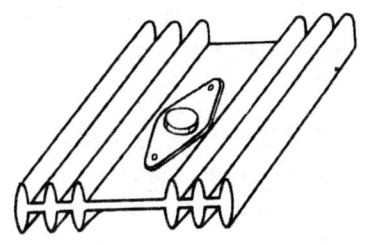

图 4-2　3AD6 加散热片

2. 提高电路效率的途径

功率放大电路的效率主要和功放管的工作状态有关。常用图解法分析功率放大电路。

图 4-3 是三极管放大电路的输出特性和交流负载线。假设图中特性曲线非常理想,直线船为交流负载线,Q 为静态工作点。不难看出 $0A \approx 2I_{cm} = 2I_{om}$ 为输出电流的峰-峰值,$0B \approx 2U_{cem} = 2U_{om}$ 为输出电压的峰-峰值。放大电路输出信号功率最大值为

$$P_{om} = \frac{1}{2}U_{cem} \cdot I_{cm} \tag{4-6}$$

即为画格线的三角形面积值,简称为功率三角形。

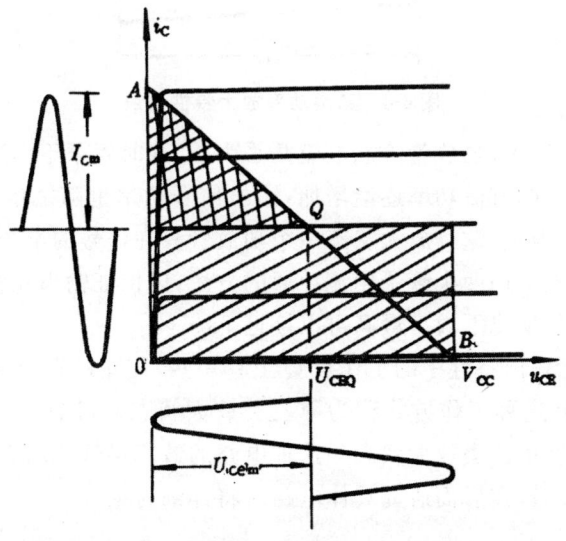

图 4-3　功放管输出特性和交流负载线

电源供给的直流功率为

$$P_V = V_{CC} \cdot I_{CQ} \tag{4-7}$$

即为画斜线的矩形面积值。功放管的能量转换效率等于功率三角形面积与矩形面积之比。显而易见,要提高电路的效率必须设法增大这一比值。为此,一般采用以下方法:

(1)改变功放管的工作状态

前面分析的三极管,在信号的整个周期内都处于导通状态,这种工作方式称为甲类放大状态。由图 4-3 可以看到,甲类功率放大的功放管始终处于导通状态,电源时刻向电路输送功率。当输入信号为零时,电源供给的功率全部消耗在管子和电阻上;当输入信号逐渐加大时,其中转化成有用的输出信号功率的部分也逐渐加大。所以说,在输出信号不失真的条件下,输入信号越大,输出功率越多,电路的效率也越高。在理想情况下,甲类功率放大电路的效率接近于 25%。

如果改变功放管的工作状态,将静态工作点 Q 下移,如图 4-4 所示。这时三极管只在半个信号周期内导通,另半个周期处于截止状态。这种工作方式称为乙类放大状态。

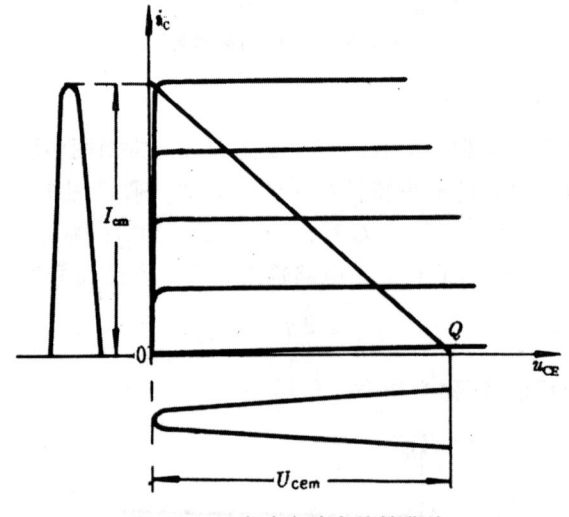

图 4-4　乙类功率放大特性曲线

在乙类功率放大电路中,功放管静态电流几乎为零,这时管子不消耗电源功率。当输入信号逐渐加大时,电源供给的直流功率逐渐增加,输出信号功率也随之增大,显而易见乙类放大比甲类放大效率要高。但是,这种放大状态一个功放管只在信号的半个周期导通,出现了严重的波形失真。所以,一般采用两个管子轮流导通的方法,以保证输出完整的正弦波形。这种乙类功率放大电路,在理想情况下效率最高可以接近 78.5%。

如果将图 4-4 所示输出特性中的工作点 Q 上移一些,使三极管导通时间大于信号的半个周期,且小于一个周期,这种工作方式称为甲乙类放大状态。目前常用的音频功率放大电路中,功放管多数是工作在甲乙类放大状态。这种电路的效率略低于乙类放大,但它克服了乙类放大所产生的主要失真,这在后面研究具体电路时将详细讨论。

(2)选择最佳负载

假设三极管工作在乙类放大状态,电源电压和工作点已经确定,如图 4-5 所示。当负载改变时,交流负载线的斜率也随之改变。图中示出三种负载电阻值条件下的三条负载线。如果负载线 AQ 对应负载电阻为 R_L。这时对应的功率三角形为 $0AQ$。当负载电阻值增大为 R'

$_L$时,对应负载线为 *BQ*,它对应的功率三角形 *OBQ* 将小于三角形 *OAQ*,故输出功率会减小。当负载电阻值减少到 R''_L时,对应负载线为 *CQ*,不难发现这时管子的最大电流已经超过了 I_{CM},并已进入了过损耗区,管耗将大于 PCM,因此管子很容易损坏。可见,当负载阻值不合适时,或者输出功率减小,或者管子进入非正常工作区,超过它所能承受的极限工作区,造成损坏。如图 4-5 所示负载线 *AQ* 对应的负载 RL 称为最佳负载。在实际功率放大电路中,往往根据电源电压和三极管特性规定负载电阻值,如 8Ω、16Ω 等等。如果擅自减小实际负载电阻值,有可能会造成功率管的损坏。

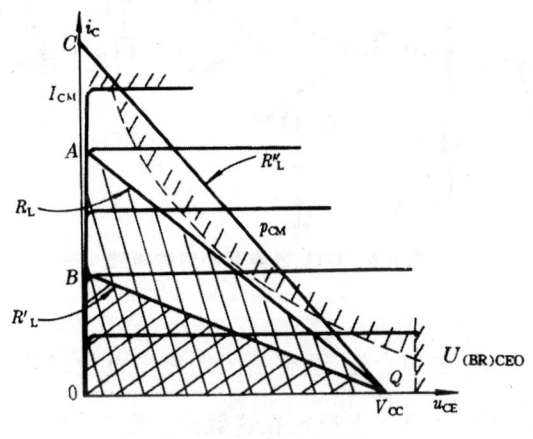

图 4-5 最佳负载线图

应当指出的是,最佳负载不同于线性电路中的匹配负载。在线性电路中,负载电阻等于电路的输出电阻时,负载上可获得最大功率,我们称其为匹配电阻。但是,功率放大电路是非线性电路,匹配电阻的理论在这里不适用。最佳负载与三极管输出特性、静态工作点等因素有关。

4.2 互补功率放大电路

为获得较高的输出功率和效率,传统的功率放大器常常采用变压器耦合方式、双管推挽输出的电路。它便于得到最佳负载,并使管子工作在甲乙类。但是,由于变压器体积大、笨重、消耗有色金属、高低频特性较差,又不便于做成集成电路,这种电路已很少使用。现在应用较为广泛的是无输出变压器的功率放大电路,通称 OTL(Output Tarnsformerless 的缩写)型功率放大器。

本节首先讨论 OTL 乙类互补对称式功率放大电路,研究其电路组成、工作原理、估算方法,然后再对其他改进型电路进行论述。

4.2.1 OTL 乙类互补对称电路

1. 电路组成

图 4-6 给出 OTL 乙类互补对称电路原理图。其中 T_1 为 NPN 型三极管,T_2 为 PNP 型三极管,两管参数对称,在外加输入信号作用下,两管轮流导通,互补供给负载电流。T_1 和 T_2

导通角各为 $180°$,故称为 OTL 乙类互补对称式电路。

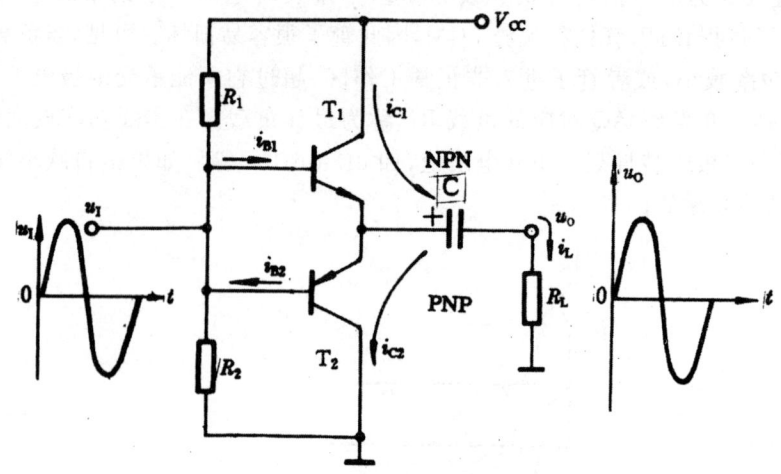

图 4-6　OTL 乙类互补对称电路

2. 工作原理

当两管基极电阻 R_1 和 R_2 取值合适,调整输入端静态电位,使静态时两管发射极电位为 $\frac{V_{CC}}{2}$,输出隔直电容 C 两端电压也基本上稳定在这数值。则 T_1 和 T_2 的集电极与发射极之间如同分别外加了 $+\frac{V_{CC}}{2}$ 和 $-\frac{V_{CC}}{2}$ 的电源电压,其输出特性曲线如图 4-7 所示。其中,左半部分为 T_1 管输出特性,0_1 为原点,u_{CE_1} 为正值;右半部分是 T_2 管输出特性,0_2 为原点,u_{CE_2} 为负值。Q 点为静态工作点。下面分析电路的工作原理。

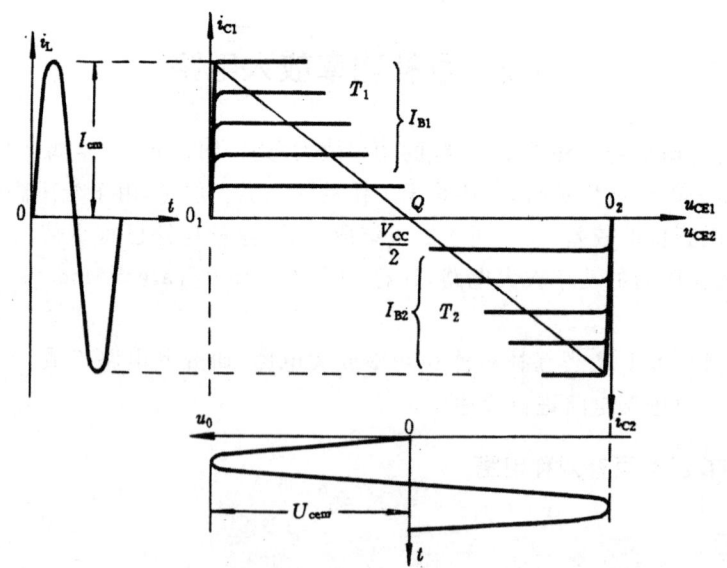

图 4-7　OTL 互补对称电路输出特性

当输入信号 $u_1=0\text{V}$ 时,Q 点在横坐标轴上,T_1 和 T_2 除有微弱的漏电流之外,均处于截止状态,故负载上无电流 $i_L=0$,输出电压 $u_O=0\text{V}$。

当输入信号 u_1 为正半周时,$i_{B_1}>0$、T_1 导通,$i_{B_2}=0$,T_2 仍截止,NPN 管电流 i_{C_1} 流入负载,在 R_L 上形成正半周输出电压,$u_O>0\text{V}$。

当输入信号 u_1 为负半周时,$i_{B_1}=0$,T_1 截止,$i_{B_2}>0$,T_2 导通,PNP 管电流 i_{C_2} 从负载流入 T_2 管,在 R_L 上形成负半周输出电压,$u_O<0\text{V}$。

在信号正负半周变化过程中,因输出电容 C 的容量很大,可以近似认为其两端电压始终保持为了 $\frac{V_{CC}}{2}$ 不变,因此在 T_1 截止期间,由电容上的电压使 T_2 导通。不难看出,由于 i_{C_1} 和 i_{C_2} 方向相反,故在负载电阻 RL 上形成了完整的正弦波形,从而获得信号输出,见图 4-7 中如和 u_O 的波形。

3. 输出功率和效率的估算

假设图 4-7 所示特性曲线是理想特性,不会产生波形失真,则输出信号的最大输出功率表达式可以写为

$$P_{om}=\frac{1}{2}I_{Lm}\cdot U_{om}=\frac{1}{2}I_{cm}\cdot U_{cem}$$
$$=\frac{1}{2}I_{cm}^2\cdot R_L \tag{4-8}$$

可见,输出电压或电流的幅度越大,最大输出功率也越高。当输入信号足够大时,$U_{cem}\approx\frac{V_{CC}}{2}$ 因此由式(4-8)可以得到最大不失真输出功率的近似表达式为

$$P_{om}\approx\frac{V_{CC}^2}{8R_L} \tag{4-9}$$

该电路电源供给的直流功率随输入信号幅值大小的变化而改变。当 $u_1=0\text{V}$ 时,电源供给的直流功率 $P_V=0$;当 u_1 幅值增大时,P_V 也随之增加。当 u_1 幅值足够大使输出电压不失真幅度达到最大时,即 $U_{cem}\approx\frac{V_{CC}}{2}$ 时,电源供给的直流功率最大。由于 V_{CC} 只提供半个周期的电流,所以供给最大直流功率为

$$P_{Vm}=V_{CC}\times(i_L)$$
$$=V_{CC}\times\frac{1}{2\pi}\int_0^\pi I_{cm}\sin\omega t\,\mathrm{d}(\omega t)$$
$$=\frac{V_{CC}^2}{2\pi R_L} \tag{4-10}$$

可见,在理想情况下,由式(4-9)和式(4-10)可求得电路的效率

$$\eta=\frac{P_{om}}{P_{Vm}}=\frac{\pi}{4}=78.5\% \tag{4-11}$$

OTL 乙类互补对称电路中,功放管的管耗是随信号的大小改变而不同的。在静态时,$i_L=0$ 故管耗亦接近为零;当输入信号足够大而使输出信号最大时,尽管电流 i_C 达到最大值,但此时管压降却很小(等于三极管饱和压降),所以管耗也不大。由此可以推断出,管耗最大是发生在信号电压为某一幅度值时。经过理论计算可以求出,T_1 和 T_2 的总管耗最大值 P_{Tm} 与

输出最大不失真功率 P_{om} 的关系为

$$P_{Tm} = \frac{4}{\pi^2} P_{om} \approx 0.4 P_{om} \tag{4-12}$$

上式表明,在理想条件下当输出功率约为最大不失真功率的 0.4 倍时,管耗最大;同时也表示两只管子的总管耗最大值为 $0.4P_{om}$ 每个管子的最大管耗为 $0.2P_{om}$。

4.2.2 OTL 甲乙类互补对称电路

1. 交越失真

从三极管的输入特性可知,基极与发射极之间的电压 u_{BE} 必须超过导通电压 U_{ON} 时才会产生基极电流。因此,在 OTL 乙类互补对称电路中,输入信号在静态电压百 $\frac{V_{CC}}{2}$ 基础上向正、负半周变化时,如果输入信号幅度较小,并不能对应产生集电极电流 i_{C_1} 和 i_{C_2} 图 4-8 是互补对称管 T_1 和 T_2 的转移特性,u_{BE} 为输入信号变化,i_C 为输出电流的变化。不难看出,在两管转移特性交接处,在信号小于导通电压的范围内,不产生输出电流,故输出波形产生了失真,这种失真称为交越失真。

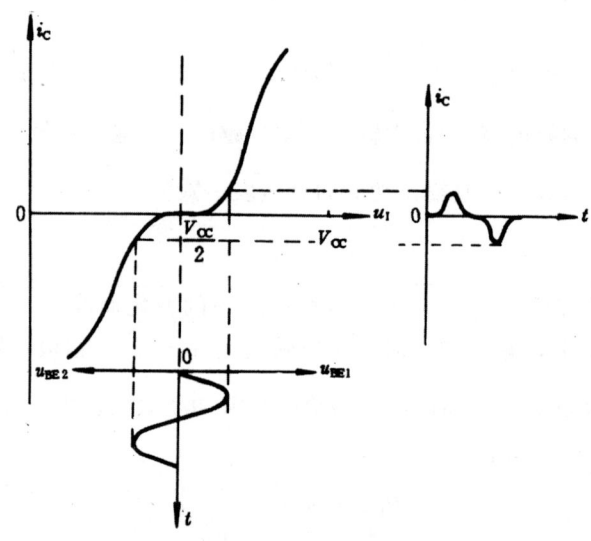

图 4-8 转移特性与交越失真

为了消除交越失真,需在两管的基极回路加一定的偏置电压,使管子的导通角大于 $180°$,让它们工作在甲乙类放大状态。

2. OTL 甲乙类互补对称电路

图 4-9 是一种 OTL 甲乙类互补对称的原理电路图。它在图 4-6 的基础上,增加了 R_3、D_1 和 D_2,以便为 T_1 和 T_2 提供一定的偏置电压。

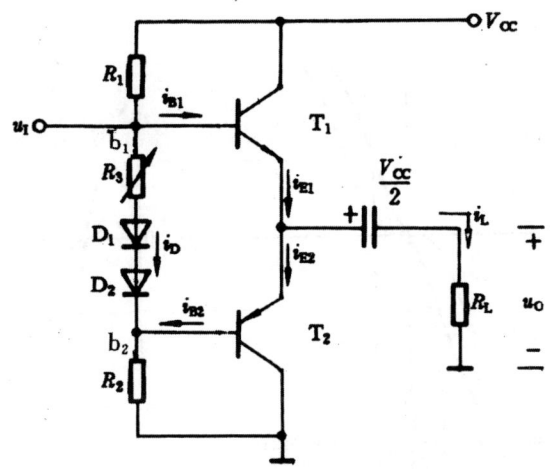

图 4-9　OTL 甲乙类互补对称电路

下面简单介绎:该电路的工作原理。

当 $u_1 = \dfrac{V_{CC}}{2}$ 时,电路处于静态。这时 V_{CC} 通过 R_1、R_3、D_1、D_2、R_2 形成通路,有电流流通。因为 R_3 阻值很小,二极管导通电压为 0.7V,故 B_1 与 B_2 之间的压降基本上是恒定值 $U_{B_1B_2} \approx 1.4V$。它为 T_1 和 T_2 的发射结提供了固定偏置,使两管处于微导通状态。由于 T_1、T_2 参数对称,此时 $i_{B_1} = i_{B_2}$,$i_{E_1} = i_{E_2}$,所以流过负载的电流 $i_L = 0$,输出电压 $u_O = 0V$。

当 u_1 在 $\dfrac{V_{CC}}{2}$ 基础上按正弦规律变化时,因为 D_1、D_2 动态电阻很小,输入交流信号加在 B_1 和 B_2 两点的幅值几乎相等。在输入信号正半周时,B_1 点电位逐渐升高,i_{B_1} 随之增大,T_1 进一步导通,产生较大的射极电流 i_{E_1}。同时,由于 u_{BE_1} 增大,使 u_{BE_2} 减小,从而使 i_{B_2} 和 i_{E_2} 减小,到了一定程度 T_2 截止。这时,只有 i_{E_1} 流向负载 R_L,形成输出电压的正半周。同理,在输入信号负半周时,B_2 点电位下降使 . i_{B_2}、i_{E_2} 增大,T_2 进一步导通。同时,i_{B_1}、i_{E_1} 减小,直至丁,截止,只由 T_2 提供负载电流,方向是由负载流入 T_2 发射极,形成输出电压 u_O 的负半周。可见,T_1 和 T_2 导通时间却大于信号的半个周期,两管确实工作在甲乙类放大状态。

这种工作方式使 T_1 和 T_2 基极都有了一定的偏置电压,如同使管子的导通电压减小了,如果调整的合适可使它变为 0V,因此两管转移特性曲线如同发生了偏移,使其衔接起来,如图 4-10 所示,其中虚线表示没加偏时置的转移特性。实线为加了偏置使管子工作在甲乙类时的转移特性。不难看出,这时既使输入信号幅度很小甲乙类放大状态的电路也可以消除交越失真。为了使电路既消除交越失真,又有较高的工作效率,电路中 R_3 多为可调电阻,以便调节其阻值尽可能使互补对称电路既有合适的基极偏压又能使功放管工作状态捌近乙类。

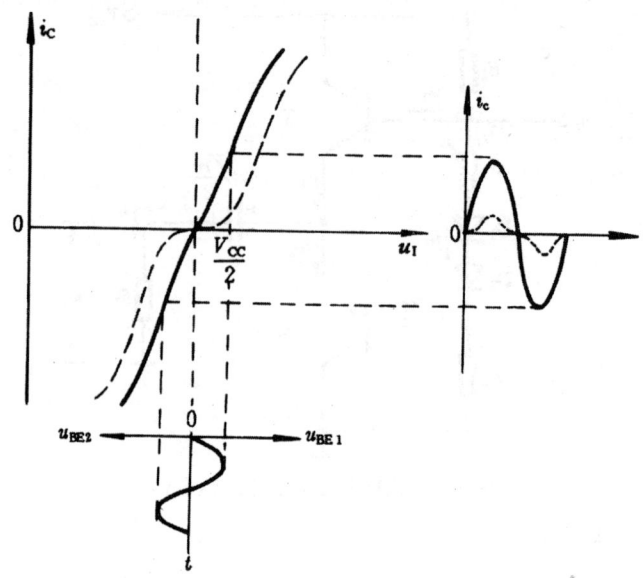

图 4-10　OTL 甲乙类互补对称电路特性

4.2.3　OCL 互补对称电路

无论是乙类还是甲乙类 OTL 互补对称电路,在输出端都需要经过一个隔直电容 C 再与负载相联。为了保证频率较低的信号在电容两端不产生太大的交流压降,一般需采用大容量的电解电容。但是,电解电容在高频时又有电感效应,使信号产生移相,影响频率特性。另外,大电容不易实现集成化。为了改善电路的频率特性,彻底实现直接耦合,目前广泛采用不用输出电容的互补对称电路,简称 OCL 电路(Output Capacitorless)。OCL 互补对称电路也可分乙类和甲乙类放大状态,本节重点对比较实用的 OCL 甲乙类互补对称电路进行讨论。

1. 电路组成及工作原理

图 4-11 是 OCL 甲乙类互补对称电路的原理电路图。由于省去了输出电容 C,所以需采用正、负双电源供电,T_1 和 T_2 管的发射极为地电位,负载电阻 R_L 直接与其相连。

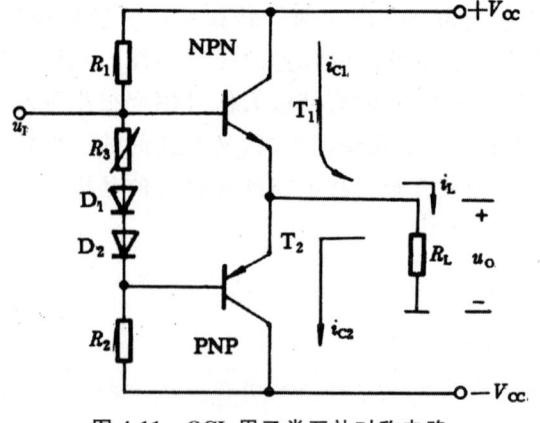

图 4-11　OCL 甲乙类互补对称电路

该电路在静态时,由 R_3、D_1 和 D_2 提供一定的偏置电压降,使 T_1 和 T_2 处于微导通状态。当输入信号 u_1 按正弦规律向正、负半周变化时,它和 OTL 电路一样,T_1 和 T_2 交替向负载提供正向电流 i_{C_1} 和反向电流 i_{C_2},在负载 R_L 上形成完整的正弦电压波形。

OCL 电路要求静态时输出端为地电位。否则,如果静态工作点失调或元器件损坏,会有较大的电流流向负载,可能造成损坏。因此,一方面要求 T_1、T_2 的参数和正负电流电压必须对称,另一方面在负载回路通常接入熔断器作为保护措施。

2. 功率和效率估算方法

根据式(4-8)和图 4-11 可以写出 OCL 甲乙类互补对称电路的输出信号功率表达式为

$$P_{om} = \frac{1}{2} I_{cm} \cdot U_{cem}$$

$$= \frac{1}{2} \frac{U_{cem}^2}{R_L}$$

$$= \frac{1}{2} I_{cm}^2 R_L \qquad (4\text{-}13)$$

其中 $U_{cem} = V_{CC} - U_{CES}$,当输入信号足够大时,$U_{CES}$ 很小,可以忽略,则式(4-13)可写为

$$P_{om} = \frac{1}{2} \frac{(V_{CC} - U_{CES})^2}{R_L}$$

$$\approx \frac{1}{2} \frac{V_{CC}^2}{R_L} \qquad (4\text{-}14)$$

该电路电源供给的最大直流功率可写为

$$P_V = 2V_{CC}(i_{C_1})$$

$$= 2 \times V_{CC} \times \frac{1}{2\pi} \int_0^\pi I_{cm} \sin\omega t \,(\mathrm{d}\omega t)$$

$$= \frac{2V_{CC} I_m}{\pi} \qquad (4\text{-}10)$$

在理想条件下(忽略功放管的饱和压降),输出信号最大时($U_{cem} \approx V_{CC}$),效率为

$$\eta = \frac{P_{om}}{P_{Vm}} = \frac{\pi}{4}$$

$$= 78.5\% \qquad (4\text{-}11)$$

同 OTL 电路一样,T_1 和 T_2 两管总管耗最大值为

$$P_{Tm} = \frac{4}{\pi^2} P_{om} \approx 0.4 P_{om} \qquad (4\text{-}12)$$

根据式(4-12)可以选择合适的功放管。但选定管子额定功耗参数时,应留有充分的余地。

4.2.4 功率放大电路实例

下面以 OTL 互补对称功率放大器为例进行讨论。

1. 电路组成和工作原理

实际的 OTL 功率放大器除去包含互补对称输出级之外,还有前置电路。图 4-12 是典型 OTL 放大器的电路图。该电路由三个部分组成。

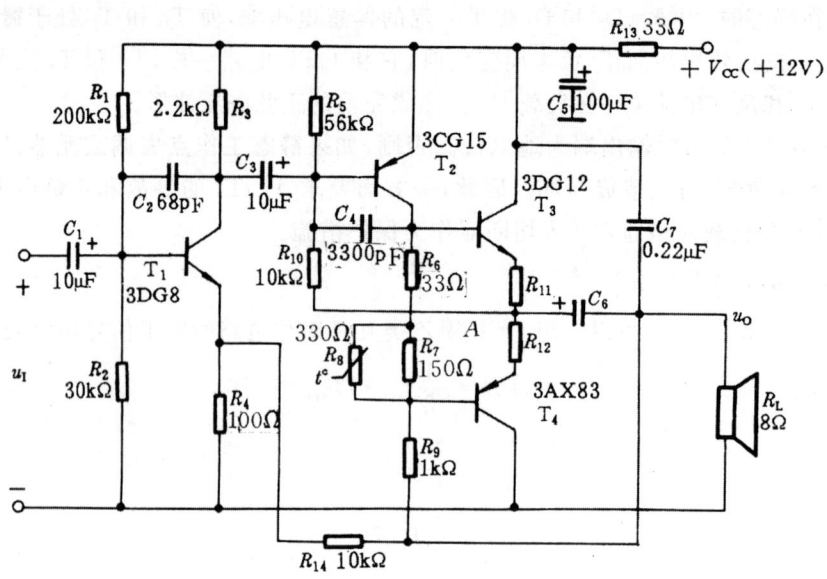

图 4-12 OTL 互补对称功率放大器

①输入级：由三极管 T_1 组成共射极放大电路，主要用于前置放大。

②中间级：由 PNP 三极管 T_2 组成共射极放大电路，其中 R_6、R_7、R_8 和 R_9 是集电极电阻，R_6、R_7、R_8 为互补对称管 T_3、T_4 提供固定偏置。而且 R_8 是热敏电阻，当温度上升时，R_8 阻值下降，则使 T_3、T_4 基极间电压减小，从而抑制静态电流上升。

③输出级：由 T_3 和 T_4 组成互补对称电路；R_{11}、R_{12} 起限流作用；R_{10} 连接输出端和 T_2 的基极，构成级间电压并联负反馈，稳定静态工作点；通过 R_{14} 将输出信号反馈列 T_1 的发射极，形成电压串联负反馈，以便改善放大性能。输出端通过隔直电容 C_6 与扬声器相联。

电路中 C_1、C_3 是耦合电容，C_2、C_4、C_7 是校正电容，避免产生自激高频振荡。

该电路处于静态时，互补对称管 T_3、T_4 微导通，且 $i_{E_3} = i_{E_4}$，A 点电位为 $\dfrac{V_{CC}}{2}$，$u_O = 0\text{V}$，故电容 C_6 上两端电压为 $u_{C_6} = \dfrac{V_{CC}}{2}$。

当输入信号 u_1 处于正半周并电压上升时，经 T_1 管放大，使 u_{C_1} 下降，T_2 管基极电流 i_{B_2} 加大，使 i_{C_2} 增加、u_{C_2} 升高，推动互补对称管 T_3 进一步导通，T_4 渐趋截止，负载电流主要由 T_3 供给，使输出电压 u_O 为正半周；反之，当输入信号为负半周并且电压下降时，u_{C_1} 上升，i_{C_2} 减小，u_{C_2} 下降，推动 T_3 渐趋截止，T_4 依靠 C_6 上存储电压等进一步导通，向负载提供反方向的电流，使输出电压 u_O 为负半周。这样，负载上形成完整的正弦电压波形。

2. 电路的估算

(1) 输出最大信号功率

假设信号在变化过程中，电容 C_6 上的电压基本不变，且 $u_{C_6} = \dfrac{V_{CC}}{2}$。在负载上输出信号的最大幅值应为：

$$U_{om} = V_{CC} - u_{C_6} - U_{CES3} - U_{R11} \tag{4-13}$$

其中 U_{CES3}。为 T_3 管的饱和压降，u_{R11} 为信号最大时电阻 R_{11} 上的压降。又知输出信号最大功率的表达式为

$$P_{om} = \frac{1}{2} \cdot \frac{U_{om}^2}{R_L} \qquad (4-14)$$

根据电路参数可知，$V_{CC} = 12V$，$U_{CES3} \approx 0.5V$，$u_{R11} \approx 0.5V$，$R_L = 8\Omega$，代入式（4-14）可得

$$P_{om} = \frac{1}{2} \times \frac{(12-6-0.5-.05)^2}{8}$$

$$= 1.56W$$

如果忽略 T_3 管饱和压降以及 R_{11} 上的电压影响，在理想情况下可用式（4-10）估算最大输出信号功率，可得

$$P_{om} \approx \frac{V_{CC}^2}{8R_L}$$

$$= 2.25W$$

（2）电压放大倍数

由图 4-12 所示电路可知，它是串联电压负反馈放大器，按照深负反馈放大电路的估算方法，可以写出电压放大倍数表达式为

$$A_{uf} = 1 + \frac{R_{14}}{R_4} \qquad (4-15)$$

已知 $R_{14} = 10k\Omega$，$R_4 = 100\Omega$，故

$$A_{uf} = 1 + \frac{10}{0.1}$$

$$= 101$$

电路的电压放大倍数约为 100。

4.3　集成功率放大电路

本节所讲的集成功率放电路主要是音频功率放大器，多用作收音机、收录机、电视伴音或其他仪器设备中的低频功率放大器。

集成功率放大器与前节论述的分立元件功率放大器实例比较，不仅体积小、重量轻、成本低、安装调试简单，使用方便，而且在性能上也十分优越，如温度稳定性好，功耗低、失真小，电源利用率高还设置有许多保护措施，当电路有过热、过流、过压现象出现时，可以自动保护、防止电路和器件损坏。

集成功率放大器简称集成功放，它种类很多，就其性能而言首先按输出功率从几十毫瓦到几百瓦都有典型产品；另外按系统的通道可分单通道功放和双通道功放；在特殊场合，如高温条件有带过热闭锁设施的集成功放；在高级收音机中，就要选线性失真小、频带宽等高性能的集成功放。

本节重点论述通用型低电压音频集成功率放大器 8FY386 的电路组成、主要参数和典型应用，然后简要说明具有大功率输出的集成功放电路的组成和典型电路。

4.3.1　8FY386 集成功率放大器

1. 电路组成

8FY 386 是一种国产通用型低压音频集成功率放大器,图 4-13 是该集成芯片的原理电路图,它主要由三部分组成:

①输入级:它由 T_1、T_2 和 T_3、T_4 组成共集一共射组态的差动放大电路,为了提高电路的电压放大倍数和对称性,由 T5 和 T6 构成镜像电流源作差放管的有源负载。为了防止电路自激,从射极电阻 R_2 和 R_3 之间引出接线端,以便外接去耦电容。

②中间级:又称驱动级,它由带恒流源负载的 T_7 组成共射放大电路。它具有较高的增益,将输入级差动放大电路 T_3 集电极的输出信号放大,推动互补对称输出级。该级中 D_1 和 D_2 为输出级提供固定偏置电压,以便克服输出信号中的交越失真。

③输出级:它由 T_8、T_9 复合管与 T_{10} 组成准互补对称电路。T_{10} 为 NPN 管。T_8、T_9 构成 PNP 管,并且 $\beta_{10} \approx \beta_8 \cdot \beta_9$,以保证输出信号不失真。

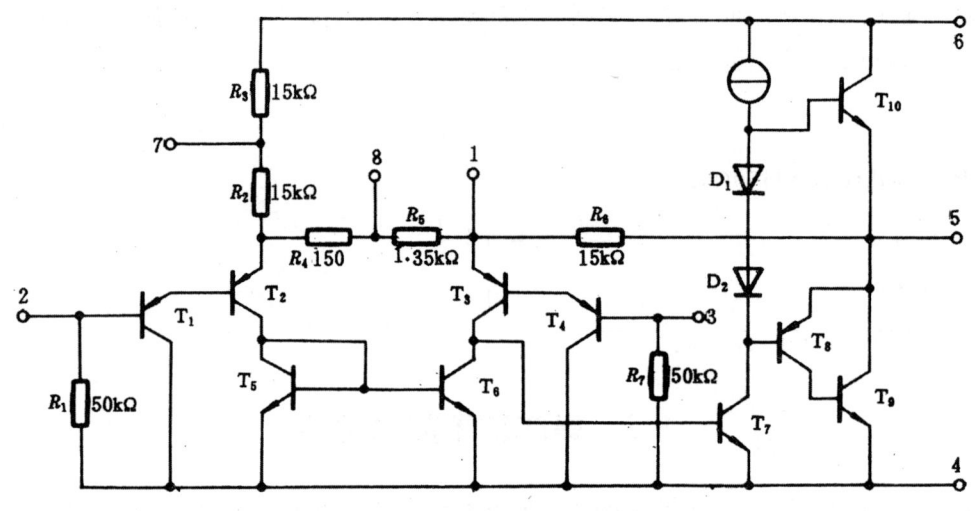

图 4-13　8FY386 电路原理图

输出级的输出端通过 R_6 引入电压串联负反馈,用以稳定输出电压,提高输入电阻,改善电路的放大性能。为了便于控制电路的增益,从 R_5 两端引出两个接线端(1 和 8)。当 1 和 8 不接元件时,电路增益为 20;当 1 和 8 之间接 $10\mu F$ 电容时,电路增益为 200;如果接入 $1.2k\Omega$ 电阻和 $10\mu F$ 电容串联电路时,则电路增益为 50。

该电路可由 2 和 3 端作双端输入,也可由其中一个端子作单端输入。

2. 性能参数和典型电路

8FY386 集成功率放大器应用范围宽,功耗低,失真小,电压增益可调(20～200),适用于电池供电的小功率放大电路中。它的主要参数见表 4-1。

表 4-1 8FY386 集成功率放大器主要参数

电源电压 （V）	输出功率 （mW）	电压增益 （dB）	谐波失真	输入电阻 （kΩ）	输出偏置电流 （μA）
+4~+5	250~700	46	<0.2%	50	250

图 4-14(a) 和 (b) 示出 8FY386 集成功率放大器的外引线排列图和典型接法图。

图 4-14(a) 中 AA(1 和 8) 端为电压增益控制端；$1N_-$ 和 $1N_+$(2 和 3) 为反相和同相输入端；GND(4) 为接地端；CB(7) 为外接去耦电容端；V_+(6) 为电源 V_{cc} 端；OUT(5) 为输出端。

图 4-14(b) 为 8FY386 的典型接法图。它接成 OTL 甲乙类功率放大器，频带宽度可达数百 kHz，在常温下功耗为 660mW，通过改变 1 和 8 之间的连接元件，电压增益可以在 20 倍至 200 倍之间调节。它广泛用于收音机、对讲机和信号发生器中。

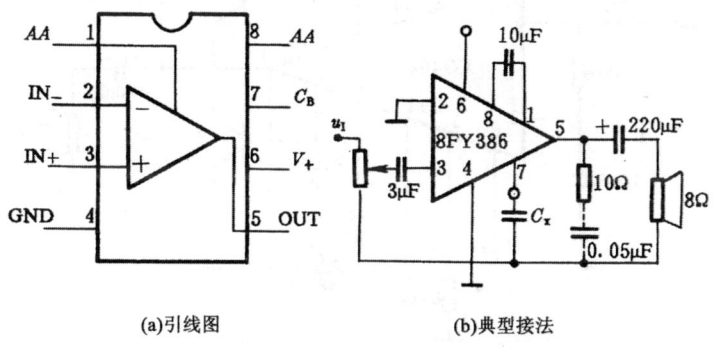

(a)引线图　　　　　　　(b)典型接法

图 4-14 8FY386 引线图和典型接法图

4.3.2 具有大功率输出的集成功率放大器

为了得到 10W 以上的输出信号功率，一般要选用具有大功率输出，且效率较高的集成功放电路。这种集成功率放大器一般都含有过热自动闭锁、负载短路限流保护以及输出对地短路保护等多种措施的电路。因此，这些电路都较复杂。本节论述一种利用驱动器外接大功率分立元件，实现大功率出的方法。它在收音机、录音机、扩音机，以及立体声音响装置和仪器、仪表中经常使用。

XG404 是一种音频功率放大驱动器，它的主要参数见表 4-2，其外引线图如图 4-15 所示。

表 4-2 XG404 主要参数

电源电压 （V）	静态电流 （mA）	输出功率 （W）	输入电阻 （kΩ）	带宽 （kHz）	谐波失真
+24	35	7	50	0.02~3	1%~1.5%

该电路输出功率只能达到 7W，当外接大功率三极管之后，可以得到 10W 以上的大功率输出。图 4-16(a) 和 (b) 分别给出用 XG404 接成 OTL 和 OCL 电路的连线图。

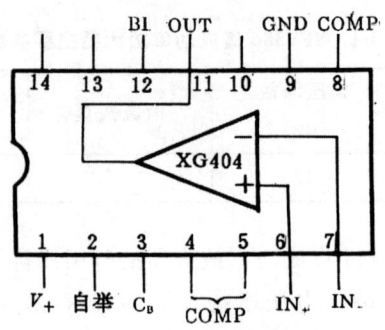

图 4-15　XG404 外引线图

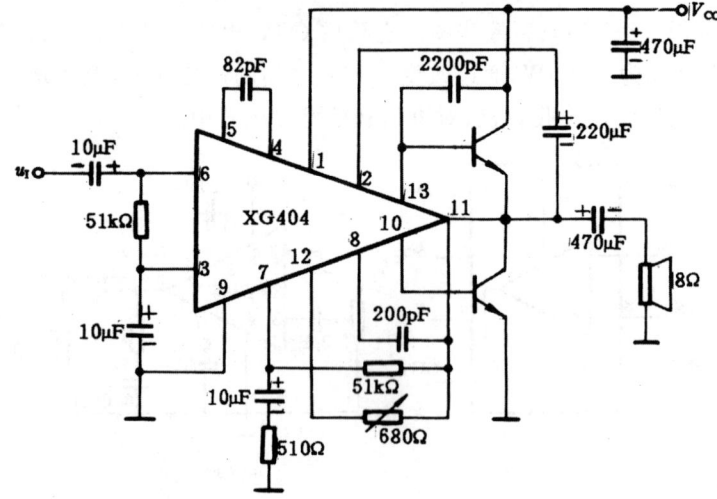

(a)OTL电路

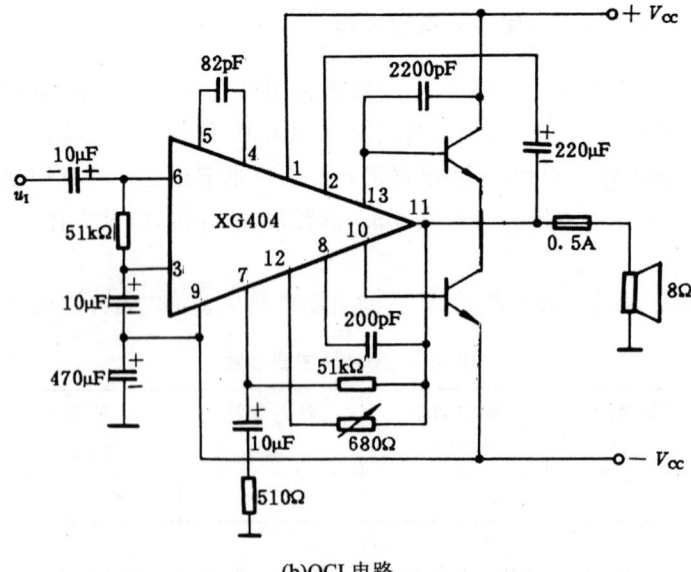

(b)OCL电路

图 4-16　XG404 的典型接法图

　　除去上述大功率集成放大电路之外，80 年代国际上又兴起了一种新型的大功率器件——VMOS 场效应管。VMOS 大功率器件频率特性好，驱动功率小，输入电阻高，具有负温度系数和优越的线性放大区。它兼备双极型晶体管和电子管两者的优点。我国目前已制造和开发了性能优良的 VMOS 功率管，广泛用于航天、航海、通讯、地质、冶金、轻工和机械等方面。

第5章 放大电路中的反馈

5.1 概述

5.1.1 反馈的概念

将放大电路输出量(电压或电流)的一部分或全部,通过一定形式的反馈网络取样后,再以一定方式回送到放大电路的输入端,与输入量混合,一起控制放大电路的过程,称为反馈。带有反馈的放大器称为反馈放大器。

反馈放大器的基本组成框图如图 5-1 所示,图中基本放大器和反馈网络构成一个反馈环路,$X_i(s)$ 代表外加的输入信号,$X_o(s)$ 表示输出信号,$X_f(s)$ 表示输出端通过反馈网络回送到输入端的信号,$X_d(s)$ 表示由输入信号与反馈信号求和后得到的净输入信号。

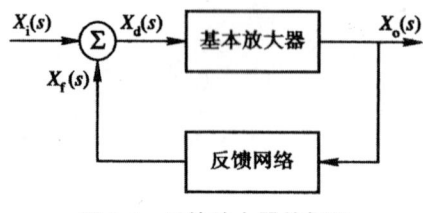

图 5-1 反馈放大器的框图

5.1.2 反馈的几种基本类型

反馈的类型很多,一般可以按照反馈的极性不同,分为正反馈和负反馈;也可以根据反馈信号本身交、直流性质,分为交流反馈和直流反馈等类型;对于多级放大电路,还可以划分为局部反馈和级间反馈等等。

1. 正反馈和负反馈

在放大电路中,如果引入的反馈信号增强了外加输入信号的作用,从而使放大电路的放大倍数得到提高,这样的反馈称为正反馈;反之,如果引入的反馈信号减弱了外加输入信号的作用,使放大电路的放大倍数降低,就称为负反馈。

特别应注意的是,不论放大电路引入了何种极性的反馈,放大电路本身的开环放大倍数不会发生变化,所谓放大倍数的增加或降低是指在保持外加输入信号 $X_i(s)$ 不变的条件下,输出信号 $X_o(s)$ 相应地增大或减小。

在实际应用中,一般可以通过瞬时极性法来判断反馈的极性:设放大器输入端的瞬时值为某一极性,然后沿反馈环路逐级推出电路中其它相关各点的信号瞬时极性,判断反馈到输入端信号的瞬时极性,最后进行比较;如果反馈信号增强了输入信号的作用,则为正反馈,否则为负反馈。

2. 直流反馈和交流反馈

放大电路中通常存在交、直流两种信号,如果反馈信号中只包含直流成分,则称为直流反馈;如果反馈信号中只含有交流成分,则称为交流反馈。

3. 局部反馈和级间反馈

在多级放大电路中,通常把每级放大电路自身的反馈称为局部反馈或本级反馈,而把多级放大电路的末级向输入级回送的反馈称为级间反馈或主反馈。

在如图 5-2 所示的电路中,电阻 R_f 将输出电压铭。以电流露的形式反馈到输入回路 V_1 的基极,因此构成了级间反馈;而电阻 R_{e1} 和 R_{e2} 在第一级电路中,对差模信号形成负反馈,为局部反馈,另外,R_{em} 也构成第一级电路对共模信号的局部反馈。

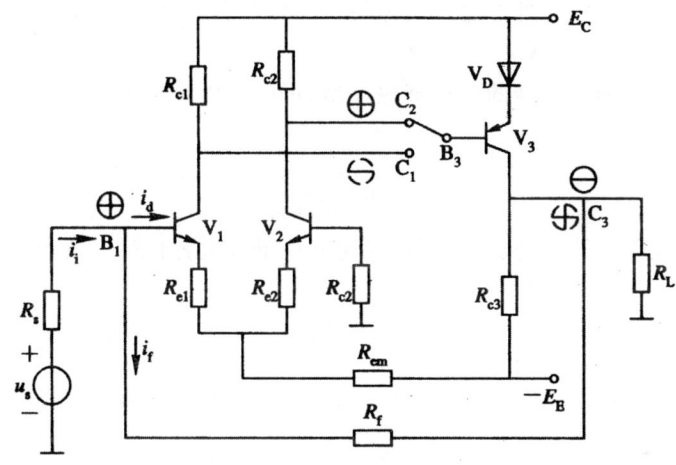

图 5-2 两级直接耦合电路

5.2 反馈放大器的单环理想模型

5.2.1 单环放大器的理想模型

反馈放大器是一个闭合系统(或称环路),由基本放大电路和反馈网络构成。我们把只含有一个反馈环路的放大电路称为单环反馈放大电路,用一个单环模型来表示其基本组成方框图,如图 5-3 所示。利用理想模型,可以表明信号的流动方向以及对信号变量所作的运算。

图 5-3 中的输入信号、输出信号和反馈信号可以是电压量,也可以是电流量。图中,上面一个方框代表基本放大电路,在无反馈时放大电路的增益用 $A(s)$ 表示,通常称为开环增益;下面一个方框表示反馈网络,其反馈系数也称为传输函数;用 $B(s)$ 表示;$X_i(s)$ 称为原输入信号,$X_d(s)$ 称为净输入信号,$X_o(s)$ 称为反馈信号,$X_o(s)$ 为输出信号。

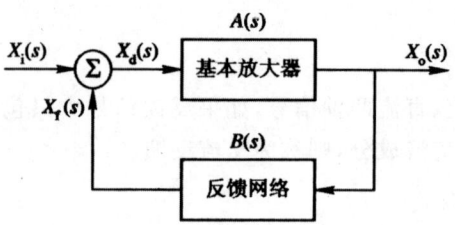

图 5-3 反馈放大器的单环理想模型

在单环放大器的理想模型中,信号传输应满足单向化条件:

①信号在放大电路中为正向传递,即基本放大电路只能将输入信号 $X_i(s)$ 正向传送到输出端,不会将输出信号反向传送到输入端。

②在反馈网络中为反向传递,即反馈网络只能将输出信号反向传送到输入端,不会将输入信号正向传送到输出端;另外,外加输入信号与反馈信号经过求和后得到净输入信号,再送到基本放大电路,且有,$X_d(s) = X_i(s) - X_f(s)$。

根据图 5-3 所示反馈放大器的单环理想模型,可确定以下参数:

定义:

$$A(s) = \frac{X_o(s)}{X_d(s)} \qquad (5\text{-}1)$$

表示反馈放大电路在无反馈时的放大倍数,称为开环增益或开环放大倍数:

定义:

$$B(s) = \frac{X_f(s)}{X_o(s)} \qquad (5\text{-}2)$$

代表反馈网络的反馈系数:

定义:

$$A_f(s) = \frac{X_o(s)}{X_i(s)} \qquad (5\text{-}3)$$

表示反馈放大电路引入反馈后,输出信号与外加输入信号之间的放大倍数,称为闭环增益或闭环放大倍数。

5.2.2 基本反馈方程

根据前面几个定义式,可得到以下几个关系式:

由开环放大倍数的定义 $A(s) = \dfrac{X_o(s)}{X_d(s)}$,可以得到

$$X_o(s) = A(s)X_d(s) \qquad (5\text{-}4)$$

根据反馈系数的定义 $B(s) = \dfrac{X_f(s)}{X_o(s)}$,可以将反馈信号表示为

$$X_f(s) = B(s)X_o(s) = A(s)B(s)X_d(s) \qquad (5\text{-}5)$$

由 $X_d(s) = X_i(s) - X_f(s)$,可得 $X_i(s) = X_d(s) + X_f(s)$,代入闭环放大倍数的表示式(5-3)中,可以得到分析理想单环反馈电路的重要公式

$$A_f(s) = \frac{X_o(s)}{X_i(s)} = \frac{X_o(s)}{X_d(s) + X_f(s)} = \frac{A(s)X_d(s)}{X_d(s) + A(s)B(s)X_d(s)} = \frac{A(s)}{1 + A(s)B(s)} \qquad (5\text{-}6)$$

式(5-6)表明,引入负反馈后,放大电路的放大倍数(闭环增益)是无反馈时(开环增益)的 $\dfrac{1}{1+A(s)B(s)}$ 倍。

在式(5-6)中,将 $A(s)B(s)=T(s)$ 定义为环路增益,表示在反馈放大电路中,信号沿着放大器和反馈网络组成的环路传递一周后所得到的放大倍数,即可将闭环放大倍数用环路增益表示为

$$A_f(s)=\frac{A(s)}{1+T(s)} \tag{5-7}$$

另外,定义式(5-6)的分母 $1+A(s)B(s)=F(s)$ 为反馈深度。反馈深度是一个十分重要的参数,表示引入反馈后放大电路的放大倍数与无反馈时相比所变化的倍数。可以看到,引入负反馈后,闭环增益降低为无负反馈时的 $1/F$ 倍。

在式(5-6)表达的基本反馈方程 $A_f(s)=\dfrac{A(s)}{1+A(s)B(s)}$ 中,若 $|1+A(s)B(s)|>1$,则 $A_f(s)<A(s)$,说明引入反馈后使放大倍数比原来减小,这种反馈就是前面论述的负反馈;反之,若 $|1+A(s)B(s)|<1$,则 $A_f(s)>A(s)$,表明引入反馈后使放大倍数比原来增大,这种反馈即是正反馈。一般把反馈深度 $|1+A(s)B(s)|\gg1$ 时的负反馈称为深度负反馈,此时

$$A_f(s)=\frac{A(s)}{1+A(s)B(s)}\approx\frac{A(s)}{A(s)B(s)}=\frac{1}{B(s)} \tag{5-8}$$

可见在深度负反馈条件下,闭环放大倍数 $A_f(s)$ 为反馈系数 $B(s)$ 的倒数,而与放大电路的放大倍数 $A(s)$ 无关。由于在深度负反馈放大电路中,闭环增益主要取决于反馈网络的反馈系数,因此,只要反馈系数 $B(s)$ 一定,即使外界温度变化等因素使开环增益 $A(s)$ 发生改变,电路的闭环增益也几乎保持不变,所以,集成电路放大器常常引入深度负反馈,以提高电路工作的稳定性。

5.2.3 四种反馈类型

实际放大电路中的反馈形式多种多样,分类的方法也很多。为了便于分析引入反馈后的一般规律,常常利用方框图来表示各种组态的负反馈,从网络的观点看,可以将负反馈放大电路分为四种类型。

从放大电路的输出端看:如果反馈信号的采样对象为电压,即基本放大器和反馈网络在输出端口采用并联连接,这种连接方式构成的负反馈,称为电压负反馈;如果反馈信号的采样对象为电流,亦即基本放大器和反馈网络在输出端口为串联连接时,称为电流负反馈(见图5-4)。

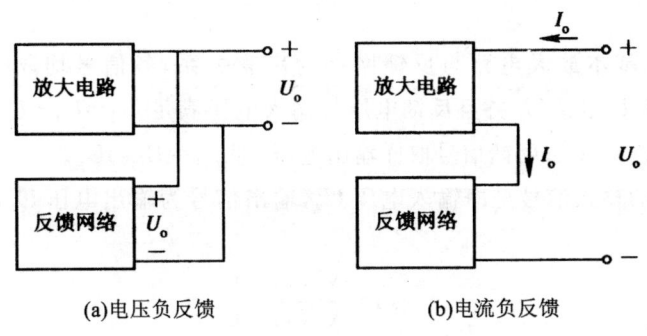

(a)电压负反馈   (b)电流负反馈

图 5-4 输出端的采样方式

另外,从放大电路的输入端口看:如果基本放大器和反馈网络串联连接时,称为串联负反馈;当基本放大器和反馈网络并联时,称为并联负反馈(见图 5-5)。

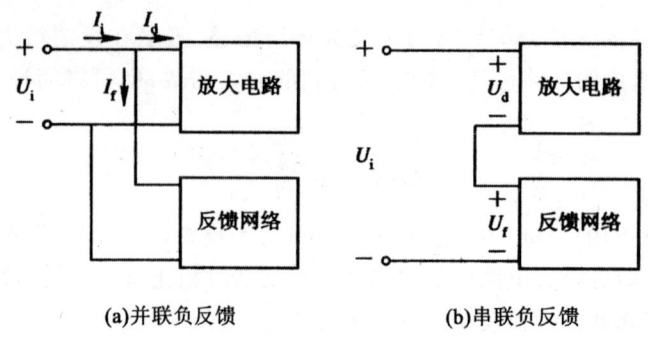

(a)并联负反馈　　　　　　　　(b)串联负反馈

图 5-5　输入端的连接方式

综合反馈信号在输出端的采样方式以及在输入回路中的连接方式,通常将负反馈放大电路分为四种组态,即电压串联负反馈、电压并联负反馈、电流串联负反馈和电流并联负反馈。

下面对四种负反馈组态的特点进行分析。

1.电压串联负反馈

(1)电路结构框图

电压串联负反馈的连接方式如图 5-6 所示,$A(s)$ 代表基本放大器的开环增益,$B(s)$ 表示反馈网络的反馈系数。电压串联负反馈的主要特点:从输入端口看,基本放大器与反馈网络为串联形式;从输出端口看,基本放大器和反馈网络相并联,反馈电压从放大电路输出端根据输出电压取样而得。

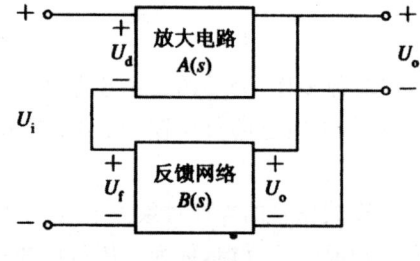

图 5-6　电压串联负反馈

(2)电路参数

在输入回路中,基本放大电路与反馈网络为串联关系,各信号均取电压,即 $X_i(s)$、$X_d(s)$、$X_f(s)$ 分别代表 U_i、U_d、U_f 并且反馈电压与输入电压满足 $U_d = U_i - U_f$ 在输出回路中,信号也取电压,即 $X_o(s) = U_o$;反馈信号取样输出电压,即 $U_f = B(s)U_o$。

由于放大电路的输入信号是净输入电压 U_d,输出信号为输出电压 U_o,均为电压信号,故电路的开环增益为

$$A_u(s) = \frac{X_o(s)}{X_d(s)} = \frac{U_o}{U_d} \tag{5-9}$$

称为放大电路的开环电压增益。

对于反馈网络，输入信号是放大电路的输出电压 U_d，输出信号是反馈电压 U_o，则反馈网络的反馈系数为两者之比，表示为

$$B_u(s)=\frac{X_f(s)}{X_o(s)}=\frac{U_f}{U_d} \tag{5-10}$$

称为电压传输函数。

另外，闭环增益表示为

$$A_{uf}(s)=\frac{X_o(s)}{X_i(s)}=\frac{U_o}{U_i} \tag{5-11}$$

称为放大电路的闭环电压增益。

（3）实际电路

图 5-7 为一个两级电压串联负反馈放大电路的交流通道（利用瞬时极性法，读者可自行判断其反馈极性）。电路中，电阻 R_f 和 R_{e1} 构成反馈网络，在输出端，反馈网络取样输出电压 u_o，故为电压反馈；它将输出电压 u_o 以电压 $u_f=\dfrac{R_{e1}}{R_{e1}+R_f}u_o$ 的形式反馈到输入端，在输入端反馈网络与放大电路为串联关系，即有 $u_o=u_i-u_f$。

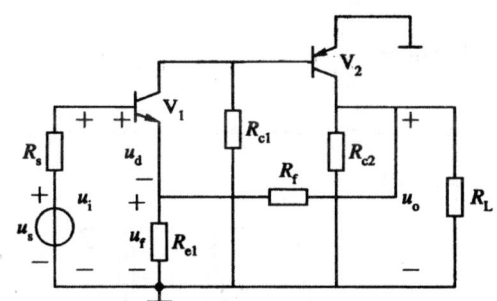

图 5-7　两级电压串联负反馈电路的交流通道

2. 电压并联负反馈

（1）电路结构框图

电压并联负反馈的连接方式如图 5-8 所示，电路的主要特点：在输入端口，基本放大器与反馈网络为并联形式；从输出端口看，基本放大器和反馈网络也为并联关系，反馈信号取自放大电路输出端的输出电压。

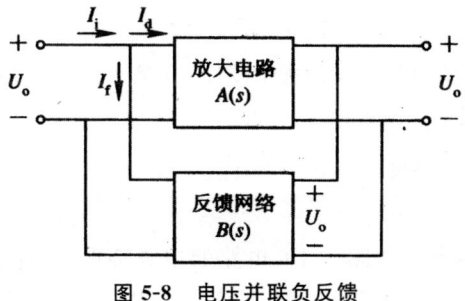

图 5-8　电压并联负反馈

（2）电路参数

在输入回路中,基本放大电路与反馈网络为并联关系,因此输入端口的信号取电流,即取 I_i、I_d、I_f 且反馈电流与输入的电流满足 $I_d = I_i - I_f$。在输出回路中,反馈信号为电压取样方式,则输出信号取电压,即 $X_o(s) = U_o$。

由于基本放大电路的输入信号是净输入电流 I_d 输出信号是放大电路的输出电压玑,电路的开环增益为

$$A_r(s) = \frac{X_o(s)}{X_d(s)} = \frac{U_o}{I_d} \qquad (5-12)$$

此式称为基本放大电路的开环跨阻增益,具有电阻的量纲,单位为欧姆（Ω）。

反馈网络的输入信号是放大电路的输出电压 U_o,输出信号是反馈电流 I_f,则反馈系数为

$$B_g(s) = \frac{X_f(s)}{X_o(s)} = \frac{I_f}{U_o} \qquad (5-13)$$

此式称为跨导传输函数,具有电导的量纲,单位为 S。

另外,闭环增益表示为

$$A_{rf}(s) = \frac{X_o(s)}{X_i(s)} = \frac{U_o}{I_i} \qquad (5-14)$$

称为闭环跨阻增益,具有电阻的单位（Ω）。

（3）实际电路

图 5-9 为电压并联负反馈放大电路的交流通路。电路的反馈网络由电阻 R_f 构成,并将输出电压以电流的形式反馈到输入端口。

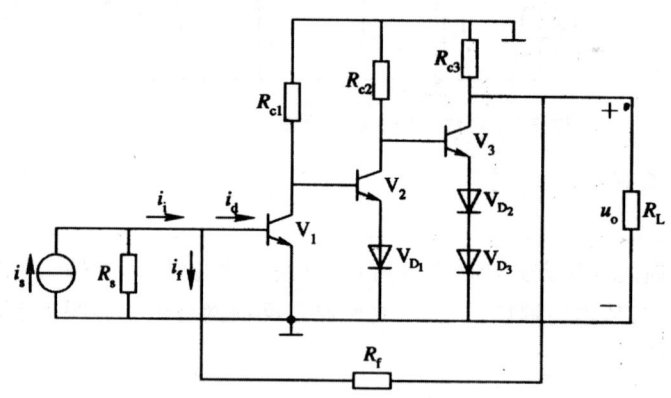

图 5-9　电压并联负反馈电路

在输出端口,R_f 取样输出电压 u_o,为电压反馈;在输入端口,反馈电阻 R_f 与放大电路为并联关系即为并联反馈,且净输入电流 $i_d = i_i - i_f$。

3. 电流串联负反馈

（1）电路结构框图

电流串联负反馈的连接方式如图 5-10,电路的主要特点:在输入端口,基本放大器与反馈网络串联;从输出端口看,基本放大器和反馈网络也为串联方式,反馈信号取样输出端口电流。

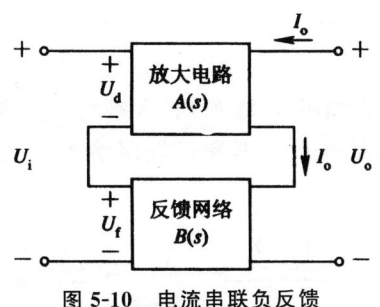

图 5-10　电流串联负反馈

（2）电路参数

在输入回路中，基本放大电路与反馈网络为串联关系，所以各信号均取电压，分别为 U_i、U_d、U_f，且反馈电压与输入电压满足 $U_d = U_i - U_f$ 在输出回路中，反馈信号取样输出端口电流，即 $X_o(s) = I_o$。

由于基本放大电路的输入信号是净输入电压 U_d，输出信号为 I_o，电路的开环增益为

$$A_g(s) = \frac{X_o(s)}{X_d(s)} = \frac{I_o}{U_d} \tag{5-15}$$

称为放大电路的开环跨导增益，具有电导的单位 S。

由于反馈网络的输入信号取自放大电路输出端口的电流 L，输出信号是反馈电压 U_o，反馈系数可表示为

$$B_r(s) = \frac{X_f(s)}{X_o(s)} = \frac{U_f}{I_o} \tag{5-16}$$

称为跨阻传输系数，具有电阻的单位（Ω）。

另外，闭环增益表示为

$$A_{gf}(s) = \frac{X_o(s)}{X_i(s)} = \frac{I_o}{U_i} \tag{5-17}$$

称为闭环跨导增益，具有电导的单位 S。

（3）实际电路

图 5-11 为电流串联负反馈电路的实例。电路的反馈网络为 V_1 管的发射极电阻 R_e。在输出端口，R_e 取样输出口电流 i_o，为电流反馈；并且，在输入端口，反馈电阻与放大电路的连接关系为串联关系即为串联反馈，且 $u_d = u_i - u_f$。

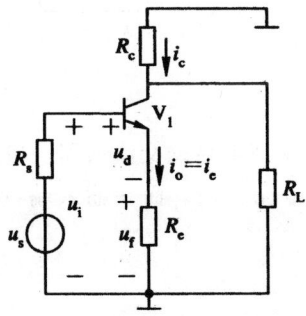

图 5-11　电流串联负反馈电路

4. 电流并联反馈

(1)电路结构框图

电流并联负反馈的连接方式如图 5-12 所示,电路的主要特点:在输入端口,基本放大器与反馈网络并联;而在输出端口,基本放大器和反馈网络为串联方式,反馈信号取样输出端口电流。

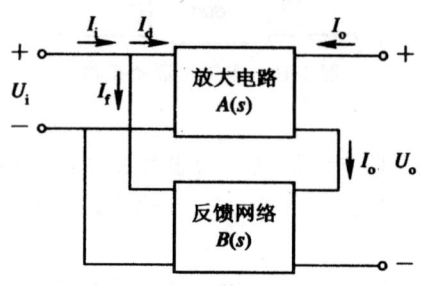

图 5-12 电流并联负反馈

(2)电路参数

由于在输入回路中,基本放大电路与反馈网络为并联关系,各信号应取电流,分别为 I_i、I_d、I_f,反馈电流与输入端的电流满足 $I_d = I_i - I_f$;在

输出回路中,反馈信号为电流取样方式,即 $X_o(s) = I_o$。

由于放大电路的输入信号是净输入电流 I_d,输出信号是放大电路输出端口电流 I_o,可得放大电路的开环增益为

$$A_i(s) = \frac{X_o(s)}{X_d(s)} = \frac{I_o}{I_d} \tag{5-18}$$

称为放大电路的开环电流增益。

由于反馈网络的输入信号取自放大电路输出端的电流 I_o,而输出信号为反馈电流 I_f,则反馈系数可表示为

$$B_i(s) = \frac{X_f(s)}{X_o(s)} = \frac{I_f}{I_o} \tag{5-19}$$

称为电流传输函数。

另外,闭环增益可表示为

$$A_{if}(s) = \frac{X_o(s)}{X_i(s)} = \frac{I_o}{I_i} \tag{5-20}$$

称为放大电路的闭环电流增益。

(3)实际电路

图 5-13 为实际的电流并联负反馈电路的交流通路。电阻 R_f 和 R_{e2} 构成电路的反馈网络。在输出端,R_e 取样输出电流 i_o,为电流反馈。而在输入端,反馈电阻 R_f 与放大电路为并联关系即为电流反馈,且 $i_d = i_i - i_f$。

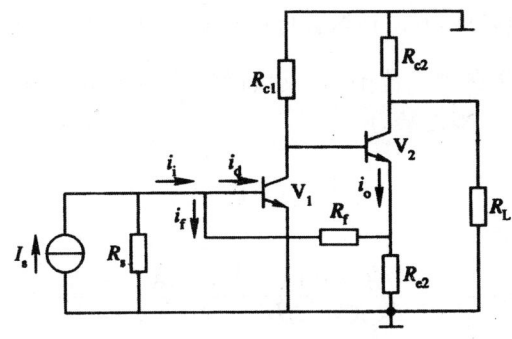

图 5-13 电流并联负反馈电路

根据以上讨论可知,对于不同组态的负反馈放大电路来说,其中基本放大电路的放大倍数和反馈网络的反馈系数的物理意义和量纲都各不相同。为了便于比较,现将四种负反馈组态的开环增益、反馈系数和闭环增益等分别列于表 5-1 中。

表 5-1 四种负反馈组态的放大倍数、反馈系数和闭环放大倍数的比较

信号及传输关系	四种负反馈组态			
	电压串联负反馈	电压并联负反馈	电流串联负反馈	电流并联负反馈
输出信号 $X_o(s)$	U_o	U_o	I_o	I_o
输入信号 $X_i(s)$	U_i	I_i	U_i	I_i
反馈信号 $X_f(s)$	U_f	I_f	U_f	I_f
净输入信号 $X_d(s)$	U_d	I_d	U_d	I_d
开环增益 $A(s)$	$A_u(s)=\dfrac{U_o}{U_d}$ 电压增益	$A_r(s)=\dfrac{U_o}{I_d}$ 跨阻增益	$A_g(s)=\dfrac{I_o}{U_d}$ 跨导增益	$A_i(s)=\dfrac{I_o}{I_d}$ 电流增益
反馈系数 $B(s)$	$B_u(s)=\dfrac{U_f}{U_o}$ 电压传输系数	$B_g(s)=\dfrac{I_f}{U_o}$ 跨导传输函数	$B_r(s)=\dfrac{U_f}{I_o}$ 跨阻传输函数	$B_i(s)=\dfrac{I_f}{I_o}$ 电流传输函数
闭环增益 $A_f(s)$	$A_{uf}(s)=\dfrac{U_o}{U_i}$	$A_{rf}(s)=\dfrac{U_o}{I_i}$	$A_{gf}(s)=\dfrac{I_o}{U_i}$	$A_{if}(s)=\dfrac{I_o}{I_i}$

5.3 负反馈对放大器性能的影响

5.3.1 提高闭环增益的稳定性

在放大电路中引入负反馈后,最直接、最显著的作用就是提高了电路放大倍数的稳定性。

对于放大电路,在输入信号一定的情况下,由于外界因素变化(如电路和器件的参数发生改变、电源电压波动或负载发生变化时),会使放大电路的输出信号随之改变,而通过引入负反馈,可以大大减小放大电路输出信号的波动,使放大倍数的稳定性得到提高。

放大电路引入负反馈以后,其闭环增益可以表示为 $A_f(s) - \dfrac{A(s)}{1+A(s)B(s)}$,如果设信号频率为中频,即放大电路工作在中频范围,且反馈网络为纯电阻性,则上式中的 A 和 B 均为实数,在此条件下,上式可进一步表示为

$$A_f(s) = \frac{A}{1+AB} \qquad (5-21)$$

对上式的变量 A 求微分,得

$$dA_f = \frac{(1+AB) \cdot dA - AB \cdot dA}{(1+AB)^2} = \frac{dA}{(1+AB)^2}$$

两边同时除以 A_f 得

$$\frac{dA_f}{A_f} = \frac{dA}{(1+AB)^2 A_f} = \frac{dA}{(1+AB) \cdot A}$$

即

$$\frac{dA_f}{A_f} = \frac{1}{1+AB}\frac{dA}{A} \qquad (5-22)$$

式中,$\dfrac{dA_f}{A_f}$ 表示负反馈放大电路闭环增益的相对变化量,$\dfrac{dA}{A}$ 代表无反馈时放大电路增益的相对变化量。该式表明,引入负反馈后,放大倍数的相对变化量 $\dfrac{dA_f}{A_f}$ 是无反馈时 $\dfrac{dA}{A}$ 的 $\dfrac{1}{1+AB}$ 倍,即放大倍数的稳定性提高了 $(1+AB)$ 倍,但放大倍数却为原来的 $\dfrac{1}{1+AB}$ 倍。因此,引入负反馈,对放大电路稳定性的改善是以降低放大倍数为代价获得的。

另外,对于深负反馈放大电路,有 $1+AB \gg 1$,故其放大倍数为

$$A_f = \frac{A}{1+AB} \approx \frac{1}{B} \qquad (5-23)$$

可见,电路的放大倍数只与反馈系数 B 有关,由于反馈网络的反馈系数 B 与放大电路的器件参数、电源电压或负载等外界因素的变化无关,所以,深度负反馈放大电路的放大倍数稳定。

5.3.2 扩展闭环增益的通频带

由于放大电路对不同频率的输入信号呈现出不同的放大倍数,因此放大电路的通频带受到了一定限制,但可以通过引入负反馈,来展宽放大电路的通频带。

通过前面的分析,可以看到,当放大电路的放大倍数发生变化时,可以通过负反馈使放大倍数的相对变化量减小,而对于因信号频率不同而引起的放大倍数的下降,也可以利用负反馈来进行改善。

首先,进行定性分析:设反馈系数是一固定常数,而且当输入信号的幅度不变时,随着频率的升高或降低,输出信号的幅度将减小,这样就引起开环放大倍数降低;同时,回送到放大电路输入回路的反馈信号的幅度也会按照比例减小,结果使得净输入信号的幅度增大,闭环放大倍数增大,导致放大电路输出信号的相对减少量比无反馈时少,因此,使放大电路的频带展宽了。

实际中引入负反馈对放大电路频带展宽的程度与反馈深度有关,下面进行定量分析。

设无反馈时,放大电路中频放大倍数为 A_m,上、下限截止频率分别为 f_H 和 f_L,则高频段的放大倍数为

$$A_H(s) = \frac{A_m}{1 + j\dfrac{f}{f_H}} \tag{5-24}$$

若引入负反馈的反馈系数为 B,则此时高频段的闭环增益变为

$$A_{Hf}(s) = \frac{A_H(s)}{1 + A_H(s)B} = \frac{\dfrac{A_m}{1 + j\dfrac{f}{f_H}}}{1 + \dfrac{A_m}{1 + j\dfrac{f}{f_H}} \cdot B} = \frac{A_m}{1 + A_m B + j\dfrac{f}{f_H}} = \frac{\dfrac{A_m}{1 + A_m B}}{1 + j\dfrac{f}{[1 + A_m B]f_H}} \tag{5-25}$$

比较式(5-24)和(5-25)可知,引入负反馈后的中频放大倍数由 A_m 变为

$$A_{mf} = \frac{A_m}{1 + A_m B} \tag{5-26}$$

而上限频率则由 f_H 变为

$$f_{Hf} = [1 + A_m B]f_H \tag{5-27}$$

可见引入负反馈后,放大电路的中频放大倍数减小成无反馈时的 $\dfrac{1}{1 + A_m B}$,而上限截止频率却增大到了无反馈时的 $1 + A_m B$ 倍。

同理,设无反馈时,放大电路的低频放大倍数为

$$A_L(s) = \frac{A_m}{1 + j\dfrac{f_L}{f}} \tag{5-28}$$

引入负反馈后,低频段的闭环增益将变为

$$A_{Lf}(s) = \frac{A_L(s)}{1 + A_L(s)B(s)} = \frac{\dfrac{A_m}{1 - j\dfrac{f_L}{f}}}{1 + \dfrac{A_m}{1 - j\dfrac{f_L}{f}} \cdot B} = \frac{\dfrac{A_m}{1 + A_m B}}{1 - j\dfrac{f_L}{[1 + A_m B]f}} \tag{5-29}$$

对式(5-28)和(5-29)进行比较,可得引入负反馈后的下限截止频率变为

$$f_{Lf} = \frac{f_L}{1 + A_m B} \tag{5-30}$$

表示引入负反馈后,下限截止频率减少到了无反馈时的 $\dfrac{1}{1 + A_m B}$ 倍。

根据以上分析可知,引入负反馈后,放大电路的上限截止频率提高了 $1 + A_m B$ 倍,而下限频率降低到原来的 $\dfrac{1}{1 + A_m B}$ 倍,可见,总的通频带得到了展宽。

对于一般阻容耦合放大电路来说,通常有 $f_H \gg f_L$;而对于直接耦合放大电路,由于 $f_L = 0$,所以通频带可以近似地用上限截止频率表示,即无反馈时的通频带表示为

$$BW = f_H - f_L \approx f_H$$

引入负反馈后的通频带为

$$BW_f = f_{Hf} - f_{Lf} \approx f_{Hf}$$

而上限截止频率

$$f_{Hf} = [1 + A_m B] f_H$$

则

$$BW_f \approx [1 + A_m B] BW$$

上式表明,尽管引入负反馈后频带展宽了 $1 + A_m B$ 倍,而由于中频放大倍数下降为无反馈时的 $\dfrac{1}{1 + A_m B}$,因此,中频放大倍数与通频带的乘积基本保持不变,即

$$BW \cdot A_m \approx BW_f \cdot A_{mf} \tag{5-31}$$

由此可见,负反馈的深度愈深,则频带扩展得愈宽,但同时中频放大倍数也下降得愈多。引入负反馈后通频带和中频放大倍数的变化情况如图 5-14 所示

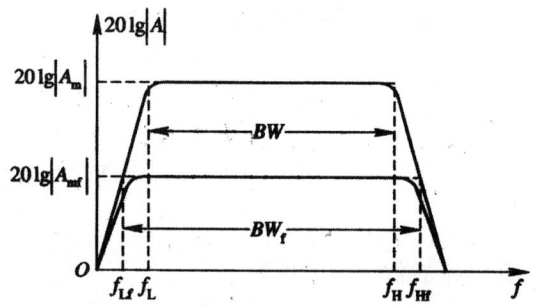

图 5-14 负反馈对通频带和放大倍数的影响

5.3.3 减小非线性失真

由于放大电路中的晶体管等器件,其特性曲线为非线性,当输入信号为正弦波时,其输出波形往往不再是一个真正的正弦波,从而使输出信号产生非线性失真,如图 5-15 显示了由于三极管输入特性曲线的非线性,当 u_{be} 为正弦波时,i_b 波形出现的非线性失真现象。可见,如果输入信号幅度较大或者电路的工作点设置不合适时,非线性失真的现象更为明显。

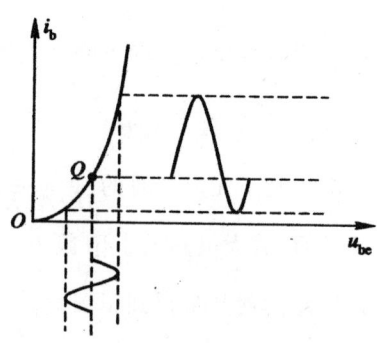

图 5-15 晶体管器件的非线性失真

如果在放大电路中引入负反馈,通过反馈信号对净输入信号的补偿作用,可以使非线性失真得到一定程度的改善,而且反馈程度越深,对非线性失真的补偿作用越大,非线性失真就

越小。

下面就负反馈对放大器非线性失真的补偿作用进行定性分析。

如图 5-16,设输入信号 x_i 为正弦波,无反馈时,$x_d = x_i$,由于放大器件的非线性特性,则经过放大后所输出信号 x_o 产生的失真波形为正半周大,负半周小;引入负反馈后,在 B 为常数的情况下,反馈信号 $x_f = Bx_o$,其波形也为正半周大,负半周小,由于净输入信号为反馈信号 x_f 和输入信号 x_i 相减,因此,得到净输入信号的波形变成了正半周小,负半周大,即净输入信号的失真与放大器的非线性引起的失真极性相反,结果在一定程度上补偿了放大器件对信号非线性失真的影响,使输出信号的正负半周的幅度趋于一致,从而改善了输出波形。

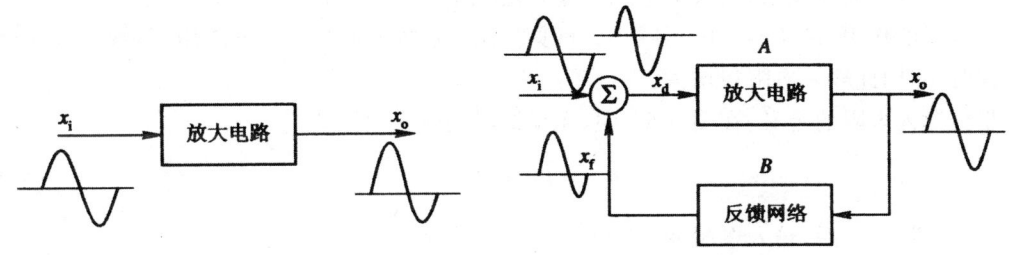

(a)无反馈时产生的线性失真现象　　　　　　(b)引入负反馈后,非线性失真减小

图 5-16　负反馈对非线性失真的改善作用

可以证明,在非线性失真不太严重时,负反馈对放大器输出波形中的非线性失真近似减小为原来的 $\dfrac{1}{1 + A(s)B(s)}$,即相当于将非线性失真改善 $[1 + A(s)B(s)]$ 倍。

另外,在放大电路受到干扰时,有时也可以利用负反馈进行抑制。但是,如果干扰信号与输入信号是同时混入的,则无法通过引入负反馈进行抑制,只能采用如滤波或屏蔽等其它的方法来削弱干扰信号。

5.3.4　改变放大器的输入电阻

为了满足实际应用中的一些特定要求,常常利用不同形式的负反馈来改变输入、输出电阻的数值,以此实现电路在整个电路系统中的匹配。下面分别论述放大电路引入不同组态的负反馈后,对输入电阻和输出电阻的影响。

从输入端看,反馈信号与外加输入信号在放大电路输入回路中的连接方式不同,将对输入电阻产生不同的影响,定性来看,串联负反馈将增大输入电阻,而并联负反馈将减小输入电阻。下面我们进行具体的分析。

1. 串联负反馈使输入电阻增大

图 5-17 为串联负反馈放大电路的示意图,图中,放大电路与反馈网络在输入端口为串联方式。由于负反馈对输入电阻的影响只与输入端的连接方式有关,而与输出端的连接方式无关,故未画出放大电路输出端的连接图,仅标出输出信号 x_o 来代替。

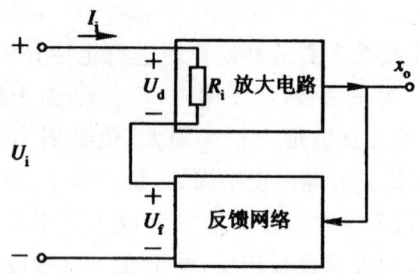

图 5-17　串联负反馈放大器的输入电阻

由于引入串联负反馈,则反馈电压与输入电压的关系为 $U_d = U_i - U_f$,表示反馈电压将削弱输入电压的作用,使净输入电压减小。可见,在相同的外加输入电压作用下,输入电流将比无反馈时小,因此输入电阻将增大。

根据输入电阻的定义,在图 5-16 中,无反馈时的输入电阻为

$$R_i = \frac{U_d}{I_i} \tag{5-32}$$

而引入串联负反馈后,输入电阻变为

$$R_{if} = \frac{U_i}{I_i} = \frac{U_d + U_f}{I_i} \tag{5-33}$$

式(5-33)中的反馈电压 U_d 是净输入电压经放大电路放大,再经反馈网络以后得到的,即有 $U_f = B(s)x_o = A(s)B(s)U_d$,因此可得

$$R_{if} = \frac{U_d + A(s)B(s)U_d}{I_i} = [1 + A(s)B(s)]\frac{U_d}{I_i} = [1 + A(s)B(s)]R_i \tag{5-34}$$

式(5-34)说明,引入串联负反馈后,放大电路的输入电阻将增大,成为无反馈时的 $1 + A(s)B(s)$ 倍,而且与输出端的取样方式无关。同时,可以看出,反馈越深,即 $1 + A(s)B(s)$ 越大,则输入电阻也越大。

2. 并联负反馈使输入电阻减小

在图 5-17 所示的并联负反馈放大电路的示意图中,放大电路与反馈网络在输入端以并联方式连接,同样,电路中未画出放大电路输出端的连接图,仅用输出信号 x_o 代替。

由反馈电流与输入电流的关系式 $I_d = I_i - I_f$ 可得,$I_i = I_d - I_f$,可以看出,在相同的输入电压作用下,输入电流将比无反馈时大,因此输入电阻将减小。

在图 5-18 中,无反馈时的输入电阻为

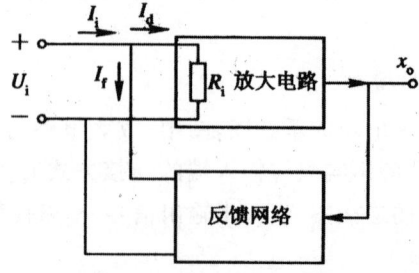

图 5-18　并联负反馈放大器的输入电阻

$$R_i = \frac{U_i}{I_d} \qquad (5-35)$$

引入并联负反馈后,输入电阻变为

$$R_{if} = \frac{U_i}{I_i} = \frac{U_i}{I_d + I_f} \qquad (5-36)$$

同样可得,反馈电流,$I_f = B(s)x_o = A(s)B(s)I_d$,代入式中,有

$$R_{if} = \frac{U_i}{I_d + I_f} = \frac{U_i}{I_d + A(s)B(s)I_d} = \frac{U_i}{[1 + A(s)B(s)]I_d} = \frac{1}{1 + A(s)B(s)}R_i \qquad (5-37)$$

综上所述采用并联反馈后,放大电路的输入电阻将减小,成为无反馈时的 $\dfrac{1}{1 + A(s)B(s)}$,且与输出端的取样方式无关。显然,反馈越深,输入电阻越小。

因此,在设计负反馈放大电路时,如果要求提高输入电阻,则应采用串联负反馈;如果要求降低输入电阻,则必须采用并联负反馈。

5.3.5　改变放大器的输出电阻

上面讨论了负反馈放大电路输入回路的连接方式不同对输入电阻的影响。在放大电路的输出端,如果负反馈采样的方式不同,对放大电路的输出电阻会产生不同的影响。电压负反馈将减小输出电阻,而电流负反馈将增大输出电阻。

1. 电压负反馈使输出电阻减小

放大电路的输出电阻是从电路的输出端看进去的等效电阻,其定义为,在输入信号短路,并使负载电阻开路的情况下,在输出端外加一个交流电压与所得的输出电流之比,表示为

$$R_i = \frac{U_o}{I_o} \Bigg|_{\substack{X_i(s) = 0 \\ R_L = \infty}} \qquad (5-38)$$

下面根据输出电阻的定义,具体讨论电压负反馈对输出电阻的影响。

电压负反馈电路的框图如图 5-19 所示。按照输出电阻的定义,在计算输出电阻时,要求输入信号取零值,即输入信号 $X_i(s) = 0$。此时,从放大电路的输出端看进去,利用戴维南定理,可以将其等效为电阻 R_o 与一个电压源 $A_o(s)X_d(s)$ 相串联的形式,其中,R_o 是无反馈时放大电路的输出电阻,$A_o(s)$ 是当负载电阻 R_L 开路时放大电路的放大倍数,$X_d(s)$ 为放大电路的净输入信号。

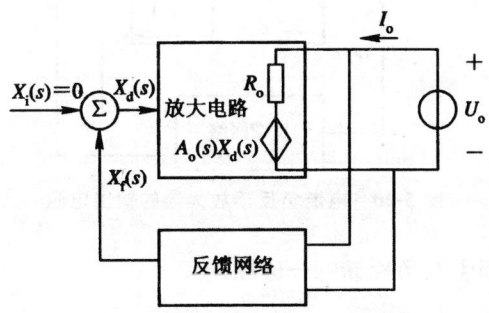

图 5-19　电压负反馈放大器的输出电阻

由于外加输入信号 $X_i(s)=0$，故可得 $X_d(s)=X_i(s)-X_f(s)=-X_f(s)$，对于电压负反馈，反馈信号 $X_f(s)$ 取样输出电压，即

$$X_f(s)=B(s)U_o(s) \tag{5-39}$$

由图 5-18 可知，$U_o=I_oR_o+A_o(s)X_d=I_oR_o+A_o(s)B_o(s)$，整理后，可以求得引入电压负反馈后，电路的输出电阻

$$R_{of}=\frac{U_o}{I_o}=\frac{R_o}{1+A_o(s)B(s)} \tag{5-40}$$

式(5-40)表明，只要引入电压负反馈，放大电路的输出电阻将减小，成为无反馈时的 $\frac{1}{1+A_o(s)B(s)}$ 倍。

我们知道，输出电阻越小，表明电路的带负载能力越强，越接近恒压源。因此，对于电压负反馈电路，在输入信号幅度不变的情况下，即使负载变化，输出电压幅值可以基本上保持稳定，也就是说，电压负反馈能稳定输出电压。

2. 电流负反馈使输出电阻增大

图 5-20 是电流负反馈放大电路的示意图，同样，在计算电路的输出电阻时，应令输入信号 $X_i(s)=0$。从放大电路的输出端看进去，利用诺顿定理，可以将其等效为电阻 R_o 与一个等效电流源 $A_o(s)X_d(s)$ 并联的形式。

由于外加输入信号 $X_i(s)=0$，而且电流负反馈的反馈信号 $X_f(s)$ 取自输出电流，故有 $X_d(s)=X_i(s)-X_f(s)=-X_f(s)=-B(s)I_o$，在输出端口，如果忽略 I_o 在反馈网络输入端的压降，列方程得

$$R_{of}=\frac{U_o}{I_o}=[1+A_o(s)B(s)]R_o \tag{5-41}$$

整理后，可得电流负反馈放大电路的输出电阻为

式(5-41)表明，无论输入端是串联负反馈或并联负反馈，只要引入电流负反馈，放大电路的输出电阻将增大，成为无反馈时的 $1+A_o(s)B(s)$ 倍。由于输出电阻越大，越接近于恒流源。因此，电流负反馈电路可以在负载变化的情况下，获得稳定的输出电流。

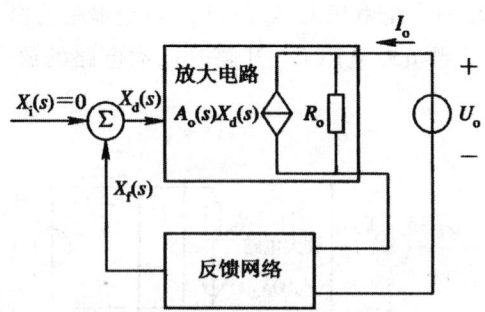

图 5-20 电流负反馈放大器的输出电阻

5.3.6 为改善性能而引入负反馈的一般原则

从以上分析看出，引入负反馈可以改善和影响放大电路的性能，以下对为获得高性能指标

的放大电路中引入负反馈给出一些原则性提示：

①如果需要稳定静态工作点等直流量,应该在放大电路中引入直流负反馈。

②同理,如果需要稳定放大电路的交流性能,应该引入交流负反馈。

③如果需要稳定输出电压,应该在放大电路中引入电压负反馈;需要稳定输出电流,应该引入电流负反馈。

④如果需要提高输入电阻,应该引入串联负反馈;如果需要减小输入电阻,应该引入并联负反馈。

以上仅为一般性原则。需要注意的是,负反馈对放大电路性能的改善或改变都与反馈深度$(1+A(s)B(s))$有关。但由于$A(s)$是频率的函数,故$A(s)B(s)$也是频率的函数,因此,并非反馈深度越大越好。对有的电路,在一些频率下产生的附加相移可能会使原来的负反馈变为正反馈,甚至可能产生自激振荡,使放大电路无法正常进行放大,也就完全失去了改善性能的意义。

另一方面,改善放大电路的性能有时也可以通过施加正反馈来实现,利用正反馈不仅可以提高放大倍数,还能提高输入电阻和减小输出电阻,但却是以降低电路的性能稳定为代价的。

5.4　负反馈放大电路的分析与计算方法

在放大电路中引入负反馈后,可改善放大电路的各项性能指标,下面对负反馈电路的电压放大倍数、输入电阻和输出电阻等指标的计算进行具体论述。

5.4.1　具有深度负反馈放大电路的参数估算

在深度负反馈的条件下,电路闭环增益的估算比较简单,通常利用关系式$A_f(s) \approx \dfrac{1}{B(s)}$估算闭环增益。

在深度负反馈情况下,电路满足$|1+A(s)B(s)| \gg 1$,故闭环增益$A_f(s) \approx \dfrac{1}{B(s)}$,表明深度负反馈放大电路的闭环增益$A_f(s)$近似等于反馈系数$B(s)$的倒数,因此,只要求出$B(s)$,就可以得到$A_f(s)$。

但是,需要注意的是,$A_f(s)$是广义的放大倍数,其含义和量纲因反馈组态的不同而不同(见表5-1),因此,运用$A_f(s) \approx \dfrac{1}{B(s)}$表进行闭环增益的估算是有条件的,只有在负反馈的组态为电压串联负反馈时,才能使用。此时,可以利用$A_{uf}(s) \approx \dfrac{1}{B(s)}$表来直接估算出深度负反馈放大电路的闭环电压增益。

对于除电压串联负反馈以外的电压并联负反馈、电流串联负反馈、电流并联负反馈三种组态,其闭环增益$A_f(s)$依次为$A_{rf}(s)$、$A_{gf}(s)$、$A_{if}(s)$,分别代表负反馈放大电路的闭环跨阻增益、闭环跨导增益和闭环电流增益。

5.4.2　利用方框图法进行分析计算

方框图法就是首先把一个实际的负反馈放大电路分解成基本放大器 A 和反馈网络 B 两

部分，即所谓"AB分离法"。然后通过计算基本放大器的开环增益 $A(s)$ 及反馈网络的反馈系数 $B(s)$，利用公式 $A_f(s)=\dfrac{A(s)}{1+A(s)B(s)}$ 求解出负反馈放大电路的放大倍数。然而，在实际的负反馈放大电路中，反馈网络对基本放大电路的输入和输出端口都有一定的负载效应，因此，在利用方框图法分解基本放大器 A 时，一般要把反馈网络的输入阻抗（或导纳）折合到基本放大器的输出回路中去，使其成为基本放大电路负载的组成部分；同理，把反馈网络的输出阻抗（或导纳）折合到基本放大电路的输入回路中，使其成为基本放大电路输入回路的组成部分。

观察图 5-6、图 5-8、图 5-10 和图 5-12 四种基本组态负反馈电路的方框图，可以看出，不同的组态在输入端口和输出端口 A、B 两框图都只有两种电路连接形式，要么为串联连接，要么为并联连接。为了分析方便，我们把采用串联连接方式的 A、B 两框图端口用电压源和电阻串联的形式表示，即等效为戴维南电路；而把采用并联连接方式的 A、B 两框图端口用电流源和电导并联的形式表示，即等效为诺顿电路。同时，考虑到理想反馈模型的单向传输条件，将 A、B 两框图输入端口的受控源忽略（即忽略 A、B 两框图中的反向传输系数），使其只含输入电阻，这样，四种反馈组态的方框图均可用含有两个双口网络的模型表示成图 5-21 所示。

在图 5-21 中，A_{uo}、A_{ro}、A_{go}、A_{io} 分别为放大器输出端口受控源的控制系数，R_{iA} 为放大器输入端口电阻，R_{oA} 为放大器输出端口电阻；B_u、B_g、B_r、B_i 为反馈网络输出端口受控源的控制系数，R_{iB} 为反馈网络输入端口电阻，R_{oB} 为反馈网络输出端口电阻。

在图 5-21 的几种反馈框图中，如前所述我们规定，如果是电压型反馈，输出端信号取电压；如果是电流型反馈，输出端信号取电流；如果是串联型反馈，输入端信号取电压；如果是并联型反馈，输入端信号取电流。那么，如何把基本放大电路从反馈环框图中分离出来呢？观察图 5-21 的四个反馈环框图，容易得出分离基本放大电路 A 的方法：

①如果是电压型反馈，令输出端口短路，即 $u_o=0$，由图 5-21 的 (a) 和 (b) 可以看出，B 网络中的受控源 $B_u u_o=0$，$B_g u_o=0$，B 网络的输出端口电阻 R_{oB} 即可折合到放大电路的输入回路中去，此时反馈放大器的输入回路即为基本放大器的输入回路。

②如果是电流型反馈，令输出端口开路，即 $i_o=0$，由图 5-21 的 (c) 和 (d) 可以看出，B 网络中的受控源 $B_r i_o=0$，$B_i i_o=0$，同样，B 网络中的输出端口电阻 R_{oB} 即可折合到放大电路的输入回路中，折合后反馈放大器的输入回路即为基本放大器的输入回路。

③如果是串联型反馈，将输入端 A、B 两网络断开，即 $i_A=0$，如图 5-21(a) 和 (c) 所示，这样即消除了反馈信号对放大器的影响，又把 B 网络的输入电阻 R_{iB} 折合到了放大电路的输出回路中，折合后反馈放大器的输出回路即为基本放大器的输出回路。

④如果是并联型反馈，令输入端口短路，即 $u_i=0$，如图 5-21(b) 和 (d) 所示，消除了反馈信号的影响，同时也把 B 网络的输入电阻 R_{iB} 折合到了放大电路的输出回路中，折合后反馈放大器的输出回路即为基本放大器的输出回路。

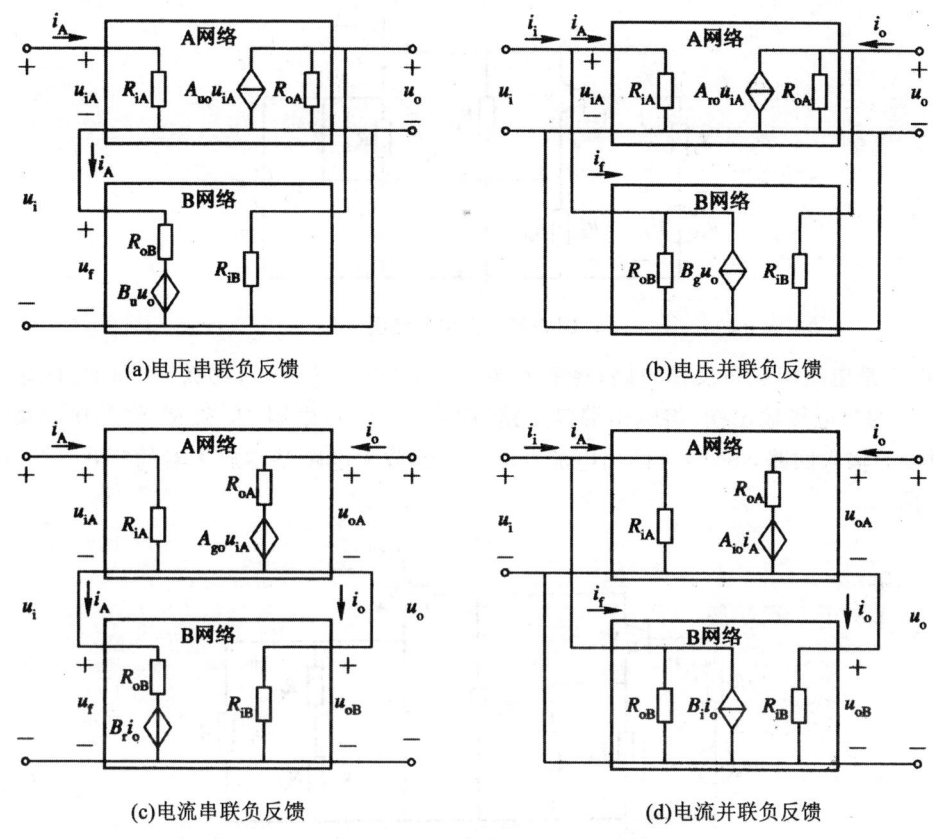

(a)电压串联负反馈

(b)电压并联负反馈

(c)电流串联负反馈

(d)电流并联负反馈

图 5-21 四种组态放大电路的 A、B 网络等效模型

通过以上的分析方法即可把基本放大电路从反馈环路中分解出来,可以求出基本放大电路的开环增益 $A(s)$。

同样,利用方框图法可以方便地求出反馈系数 B,具体方法如下:

①对并联型反馈,若令 $u_i = 0$,由图 5-21(b)或(d)可以看出,此时反馈电流 $i_f = B_g u_o$ 或 $i_f = B_i i_o$,利用反馈系数的定义,可求得 $B = \dfrac{i_f}{X_o} = B_g(B_i)$。

②对串联型反馈,若令 $i_A = 0$,由图 5-21(a)或(c)可以看出,反馈电压 $u_f = B_u u_o$ 或 $u_f = B_r i_o$,同样利用反馈系数的定义可求出 $B = \dfrac{u_f}{X_o} = B_u(B_r)$。

可见图 5-21 中 B 网络受控源的控制系数即为反馈系数。

综上所述,方框图法的基本指导思想就是把负反馈放大器分解成 A、B 两个双口网络,通过求解基本放大器 A 的增益及参数来估算反馈放大器的增益和参数,这是一种工程中常采用的估算方法。但需要注意,这种估算方法的关键是要能从反馈网络中正确地分解出基本放大器的等效电路来,为了便于读者熟悉这种方法的应用,下面通过一个实例来具体说明。

如图 5-22 所示的两级电压串联负反馈放大电路的交流通道,计算其闭环电压增益 A_{uf}、输入电阻 R_{if} 和输出电阻 R_{of}。

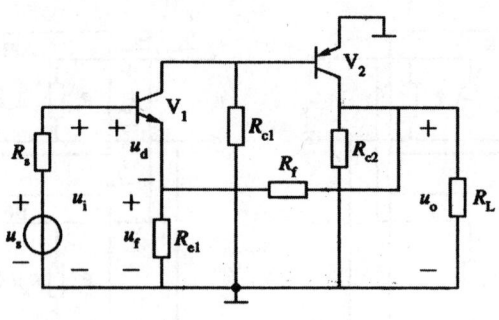
图 5-22　实例电路图

①由于是电压串联负反馈电路，将输入端口开路（即令 $i_i=0$），那么 R_f 和 R_{e1} 的串联回路将接到 V_2 的集电极输出端；将输出端口短路（即令 $u_o=0$），电阻 R_f 和 R_{e1} 将并接起来折合到 V_1 发射极的输入回路，由此，可画出电流并联负反馈放大电路基本放大器的等效交流通路，如图 5-23 所示。

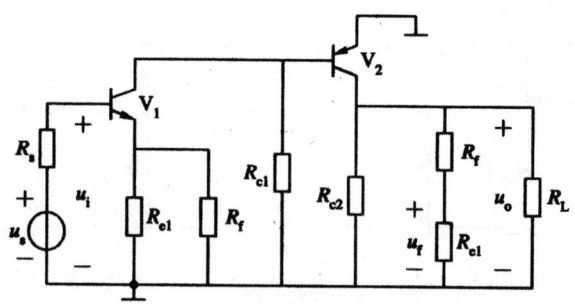
图 5-23　实例电路的基本放大器等效电路

②根据基本放大器的交流等效电路可画出其微变等效电路，如图 5-24 所示。
③对基本放大器的参数进行计算：

由图 5-24 可见，u_f 为 u_o 在电阻 R_{e1} 和 R_f 上的分压，按照电压串联负反馈放大电路反馈系数的定义知

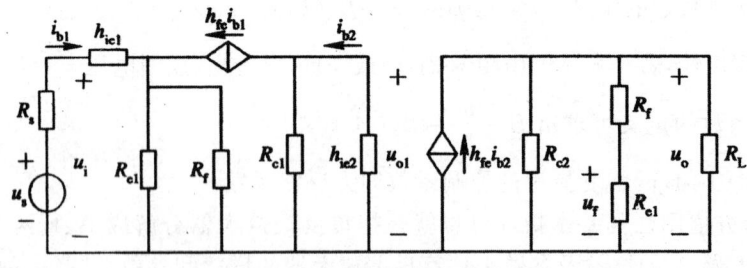
图 5-24　实例电路的微变等效电路

由于开环电压增益可以表示为

$$A_u=\frac{u_o}{u_i}=\frac{u_o}{u_{o1}}\frac{u_{o1}}{u_i}$$

可得

$$\frac{u_{o1}}{u_i}=\frac{-i_{b1}h_{fe1}(R_{e1}/\!/h_{ie2})}{i_{b1}[h_{fe1}+(1+h_{fe1})(R_{e1}/\!/h_{ie2})]}=-\frac{h_{fe1}(R_{e1}/\!/h_{ie2})}{h_{fe1}+R'_{e1}}$$

式中，$R'_{e1}=(1+h_{fe1})(R_{e1}/\!/h_{ie2})$。同样，可得

$$\frac{u_o}{u_{o1}}=\frac{-i_{b2}h_{fe2}[R_{c2}/\!/(R_f+R_{e1})/\!/R_L]}{i_{b2}h_{ie2}}=-\frac{h_{fe2}R'_L}{h_{ie2}}$$

式中，$R'_L=R_{c2}/\!/(R_f+R_{e1})/\!/R_L$。故可求得

$$A_u=\frac{u_o}{u_{o1}}\frac{u_{o1}}{u_i}=\frac{h_{fe1}h_{fe2}(R_{e1}/\!/h_{ie2})R'_L}{(h_{fe1}+R'_{e1})h_{ie2}}$$

计及源内阻的开环增益为

$$A_{us}=\frac{u_o}{u_s}=\frac{u_i}{u_s}\frac{u_o}{u_i}=\frac{h_{fe1}+R'_{e1}}{R_s+h_{fe1}+R'_{e1}}A_u$$

基本放大电路的输入、输出电阻分别为

$$R_i=h_{fe1}+R'_{e1}$$
$$R_o=R_{c2}/\!/(R_f+R_{e1})$$

闭环电压增益为

$$A_{uf}=\frac{u_o}{u_i}=\frac{A_u}{1+A_uB_u}$$

计及源内阻的闭环增益为

$$A_{usf}=\frac{u_o}{u_s}=\frac{u_i}{u_s}\frac{u_o}{u_i}=\frac{R_{if}}{R_s+R_{if}}A_{uf}$$

在深度反馈时，满足 $|1+AB|\gg1$，有

利用闭环输入、输出电阻与开环输入、输出电阻的关系，可以求得闭环输入、输出电阻

$$R_{if}=(1+A_uB_u)R_i$$

$$R_{of}=\frac{R_o}{1+A_{uso}B_u}$$

式中，A_{uso} 为负载开路时的计及源内阻的开环增益，表示为 $A_{uso}=\lim\limits_{R_L\to\infty}A_{us}$。

5.5　负反馈放大器的频率响应

5.5.1　负反馈对放大器频率的影响

1. 负反馈对放大器传输函数极、零点的影响

在图 5-3 所示的反馈放大器理想单环模型中，闭环增益表示为

$$A_f(s)=\frac{A(s)}{1+A(s)B(s)} \tag{5-42}$$

设基本放大器的开环增益函数 $A(s)$ 的极点（亦称开环极点）都位于 s 平面的左半面，并设放大器在低、中频内是负反馈，则开环增益 $A(s)$ 表示为

$$A(s)=K\frac{\prod\limits_{i=1}^{m}(s-z_i)}{\prod\limits_{j=1}^{m}(s-p_j)}$$

式中,z_i 为零点,p_j 为极点。

如果反馈网络 B 为纯电阻性网络(即反馈网络由电阻元件组成)时,其反馈系数是一个与 s 无关的实数,即 $B(s)=B$,则放大电路的闭环增益函数为

$$A_f(s)=\frac{A(s)}{1+A(s)B(s)}=\frac{K\dfrac{\prod\limits_{i=1}^{m}(s-z_i)}{\prod\limits_{j=1}^{m}(s-p_j)}}{1+K\dfrac{\prod\limits_{i=1}^{m}(s-z_i)}{\prod\limits_{j=1}^{m}(s-p_j)}B}=\frac{K\prod\limits_{i=1}^{m}(s-z_i)}{\prod\limits_{j=1}^{m}(s-p_j)+KB\prod\limits_{i=1}^{m}(s-z_i)}$$

$$=K\frac{\prod\limits_{i=1}^{m}(s-z_i)}{\prod\limits_{j=1}^{m}(s-p_{jf})}$$

式中,$p_{jf}=p_{1f},p_{2f},,\cdots p_{nf}$ 为特征方程式 $\prod\limits_{j=1}^{m}(s-p_j)+KB\prod\limits_{i=1}^{m}(s-z_i)=0$ 的根,是闭环增益函数的极点,称为闭环极点。

以上分析表明,当施加纯电阻性电路的反馈后,负反馈放大器的极点与零点的数目不会改变;闭环零点值仍然为基本放大器的零点值。所改变的只有闭环极点的值,亦即在开环增益函数不变时,闭环增益函数的极点在 s 平面上的位置将随反馈系数 B 的大小变化而移动,形成根轨迹。

2. 单极点闭环系统的响应特性

设基本放大器为无零单极点的低通系统,则基本放大器的开环增益函数为:$A(s)=\dfrac{A}{1-\dfrac{s}{p_h}}$,

式中,A 为低频时的开环增益,p_h 为开环极点。设 $p_h=\omega_h$,ω_h 为上限截止($-3dB$)频率,施加电阻性反馈后,则闭环增益函数为

$$A_f(s)=\frac{A(s)}{1+A(s)B}=\frac{\dfrac{A}{1+AB}}{1-\dfrac{s}{p_h(1+AB)}}=\frac{A_f}{1-\dfrac{s}{p_{hf}}}=\frac{A_f}{1-\dfrac{s}{\omega_{hf}}} \qquad (5\text{-}44)$$

式中,$A_f=\dfrac{A}{1+AB}$,$p_{hf}=(1+AB)p_h$ 即 $\omega_{hf}=(1+AB)\omega_h$。

按照式 $A(s)=\dfrac{A}{1-\dfrac{s}{p_h}}$ 和 $A_f(s)=\dfrac{A_f}{1-\dfrac{s}{p_{hf}}}$ 可分别画出对应的幅频渐近波特图和 B 从零开始增大时的根轨迹图,如图 5-25 所示。

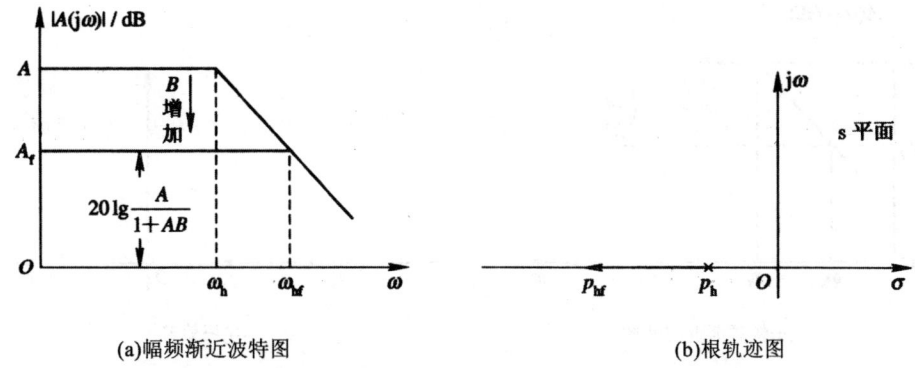

(a)幅频渐近波特图　　　　　　　(b)根轨迹图

图 5-25　单极点负反馈放大电路的幅频渐近波特图和根轨迹图

由表达式和图可以看出负反馈的影响：

①闭环低频增益 A_f 降到开环低频增益 A 的 $\dfrac{A}{1+AB}$ 倍，但闭环极点却比开环极点增加了 $1+AB$ 倍。可见负反馈使通频带展宽到 $1+AB$ 倍。

②当 B 变化时，总有 $A_f \cdot \omega_{hf} = \dfrac{A}{1+AB} \cdot (1+AB)\omega_h = A\omega_h$，表示系统的增益带宽积与引入反馈前基本放大电路的增益带宽积相等，即单极点闭环系统的增益带宽积是一个常数，因此，可以通过改变反馈系数 B 的值，来实现增益和带宽的等价交换。

③由式 $p_{hf} = (1+AB)p_h$，当 $B=0$ 时，环路增益 $T=AB=0$，$p_{hf}=p_h$ 当 $B\to\infty$ 时，$T\to\infty$，$p_{hf}\to\infty$。表示闭环极点始于 p_h，并沿负实轴(见图 5-25 的粗箭头)向左移动，终于—∞。这说明不论负反馈系统的环路增益 AB 多大，闭环极点总是在 s 平面左平面的负实轴上，即闭环系统是一个稳定的系统。

同理，当基本放大器为零点在原点的一阶高通系统时，其基本放大器的开环增益函数

为 $A(s) = \dfrac{A}{1-\dfrac{p_1}{s}}$，式中，$A$ 为中频时的开环增益，$p_1 = -\omega_1$ 为开环极点。施加电阻性反馈

后，则闭环增益函数为

$$A_f(s) = \frac{A_f}{1-\dfrac{p_{1f}}{s}} = \frac{A_f}{1-\dfrac{\omega_{1f}}{s}} \tag{5-45}$$

式中，$A_f = \dfrac{A}{1+AB}$，$p_{1f} = \dfrac{p_1}{1+AB}$，$\omega_{1f} = \dfrac{\omega_1}{1+AB}$。此时，可以分别画出对应的幅频渐近波特图和根轨迹图，如图 5-26。

由图和表达式可以看出，当 B 由零增大时，负反馈的中频增益将相应地减小，而闭环极点则相应地自开环极点出发，沿负实轴向原点移动，最后终止在原点上，相应的下限频率也就向更低的频率方向扩展。

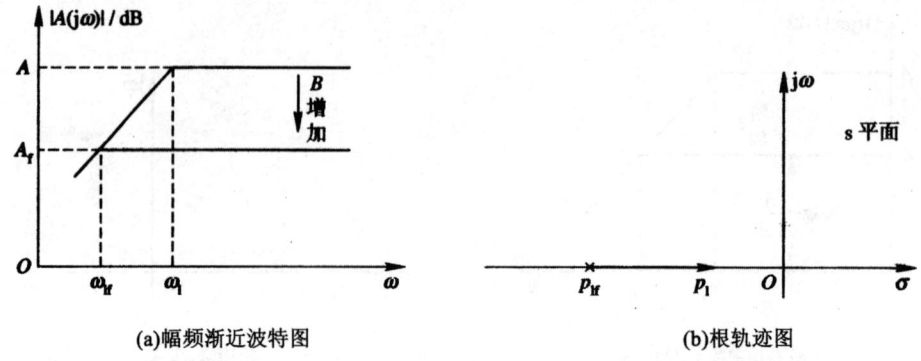

(a)幅频渐近波特图　　　　　　　　(b)根轨迹图

图 5-26　零点在原点的一阶高通系统施加负反馈后的幅频渐近波特图和根轨迹图

设低通单极点负反馈系统的输入为单位阶跃信号,即可用拉普拉斯变换表示为 $X_\mathrm{i}(s)=\dfrac{1}{s}$。

而负反馈系统的闭环增益为 $A_\mathrm{f}(s)=\dfrac{A_\mathrm{f}}{1-\dfrac{s}{\omega_\mathrm{hf}}}$,式中 A_f 为中频时的闭环增益,则输出信号应表示为

$$X_\mathrm{o}(s)=A_\mathrm{f}(s)X_\mathrm{i}(s)=\frac{A_\mathrm{f}}{1-\dfrac{s}{\omega_\mathrm{hf}}}\cdot\frac{1}{s}=A_\mathrm{f}\left(\frac{1}{s}-\frac{1}{s+\omega_\mathrm{hf}}\right) \tag{5-46}$$

对上式进行拉普拉斯反变换,可得 $x_\mathrm{o}(t)=A_\mathrm{f}-A_\mathrm{f}\mathrm{e}^{-\mathrm{j}\omega_\mathrm{hf}t}$,即

$$\frac{x_\mathrm{o}(t)}{A_\mathrm{f}}=1-A_\mathrm{f}\mathrm{e}^{-\mathrm{j}\omega_\mathrm{hf}t}$$

将相应的瞬态特性表示为图 5-27 所示。由上式可求得,上升时间

$$t_\mathrm{rf}=\frac{2.2}{\omega_\mathrm{hf}}=\frac{0.35}{f_\mathrm{hf}} \tag{5-47}$$

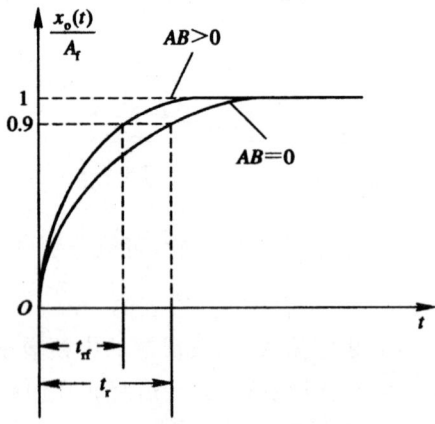

图 5-27　单极点负反馈系统的瞬态特性

可以看出,低通单极点闭环系统的小信号时域特性跟环路增益有关,AB 越大,ω_hf 就越大,反馈越深,上升时间 t_rf 减小得越多。而当 $B=0$(即系统无反馈)时,有

$$x_\text{o}(t)=A\text{-}A\text{e}^{-\text{j}\omega_\text{h}t}=A(1-\text{e}^{-\text{j}\omega_\text{h}t})$$

此时的上升时间为

$$t_\text{rf}=\frac{2.2}{\omega_\text{h}}=\frac{0.35}{f_\text{h}} \tag{5-48}$$

比较式(5-47)、(5-48)可知

$$t_\text{rf}f_\text{hf}=t_\text{r}f_\text{h}=0.35 \tag{5-49}$$

式(5-49)说明,低通单极点负反馈系统的上升时间和通频带的乘积是一个常数;负反馈使频带展宽 $1+AB$ 倍,上升时间下降 $\frac{1}{1+AB}$ 倍。

5.5.2　负反馈放大器的稳定性

从前面的讨论可以看出,引入负反馈能够改善放大电路的各项性能指标,而且改善的程度与反馈深度有关,一般来说,反馈深度愈深,改善的效果愈显著。但是,对于多级放大电路而言,负反馈深度太深可能会引起放大电路产生自激振荡,使放大电路失去放大作用,不能正常工作。

1. 负反馈放大电路自激振荡的条件和判断方法

(1)自激振荡的产生原因

通过前面的论述,我们知道反馈电路的闭环放大倍数可表示为 $A_\text{f}(s)=\dfrac{A(s)}{1+A(s)B(s)}$,分母 $[1+A(s)B(s)]$ 为反馈深度。如果分母 $[1+A(s)B(s)]=0$,则 $A_\text{f}(s)=\dfrac{X_\text{o}(s)}{X_\text{i}(s)}=\infty$,说明当 $X_\text{i}(s)=0$ 时,$X_\text{o}\neq0$,表示此时放大电路即使没有外加输入信号,也有一定的输出信号,放大电路的这种状态称为自激振荡。

如果负反馈放大电路发生自激振荡,即使放大电路的输入端不加信号,在输出端也会出现具有一定频率和幅度的输出波形,表明输出信号不再受输入信号的控制,放大电路失去放大作用,不能正常工作,对于放大电路来说,这是不允许的。但是,在一些波形发生电路中,可以通过引入正反馈,使之产生自激振荡,得到我们所需要的频率和幅度的输出波形。

一般情况下,由于放大电路引入负反馈后,反馈信号减弱了外加输入信号的作用,会使放大倍数比原来减小,即 $A_\text{f}(s)<A(s)$,则闭环放大倍数 $A_\text{f}(s)=\dfrac{A(s)}{1+A(s)B(s)}$ 的分母部分大于1。但一般情况下放大电路的放大倍数 $A(s)$ 和反馈系数 $B(s)$ 通常都是频率的函数。当放大电路在中频时接成负反馈,随着频率的变化,$A(s)$、$B(s)$ 的模和相角将随之改变,在高频或低频时都会产生一个附加相移,原来中频时的负反馈将可能会变为正反馈,出现 $|1+A(s)B(s)|\leqslant0$ 的情况,就会产生自激振荡。

(2)自激振荡条件

若令 $s=\text{j}\omega$,则反馈系统的传输函数表示为

$$A_\text{f}(\text{j}\omega)=\frac{A(\text{j}\omega)}{1+A(\text{j}\omega)B(\text{j}\omega)}$$

当在某一频率上环路增益的附加相移为 $-180°$,即 $A(\text{j}\omega)B(\text{j}\omega)=-1$ 时,电路就会由负

反馈变为正反馈,使放大电路产生自激振荡,即

$$|T(j\omega)| = |A(j\omega)B(j\omega)| = 1 \tag{5-50}$$

$$\varphi_T(\omega) = \varphi_A(\omega) + \varphi_B(\omega) = \pm 180° \tag{5-51}$$

式(5-50)、式(5-51)分别表示了负反馈放大电路产生自激振荡的幅度条件和相位条件。在这两个条件中,幅度条件称为充分条件,相位条件为必要条件。

从自激振荡的两个条件看,一般情况下,相位条件是主要的;当相位条件得到满足之后,在绝大多数情况下只要$|A(s)B(s)| > 1$,放大电路就将产生自激振荡。当$|A(s)B(s)| > 1$时,输入信号经过放大和反馈,其输出正弦波的幅度逐步增长,直至由电路元件的非线性所确定的某个限度为止,输出幅度将不再继续增长,而稳定在某个幅值。

例如阻容耦合单管共射放大电路在中频段时为反向放大器,即$\varphi = 180°$,而在低频段和高频段,还将分别产生$\Delta\varphi = 0° \sim +90°$或$\Delta\varphi = 0° \sim -90°$的附加相移。显然,如果为两级放大电路,就可能产生$0° \sim \pm 180°$的附加相移;而对于一个三级放大电路,附加相移可达$0° \sim \pm 270°$。可见对一个三级的负反馈放大电路,如果反馈网络为电阻性,当输入信号在某个频率时,附加相移$\varphi_A(\omega) + \varphi_B(\omega) = 180°$,即可满足自激振荡的相位条件;若回路增益足够大,能同时满足自激振荡的幅度条件,则放大电路将会产生自激振荡。

由此可见,单级负反馈放大电路最大附加相移不可能超过$90°$,是稳定的,不会产生自激振荡;两级负反馈放大电路一般来说也是稳定的,虽然当$f \to \infty$或$f \to 0$时,$A(s)B(s)$的相移可达到$\pm 180°$,但此时幅值$A(s)B(s) \to 0$,不满足产生自激振荡的幅度条件;而三级反馈放大电路则只要达到一定的反馈深度即可产生自激振荡,因为在低频和高频范围可以分别找出一个满足相位为$\pm 180°$的频率,且使$|A(s)B(s)| = 1$,所以三级及三级以上的负反馈放大电路,在深度反馈条件下必须采取措施来破坏自激条件,才能稳定地工作。

2. 用波特图判断自激振荡

(1)用环路增益$T(j\omega)$的波特图判断自激振荡

为了判断负反馈放大电路是否振荡,可以利用其环路增益$T(j\omega)$的波特图,通过综合考虑$T(j\omega)$的幅频特性和相频特性,分析放大电路是否同时满足自激振荡的幅度条件和相位条件。

图5-28为负反馈放大电路环路增益$A(s)B(s)$的幅频特性和相频特性的波特图。由图5-28(a)中的相频特性可见:当$f = f_\pi$时,$A(s)B(s)$的相位移$\varphi_T(jf) = -180°$,称f_π为相位交叉频率,在此频率上对应的幅频特性位于横坐标轴的上方,表明$20\lg|A(s)B(s)|_{f=f_\pi} > 0\text{dB}$或$|A(s)B(s)|_{f=f_\pi} > 1$,即在频率$f = f_\pi$处,电路同时满足自激振荡的相位条件和幅度条件,因此,由该环路增益的波特图可以判断负反馈放大电路将产生自激振荡。

在图5-28(b)所示的环路增益$A(s)B(s)$的幅频特性和相频特性的波特图中,当$\varphi_T(jf) = -180°$时,相应的幅频特性在横坐标轴下方,即表明$20\lg|A(s)B(s)|_{f=f_\pi} < 0\text{dB}$或$|A(s)B(s)|_{f=f_\pi} < 1$;而在$f = f_\pi$处,$20\lg|A(s)B(s)|_{f=f_\pi} = 0\text{dB}$称$f_0$为增益交叉频率,其对应的相频特性的$|\varphi_T(jf_0)| < 180°$,说明电路在满足自激振荡的相位条件时,不满足幅度条件;在满足幅度条件时又不满足相位条件,因此,不会产生自激振荡,能够稳定工作。

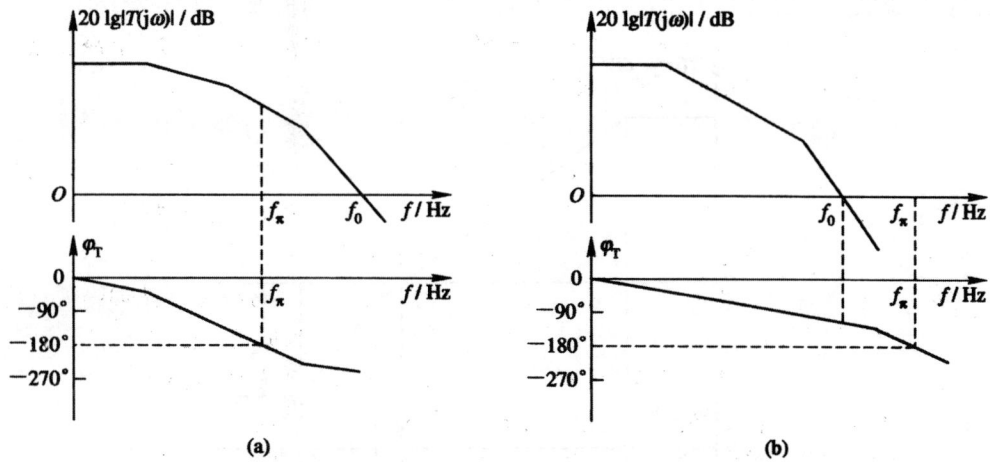

图 5-28　用环路增益的波特图判断放大电路的自激振荡

由以上分析可得以下结论：如果 $f_0 \geqslant f_\pi$，反馈电路会产生自激振荡；如果 $f_0 < f_\pi$，反馈电路是稳定的，不会产生自激振荡。

（2）用开环增益的波特图判断自激振荡

对于纯电阻性电路构成的反馈网络，其反馈系数为实数 B，当它为深度负反馈系统时，满足 $1 + A(s)B(s) \gg 1$，根据基本反馈方程，可得中、低频情况下的闭环增益为

$$A_f(j\omega) = \frac{A(j\omega)}{1 + A(j\omega)B(j\omega)} \approx \frac{A(j\omega)}{A(j\omega)B} = \frac{1}{B}$$

在波特图中环路增益 $20\lg|T(j\omega)| = 0$ dB 处，有 $|T(j\omega)| = 1 = |A(j\omega)B(j\omega)|$，即

$$|A(j\omega)| = \frac{1}{B} \approx |A_f(j\omega)| \tag{5-52}$$

上式表明，在开环增益 $|A(j\omega)|$ 的幅频波特图中，$|A(j\omega)|$ 与闭环增益 $|A_f(j\omega)|$（$= 1/B$）波特图的交点即为环路增益为 0dB 的点，因此，对于纯电阻性反馈网络，可以用开环增益的波特图判断放大电路的稳定性。

3. 负反馈放大电路的稳定裕度

反馈系统的稳定性，不仅要求在工作频域内不自激，而且要在工作频率上远离自激条件。因此，在设计电路时，要使负反馈放大电路能稳定可靠的工作，不但要求它能在预定的工作条件下满足稳定条件，而且当环境温度、电路参数及电源电压等因素发生变化时也能满足稳定条件，为此要求放大电路要有一定的稳定裕度。通常采用幅度裕度和相位裕度两项指标来表征负反馈放大电路远离自激的程度。

（1）幅度裕度

在图 5-29 中，从相频特性曲线可见，当 $f = f_\pi$ 时，$\varphi_T(f_\pi) = -180°$，此时所对应的幅频特性曲线 $20\lg|\varphi_T(jf_\pi)| < 0$dB，因此负反馈放大电路处于稳定的状态。通常，将 $\varphi_T(f_\pi) = -180°$ 时所对应的幅频值 $20\lg|\varphi_T(jf_\pi)|$ 定义为幅度裕度，用 G_m 表示，有

$$G_m = 20\lg|\varphi_T(jf_\pi)| \text{ (dB)} \tag{5-53}$$

显然，一个稳定的负反馈放大电路，$|G_m|$ 值越大，表示负反馈放大电路越稳定。工程中，

模拟电子电路原理与设计研究

为了使负反馈放大电路稳定工作，G_m 应为负值，一般要求 G_m 的值取一$(10\sim20)$dB。

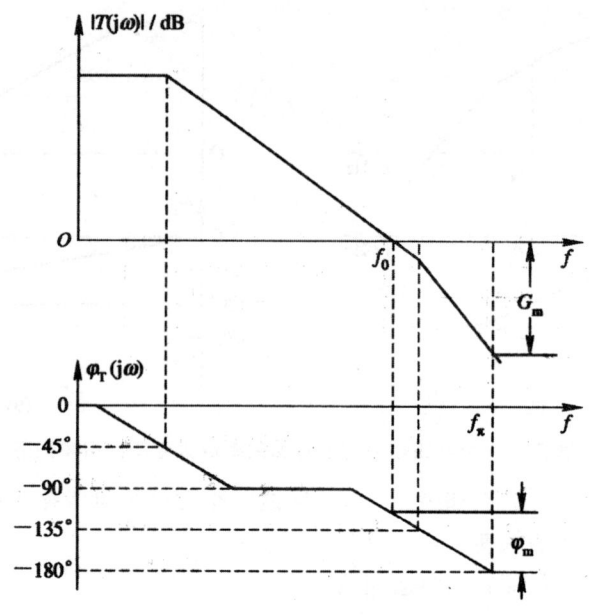

图 5-29　负反馈放大电路的稳定裕度

（2）相位裕度

相位裕度从另一个角度描述了负反馈放大电路的稳定裕度。由图 5-29 可见，令幅频特性曲线的幅值 $20\lg|\varphi_T(jf)|=0$dB 对应的频率为 $f=f_0$，f_0 为增益交叉频率，该频率 f_0 所对应的相频特性曲线的相位 $\varphi_T(jf_0)<180°$，此时的负反馈放大电路也处于稳定状态。

因此，把 $20\lg|\varphi_T(jf_0)|=0$dB 点对应的相频值 $\varphi_T(jf_0)$ 与$-180°$的差值定义为相位裕度，用 φ_m 表示，即

$$\varphi_m=\varphi_T(jf_0)-(-180°)=180°-|\varphi_T(jf_0)| \tag{5-54}$$

对于一个稳定的负反馈放大电路，通常 $|\varphi_T(jf_0)|<180°$，因此 φ_m 为正值。可见，φ_m 越大，表示负反馈放大电路越稳定。显然，当 $\varphi_m\leqslant0°$ 即 $|\varphi_T(jf_0)|>180°$ 时，负反馈放大电路必定产生自激。为了使负反馈放大电路稳定工作，工程上要求 φ_m 的值应当大于等于 $45°$，即 $|\varphi_T(jf_0)|\leqslant135°$。

5.5.3　相位补偿原理与技术

由于三级或三级以上的负反馈放大电路容易产生自激振荡，因此为了保证电路稳定工作，避免产生自激振荡，在实际应用中常常需要采取适当的措施来破坏自激的幅度条件和相位条件。

我们知道，对负反馈放大电路，负反馈深度和电路的稳定性之间存在一种矛盾的关系：负反馈程度越深，越容易产生自激振荡。而为了使放大电路工作稳定而减小其反馈系数 B 或反馈深度 $1+A(s)B(s)$ 的值，这会对电路其它性能的改善不利。因此，为了保证电路既有一定的反馈深度又能稳定工作，在实际应用中常采用相位补偿的方法，即在放大电路或反馈网络中接入由 C 或 RC 元件组成的校正网络，使电路的频率特性发生变化，以破坏自激振荡条件。下

— 140 —

面论述几种典型的补偿方法。

1. 电容校正(或称主极点校正)

电容校正措施是一种比较简单的消除自激振荡的方法,它通过在负反馈放大电路时间常数最大的回路中并接一个补偿电容 C_φ 实现(如图 5-30)。电容校正方法实质上是将放大电路的主极点频率降低,从而破坏自激振荡的条件,所以也称为主极点校正。

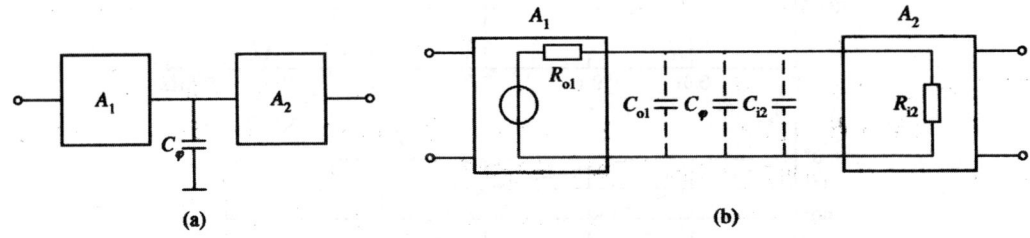

图 5-30　电容校正电路及其等效电路

图 5-30(b)为电容校正电路的等效电路,接入的补偿电容 C_φ 相当于并联在两级放大电路之间,R_{o1} 和 C_{o1} 为 C_φ 前级的输出等效电阻和电容,R_{i2}、C_{i2} 为 C_φ 后级的输入等效电阻和电容,在中、低频时,由于容抗较大,补偿电容 C_φ 基本不起作用;而在高频时,C_φ 的容抗减小,使前一级的放大倍数降低,从而破坏自激振荡的振幅条件,使电路稳定工作。

下面利用波特图来说明负反馈放大电路中电容校正网络的消振作用。设某三级放大电路的电压放大倍数为

$$A(j\omega) = A_1(j\omega)A_2(j\omega)A_3(j\omega) = \frac{10000}{\left(1+j\dfrac{f}{f_1}\right)\left(1+j\dfrac{f}{f_2}\right)\left(1+j\dfrac{f}{f_3}\right)}$$

$$= \frac{10000}{\left(1+j\dfrac{f}{1}\right)\left(1+j\dfrac{f}{10}\right)\left(1+j\dfrac{f}{100}\right)} \tag{5-55}$$

式中,频率 f 的单位为 kHz。若反馈系数 $B=1/10$,其开环增益的波特图如图 5-31 中的实线所示。

由图 5-31 可见,频率特性中含有三个极点:$f_1=1\text{kHz}$,$f_2=10\text{kHz}$,$f_3=100\text{kHz}$。其中频率最低的极点 f_1 通常称为主极点。另外,在波特图中,$20\lg|T(j\omega)|=0\text{dB}$ 的 b 点所对应的增益交叉频率 f_0 的相位 $\varphi_T(jf_0)=-225°$,故相位裕度 $\varphi_m=180°-|\varphi_T(jf_0)|=-45°$,因此,如果不加任何校正措施,原来的负反馈放大电路将产生自激振荡。

为了消除自激振荡,可在极点频率最低(时间常数最大)的一级接入校正电容,如图 6.37 (a)所示。如果闭环后稳定工作,要求相位裕度 $\varphi_m \geqslant 45°$,即要求 $20\lg|T(j\omega)|=0\text{dB}$ 点对应的交叉频率下降。即 $\varphi_T(jf_0)$ 移到 $\varphi_T(f_0')=-135°$ 处,相应的幅频特性的第二个转折频率点移到 b' 点,过 b' 作一条以 $-20\text{dB}/$十倍频程为斜率的直线与开环增益幅频特性曲线的交点为 a' 点,即可作为校正后的第一转折频率点,如图 5-31(b)中的点划线所示。

电容补偿后,放大电路的开环增益函数只需把式(5-55)中的 f_1 用 f_1' 代替即可,即变为

$$A(j\omega) = \frac{10000}{\left(1+j\dfrac{f}{f_1'}\right)\left(1+j\dfrac{f}{f_2}\right)\left(1+j\dfrac{f}{f_3}\right)}$$

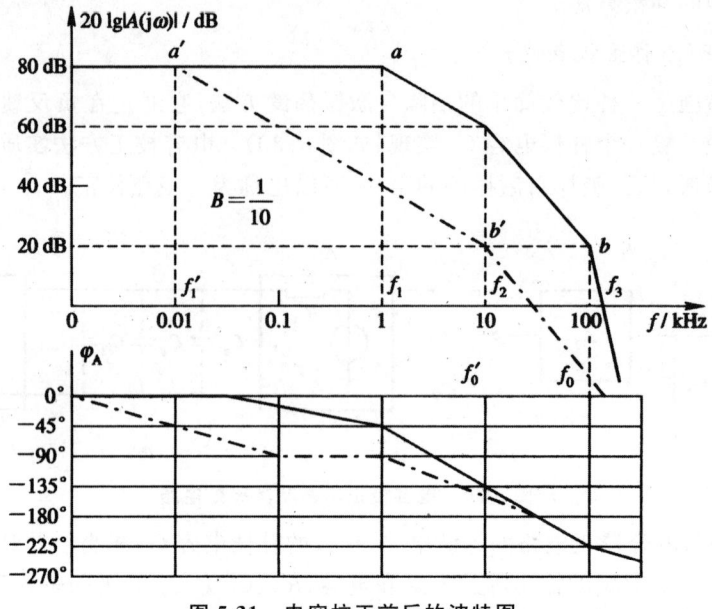

图 5-31 电容校正前后的波特图

其中，$f'_1 = \dfrac{1}{2\pi(R_{o1}//R_{i2})(C_\varphi + C_{o1} + C_{i2})}$。

工程上一般可根据补偿后的主极点频率 f'_1 来估算所需的补偿电容值 C_φ，即

$$C_\varphi = \frac{1}{2\pi f'_1 (R_{o1}//R_{i2})}$$

采用电容校正的方法比较简单，但主要缺点是放大电路的通频带将严重变窄，是以牺牲带宽来换取放大电路的稳定性。

2. RC 滞后补偿（零—极点对消）

除了电容校正以外，还可以利用电阻、电容元件串联组成的 RC 校正网络来消除自激振荡，如图 5-32 所示。采用 RC 滞后补偿的具体方法是在开环增益 $A(j\omega)$ 表达式的分子中引入一个零点，该零点与其分母中的一个极点相抵消，从而使补偿后频带损失小，因此，RC 滞后补偿又称为零—极点对消补偿。

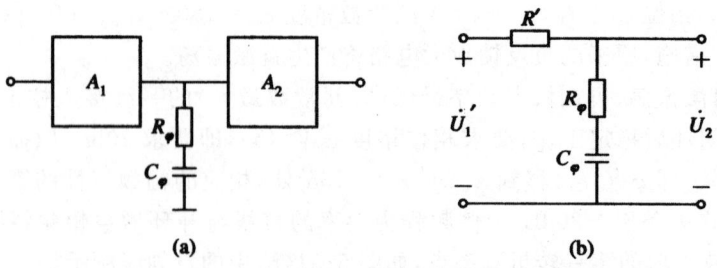

图 5-32 RC 滞后补偿电路及其简化的等效电路

由于纯电容校正将使放大电路的高频特性比原来大大降低，使通频带变窄，因此常常用 RC 校正网络代替电容校正网络，将通频带变窄的程度降低。这是因为在高频段，电容的容抗

将减小,而电容与一个电阻串联后构成 RC 网络并联在放大电路中,对高频电压放大倍数的影响相对小一些,因此,如果采用 RC 校正网络,在消除自激振荡的同时,高频响应的损失不如用电容校正时严重。

下面根据图 5-32 所示来说明补偿的原理。在简化的等效电路图 5-32(b)中,R' 代表前级电路的输出等效电阻 R_{o1} 与后级输入等效电阻 R_{i2} 的并联值(即 $R'=R_{o1} /\!/ R_{i2}$),如果选择补偿电容 C_φ 的容值远大于前级输出等效电容 C_{o1} 与后级输入等效电容 C_{i2} 的值,则接入 RC 补偿电路后,图 5-32(b)所示的 RC 网络的传输函数为

$$A_{RC}(j\omega)=\frac{U_2(j\omega)}{U_1'(j\omega)}\approx\frac{R_\varphi+\dfrac{1}{j\omega C_\varphi}}{R'+R_\varphi+\dfrac{1}{j\omega C_\varphi}}=\frac{1+j\omega C_\varphi R_\varphi}{1+j(R'+R_\varphi)\omega C_\varphi}$$

令

$$f_1'=\frac{1}{2\pi(R'+R_\varphi)C_\varphi},\quad f_2'=\frac{1}{2\pi R_\varphi C_\varphi}$$

可将上式写为

$$A_{RC}(jf)=\frac{1+j\dfrac{f}{f_2'}}{1+j\dfrac{f}{f_1'}}$$

如果设未经补偿的放大电路开环增益表示为

$$A(jf)=\frac{A_{um}}{\left(1+j\dfrac{f}{f_1}\right)\left(1+j\dfrac{f}{f_2}\right)\left(1+j\dfrac{f}{f_3}\right)}$$

可见,由于加入补偿电路,使主极点相应于 f_1 改为 f_1',并引入对应频率为 f_2' 的零点,则开环增益变为

$$A'(jf)=\frac{A_{um}\left(1+j\dfrac{f}{f_2'}\right)}{\left(1+j\dfrac{f}{f_1'}\right)\left(1+j\dfrac{f}{f_2}\right)\left(1+j\dfrac{f}{f_3}\right)} \tag{5-56}$$

只要合适地选择 R_φ 和 C_φ 的值,使 $f_2'=f_2$,就可以将式(5-56)中含有 f_2 的因式消去,那么第三擎:专折频率 f_3 相应变成第二转折频率 f_2。由于第二转折频率 f_2 所对应的环路相移 $\varphi_T(jf_3)\leqslant-135°$,所以补偿后,电路具有一定的相位裕度。 $\varphi_m=180°-\varphi_T(jf_3)\geqslant45°$,电路稳定。

在上例中,未进行 RC 补偿前,若频率 f 的单位为 kHz,三级放大电路的开环增益仍为

$$A(j\omega)=\frac{10000}{\left(1+j\dfrac{f}{1}\right)\left(1+j\dfrac{f}{10}\right)\left(1+j\dfrac{f}{100}\right)}$$

加入 RC 补偿电路后,若将原来的主极点 f_1 变为 $f_1'=0.1\text{kHz}$,其波特图如图 5-33 所示(实线为校正前、点划线为校正后),与图 5-31 比较,显然频带损失小。

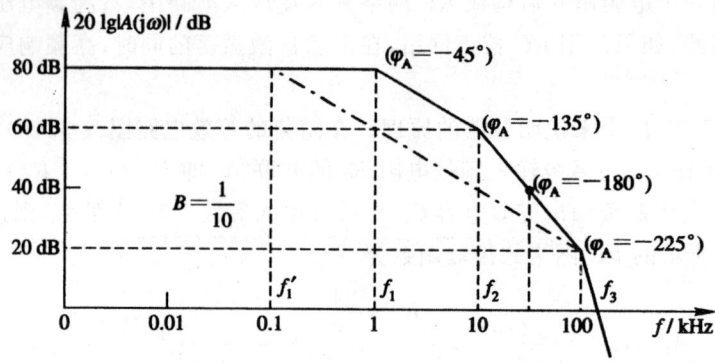

图 5-33   RC 滞后补偿前后的波特图

第6章 运算电路和有源滤波电路

6.1 集成运算放大电路的应用基础

6.1.1 理想集成运放的主要性能参数

为了分析简便,实际中通常将集成运放视为理想集成运放,这样尽管会带来一些误差,但误差在工程允许的范围内。在下面的分析中,除特别指出外,集成运放均视为理想集成运放。

理想集成运放主要性能参数如下:

①开环差模电压放大倍数 $A_{od} = \infty$。

②差模输入电阻 $R_{id} = \infty$。

③输入偏置电流 $I_{B1} = I_{B2} = 0$。

④输入失调电压 U_{IO}、输入失调电流 I_{IO} 以及温漂 $\dfrac{dU_{IO}}{dT}$、$\dfrac{dI_{IO}}{dT}$ 均为零。

⑤共模抑制比 $K_{CMR} = \infty$。

⑥输出电阻 $R_{od} = 0$。

⑦$-3dB$ 上限截止 $f_H = \infty$。

⑧无内部噪声。

6.1.2 理想集成运放工作在线性区的条件及其特点

1. 理想集成运放工作在线性区的条件

理想集成运放(以下简称理想运放)的线性工作区是指输出电压 u_O 与输入电压 u_I 成线性关系时输入电压 u_I 的取值范围所对应的工作区。由于理想运放开环差模电压放大倍数 $A_{od} = \infty$,当其工作在开环状态时,即使两输入端加无穷小的输入电压,也足以使运放输出级互补对称电路两只晶体管一只截止、另一只饱和,电路工作在非线性状态,输出电压只有 $\pm U_{om}$ 两种取值。因此,要使集成运放工作在线性区,其条件是必须引入深度负反馈,如图 6-1 所示(图中输入电路未画出)。

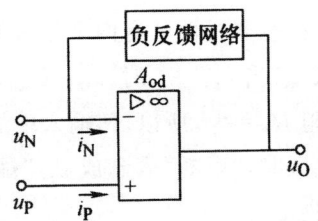

图 6-1 运放电路引入深度负反馈

2. 理想运放工作在线性区的特点

当运放处在线性工作区时,输出电压与输入差模电压成线性关系,即满足

$$u_O = A_{od}(u_p - u_N) \tag{6-1}$$

由于 u_O 为有限值,理想运放的 $A_{od} = \infty$,所以,其差模输入电压 $u_p - u_N = 0$,即

$$u_p = u_N \tag{6-2}$$

可见,运放的两个输入端好似"短路"了一样,实际上又没有短路,由于 $A_{od} = \infty$ 导致 $u_p = u_N$ 的这一现象,称之为两输入端"虚短路",简称"虚短"。

另一方面,理想运放差模输入电阻 $R_{id} = \infty$,净输入电压 $u_p - u_N = 0$,所以,两输入端的输入电流均为零,即

$$i_p = i_N = 0 \tag{6-3}$$

运放两输入端之间好似"断路"了一样,实际上又没有断路,$i_p = i_N = 0$ 的这一现象,称之为两输入端间"虚断路",简称"虚断"。

"虚短"和"虚断"是分析线性运放电路两个十分重要的概念。下面将讨论的运算电路和有源滤波电路就是从"虚短"和"虚断"概念出发,求得输出电压与输入电压间的函数关系。

6.1.3 理想运放工作在非线性区的条件及其特点

1. 理想运放工作在非线性区的条件

理想运放的非线性工作区是指输出电压 u_O 与输入电压 u_I 不成线性关系时输入电压 M 的取值范围所对应的工作区。由于理想运放开环差模电压放大倍数 $A_{od} = \infty$,当其工作在如图 6-2 所示的开环和正反馈状态时,即使两输入端加无穷小的输入电压,就足以使运放输出级互补对称电路工作在截止、饱和的非线性工作区;此时,输出电压与输入电压大小无关,输出电压只有 $\pm U_{om}$ 两种取值。理想运放工作在非线性区条件是:电路处在开环和正反馈状态。

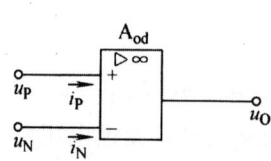
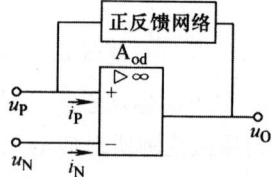

(a)工作在开环状态下的集成运放   (b)工作在正反馈状态下的集成运放

图 6-2　工作在开环和正反馈状态下的集成运放

2. 理想运放工作在非线性区的特点

由以上分析可知,理想运放工作在非线性区有两个显著的特点。

①输出电压只有 $\pm U_{om}$ 两种取值;当 $u_p > u_N$ 时,$u_O = U_{om}$;当 $u_p < u_N$ 时,$u_O = -U_{om}$。

②由于理想运放差模输入电阻 $R_{id} = \infty$,所以,两输入端的输入电流均为零,即 $i_p = i_N = 0$。

可见,理想运放工作在非线性区时,"虚断"概念成立,"虚短"概念不成立。即净输入电压 $u_p - u_N \neq 0$,而由外部输入信号所决定。

上述两个特点是分析工作在非线性区运放电路的出发点。

理想运放工作在非线性区时,其电压传输特性如图 6-3 所示。

理想运放工作在线性区或非线性区时,各有不同的特点,实际分析各种集成运放应用电路工作原理时,首先必须判断其中的集成运放究竟工作在哪个区域。

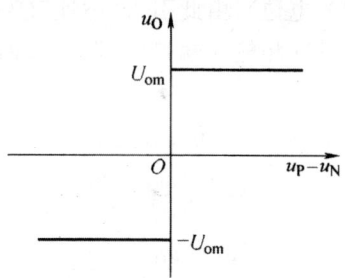

图 6-3　理想运放工作在非线区时电压传输特性

理想运放的上述特点,是简化分析和计算运放电路的基本依据。虽然理想运放与实际运放之间存在一定差别,但误差很小,这种误差在工程上是允许的。因此,本书后面分析集成运放电路时,若无特别说明,均认为集成运放是理想运放的情形。

6.2　基本运算电路

工程实际中,有时需要对信号进行某些数学运算处理,能够实现数学运算处理的电路称为运算电路。早期集成运放首先应用在对信号进行数学运算处理方面,故此而得名。本节讨论由集成运放组成的各种基本运算电路。

运算电路中的集成运放一定要工作在线性区。因此,运算电路中必须引入深度负反馈,这是组成各种基本运算电路的必要条件。从电路结构看,运算电路实际上是一个高开环放大倍数、深度负反馈的直接耦合放大电路。

运算电路的分析方法:利用"虚短"和"虚断"的概念,列出集成运放同相(或反相)输入端节点电流方程,由此,可以求得输出电压 u_O 与输入电压 u_I 之间的数学运算关系。

在下面的运算电路分析中,若无特别说明,输入电压、输出电压都是对"地"端而言。

需要指出,任何一个运算电路,在 $u_I = 0$ 的静态时,都应满足 $u_O = 0$,即满足"零输入时零输出"。否则,电路将会存在运算误差。

6.2.1　比例运算电路

比例运算电路分同相输入和反相输入两种,就其反馈类型而言,同相输入属电压串联负反馈,具有很高的输入电阻;反相输入属电压并联负反馈,具有较低的输入电阻。同相输入要求集成运放的共模抑制比 K_{CMR} 很高,反相输入对集成运放的共模抑制比 K_{CMR} 要求相对要低些。实际中,根据需要选择其中一种。

1. 反相比例运算电路

反相比例运算电路如图 6-4 所示。输入信号 u_I 经过电阻 R_1 加在反相输入端。同相输入端经电阻 R_2 接地,R_2 为输入端平衡电阻,应使 $R_2 = R_1 /\!/ R_f$,以满足静态($u_I = 0$,$u_O = 0$)

时,运放两输入端对地的电阻相等。电阻 R_1、R_f 组成反馈网络。显然,电路属于电压并联负反馈。

根据"虚断"概念,有 $i_p = i_N = 0$,根据"虚短"概念,有 $u_p = u_N = i_p R_2 = 0$,即反相输入时,集成运放反相输入端为"地"电位("0"电位),由此引入"虚地"(为地电位但又没有接地)概念。因此,在后面分析信号由反相输入,且同相输入端接"地"的各种运算电路时,均可将集成运放反相输入端视为"虚地"($u_N = 0$)。

对图 6-4 所示电路,利用"虚地"$u_N = 0$,可得出电路的电流方程

$$i_1 = \frac{u_1 - u_N}{R_1} = \frac{u_1}{R_1} \tag{6-4}$$

$$i_F = \frac{u_N - u_O}{R_f} = \frac{-u_O}{R_f} \tag{6-5}$$

利用"虚断"$i_N = 0$,图 6-4 中反相输入端 N 节点的电流方程为:$i_1 = i_F$。即令式(6-4)、式(6-5)两式相等,可得

$$i_1 = \frac{u_1}{R_1} = i_F = \frac{-u_O}{R_f} \tag{6-6}$$

所以有

$$u_O = -\frac{R_f}{R_1} u_1 \tag{6-7}$$

式(6-7)表明,图 6-4 所示电路输出电压与输入电压成比例关系,调整 R_f、R_1 可改变其比例系数(为电压放大倍数),负号表示输出电压与输入电压相位相反(或变化方向相反),故称之为反相比例运算电路。

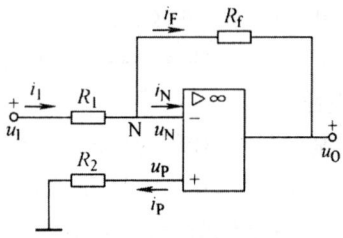

图 6-4 反相比例运算电路

由负反馈理论可知,电压负反馈越深,输出电阻越小,图 6-4 所示电路引入了深度电压负反馈,$1 + AF \to \infty$,所以其输出电阻 $R_o \approx 0$。电路输出电压 u_O 可视为一个受输入电压配。控制的恒压源。

由于图 6-4 所示电路 N 点"虚地"电位 $u_N = 0$,所以,其输入电阻为

$$R_i = R_1 \tag{6-8}$$

可见,该电路的输入电阻并不高。如果希望比例运算电路有较高的输入电阻,可采用同相输入。

2. 同相比例运算电路

同相比例运算电路如图 6-5 所示。输入信号 u_1 经过电阻 R_2 加在运放同相输入端,R_2 为输入端平衡电阻,以保证集成运放输入级差分电路两管基极电路对称性,应使 $R_2 = R_1 /\!/ R_f$,以

满足静态（$u_1=0$、$u_0=0$）时，运放两输入端对地的电阻相等。电阻 R_1、R_f 组成反馈网络。所以，电路是电压串联负反馈电路。

根据"虚短"和"虚断"的概念，$u_N=u_I=u_P$，$i_p=i_N=0$，图 6-5 中集成运放反相输入端 N 节点的电流方程为

$$i_1=\frac{u_N-0}{R_1}=\frac{u_1}{R_1}=i_f=\frac{u_O-u_N}{R_f}=\frac{u_O-u_1}{R_f} \tag{6-9}$$

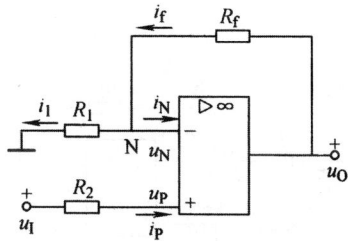

图 6-5　同相比例运算电路

由式（6-9）可得

$$u_O=\left(1+\frac{R_1}{R_f}\right)u_I=\left(1+\frac{R_f}{R_1}\right)u_P \tag{6-10}$$

式（6-10）表明，图 6-5 所示电路输出电压与输入电压成比例关系，调整 R_1、R_f 可改变其比例系数（为电压放大倍数），u_O 为正表示输出电压与输入电压相位相同（或变化方向相同），故称之为同相比例运算电路。

由于同相比例运算电路是电压串联负反馈电路，故可认为输入电阻为无穷大（实际中可达 $10^9\,\Omega$），输出电阻为零。

需要指出，同相比例运算电路由于 $u_P=u_N\neq0$，且 $u_P=u_N$ 的数值较大，因此，电路有较大的共模输入电压，在要求比较高的场合，为了减小运算误差，应选共模抑制比高的集成运放。

3．电压跟随器

由式（6-10）可知，当 $R_1\rightarrow\infty$（R_1 断开）时，有

$$u_O=u_I \tag{6-11}$$

其电路如图 6-6（a）所示。由于"虚断"、$i_P=i_N=0$，电阻 R_2、R_f 上均无电压，故 R_2、R_f 也可省去，则图 6-6（a）所示电路变为图 6-6（b）那样。由于图 6-6 所示电路将输出电压 u_O 的全部反作用到运放反相输入端，这是同相输入最深的一种负反馈，比例系数（电压放大倍数）为 1。

由于图 6-6 所示电路中，$u_O=u_I$，即输出电压跟随输入电压一起变化，故称其为电压跟随器。

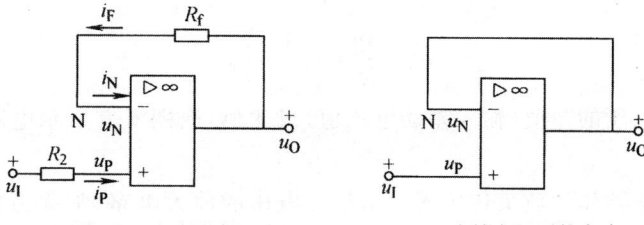

(a)由同相比例电路演变电路　　　　　(b)去掉电阻后的电路

图 6-6　电压跟随器

4. 差分比例运算电路

在工业自动化控制仪器设备中,由传感器取出的微弱信号电压(零点几至几毫伏)一般都不接地,对这种微弱信号电压的放大就不能用上面讨论的比例器。此时传感器为平衡(对称)输出信号,对平衡(对称)信号的放大需要用到差分比例运算电路。图 6-7 是一种常用的放大传感器输出微弱信号电压的差分比例运算电路。为了保证输入端电路的对称,应满足 $R_1 /\!/ R_f = R_2 /\!/ R_P$(下同,对此,后面分析各运算电路时不再说明)。根据叠加原理可求出 u_O 与 u_{I1}、u_{I2} 间的关系。

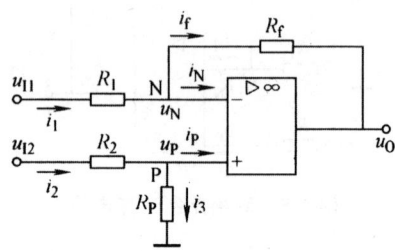

图 6-7　差分比例运算电路

当 u_{I1} 单独作用时(令 $u_{I2}=0$),此时,电路为反相比例器,则输出电压为

$$u_{O1} = -\frac{R_f}{R_1} u_{I1} \tag{6-12}$$

当 u_{I2} 单独作用时(令 $u_{I1}=0$),电路为同相比例器(注意,此时,$u_P = \dfrac{R_P u_{I2}}{(R_2 + R_P)}$),则输出电压为

$$u_{O2} = \frac{(R_f + R_1)}{R_1} u_P = \frac{(R_f + R_1)}{R_1} \frac{R_P}{(R_2 + R_P)} u_{I2} \tag{6-13}$$

当 u_{I1}、u_{I2} 同时作用时,根据叠加原理求出 $u_O = u_{O1} + u_{O2}$ 为

$$u_O = u_{O1} + u_{O2} = \frac{(R_f + R_1)}{R_1} \frac{R_P}{(R_2 + R_P)} u_{I2} - \frac{R_f}{R_1} u_{I1} \tag{6-14}$$

因为满足平衡条件 $R_1 /\!/ R_f = R_2 /\!/ R_P$,则式(6-14)变为

$$u_O = \frac{R_f}{R_2} u_{I2} - \frac{R_f}{R_1} u_{I1} \tag{6-15}$$

若满足对称条件 $R_1 = R_2$、$R_f = R_P$,则式(6-15)变为

$$u_O = \frac{R_f}{R_1} (u_{I2} - u_{I1}) \tag{6-16}$$

或者表示为

$$u_O = \frac{R_f}{R_1} (u_{I1} - u_{I2}) \tag{6-17}$$

即输出电压与输入电压的差值(输入差动电压值)成比例,故图 6-8 所示电路称为差动比例运算电路。

若图 6-8 所示电路作为放大传感器输出信号电压的放大电路(常称为传感器调理电路),则 $u_{I1} - u_{I2} = u_I$ 就是传感器输出的非接"地"的微弱信号电压(对称输出电压)。此时,将传感器输出信号电压的两个端子直接连到图 6-8 所示电路两个输入端(对称输入)即可,图 6-8 所示电路还具有将非接"地"的对称信号电压 u_1 转换为非对称的信号电压(有一端接"地") u_O 输出的功能。

若图 6-8 所示电路放大的是两个独立的非对称输入信号 u_{I1}、u_{I2} 则由式(6-16)、式(6-17)可知,图 6-8 所示电路为减法运算电路;当 $R_f = R_1$ 时,则有

$$u_O = u_{I2} - u_{I1} \tag{6-18}$$

6.2.2 加、减法运算电路

实现多个信号按一定比例求和或求差的电路称之为加、减法运算电路。若多个信号经过电阻全部作用于集成运放电路的同一输入端,则组成加法运算电路;若多个信号经过电阻分别作用于集成运放电路的两个输入端,则组成减法运算电路。

1. 加法运算电路

加法运算电路能够实现多个模拟信号的求和运算。

(1)反相加法运算电路

反相加法运算电路是指多个输入信号均作用于集成运放反相输入端,其输出电压与多个输入电压之和成正比,且输出电压与输入电压反相的电路。图 6-8 所示为三个输入信号的反相加法运算电路。

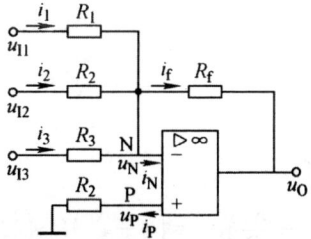

图 6-8 反相加法运算电路

利用"虚地"概念,可知 $u_N = 0$,利用"虚断"概念,可知 $i_N = 0$,则图 6-8 所示电路反相输入端 N 节点的电流方程为

$$i_1 + i_2 + i_3 = i_f$$

即

$$\frac{u_{I1}}{R_1} + \frac{u_{I2}}{R_2} + \frac{u_{I3}}{R_3} = -\frac{u_O}{R_f}$$

由上式可得 u_O 的表达式为

$$u_O = -R_f \left(\frac{u_{I1}}{R_1} + \frac{u_{I2}}{R_2} + \frac{u_{I3}}{R_3} \right) \tag{6-19}$$

根据需要,选择不同的电阻,可实现各输入信号的反相比例加法运算。

若满足 $R_1 + R_2 + R_3 = R_f$,则式(6-19)表示为

$$u_O = -(u_{I1} + u_{I2} + u_{I3}) \tag{6-20}$$

可实现各输入信号的反相直接相加运算。

(2)同相加法运算电路

同相加法运算电路是指多个输入信号通过一定的电阻均作用于集成运放同相输入端,其

输出电压与多个输入电压之和成正比,且输出电压与输入电压同相的电路。图 6-9 所示为两个输入信号(根据需要也可扩展增加输入端)的同相加法运算电路。

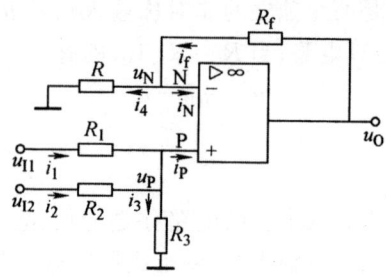

图 6-9 同相加法运算电路

利用"虚短"概念,可知 $u_N = u_P$,利用"虚断"概念,可知 $i_P = i_N = 0$,图 6-9 所示电路同相输入端 P 节点的电流方程为

$$i_1 + i_2 = i_3$$

$$\frac{u_{I1} - u_P}{R_1} + \frac{u_{I2} - u_P}{R_2} = \frac{u_P}{R_3}$$

$$\left(\frac{1}{R_1} + \frac{1}{R_2} + \frac{1}{R_3}\right) u_P = \frac{u_{I1}}{R_1} + \frac{u_{I2}}{R_2}$$

由上式可得同相端电位为

$$u_P = R_P \left(\frac{u_{I1}}{R_1} + \frac{u_{I2}}{R_2}\right) \tag{6-21}$$

式中,$R_P = R_1 /\!/ R_2 /\!/ R_3$。

将式(6-21)代入式(6-10),可得

$$u_O = \left(1 + \frac{R_f}{R}\right) u_P = \left(1 + \frac{R_f}{R}\right) R_P \left(\frac{u_{I1}}{R_1} + \frac{u_{I2}}{R_2}\right)$$

$$= R_f \frac{R_P}{R_N} \left(\frac{u_{I1}}{R_1} + \frac{u_{I2}}{R_2}\right) \tag{6-22}$$

式中,$R_N = R_1 /\!/ R_f$。若满足 $R_N = R_P$,则式(6-22)变为

$$u_O = R_f \left(\frac{u_{I1}}{R_1} + \frac{u_{I2}}{R_2}\right) \tag{6-23}$$

在图 6-9 中,若选择 $R /\!/ R_f = R_1 /\!/ R_2$,则可省去 R_3。

需要指出,同相加法运算电路电阻阻值的调整和平衡电阻的选取比较复杂,不如反相输入加法运算电路方便;并且同相输入时,集成运放的两个输入端承受较大的共模输入电压,使用时,不允许集成运放两输入端的共模输入电压超过集成运放允许的最大共模输入电压。

2. 加减法运算电路

由上面分析的反相加法运算电路和同相加法运算电路原理可知,若将多个信号作用于集成运放同相输入端和反相输入端时,电路就可以实现加减法运算。

图 6-10 所示电路为四输入信号的加减法运算电路,是反相加法电路和同相加法电路的组合。

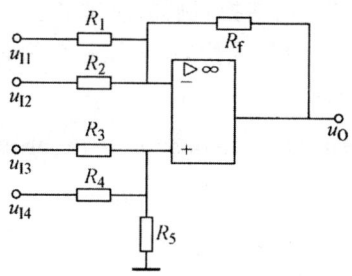

图 6-10 加减法运算电路

对图 6-10 所示电路进行分析,可先分别求图 6-11(a)中的反相加法电路的输出电压 u_{O1} 和图 6-11(b)中的同相加法电路的输出电压 u_{O2},根据叠加原理可求出图 6-10 所示电路的输出电压 $u_{O} = u_{O1} + u_{O2}$。

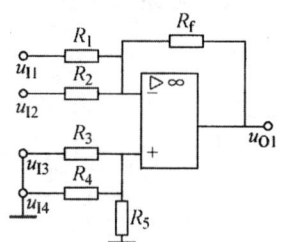
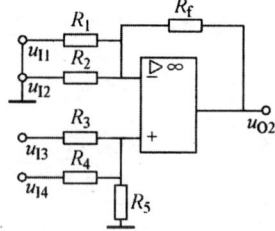

(a)反相输入信号作用的等效电路　　　　(b)同相输入信号作用的等效电路

图 6-11 利用叠加原理求解加减电路运算关系分解图

图 6-11(a)所示反相加法电路的输出电压 u_{O1} 为

$$u_{O1} = -R_f \left(\frac{u_{I1}}{R_1} + \frac{u_{I2}}{R_2} \right) \tag{6-24}$$

图 6-11(b)所示的同相加法电路若满足:$R_1 /\!/ R_2 /\!/ R_f = R_3 /\!/ R_4 /\!/ R_5$,则输出电压 u_{O2} 为

$$u_{O2} = R_f \left(\frac{u_{I3}}{R_3} + \frac{u_{I4}}{R_4} \right) \tag{6-25}$$

四个输入信号同时作用时,图 6-11 所示电路的输出电压 u_{O} 为

$$u_{O} = u_{O1} + u_{O2} = R_f \left(\frac{u_{I3}}{R_3} + \frac{u_{I4}}{R_4} - \frac{u_{I1}}{R_1} - \frac{u_{I2}}{R_2} \right) \tag{6-26}$$

加减法运算可视为正、负数的求和运算,故有的文献称加减运算电路为代数求和电路。

若同相输入端和反相输入端分别只有一个输入信号,则图 6-12 所示电路变为图 6-7 所示差分比例运算电路,可实现两输入量的减法运算。

用图 6-7 所示差分比例运算电路实现两输入量的减法运算存在两个缺点:其一,要使集成运放两输入端电阻的平衡对称,电阻的选择和调整比较麻烦;其二,对每个信号源而言,输入电阻不大。实际中,若需要具有很高输入电阻的减法运算电路,则可选用两级比例运算电路组成的减法运算电路。

6.2.3 积分运算电路和微分运算电路

积分和微分运算电路在自动控制系统中,常被用来对控制信号进行积分和微分调节。此外,它广泛用于各种非正弦波的产生与变换:例如,在非正弦波产生电路中,用做时延电路;在波形变换中,将方波变为三角波;A/D 转换中,将电压量变为时间量等。

1. 积分运算电路

将反相比例运算电路的反馈电阻 R_f 用电容 C 替代,就构成了反相积分运算电路。电路如图 6-12 所示。由"虚地"和"虚断"概念,即 $u_N = u_P = 0$,$i_P = i_N = 0$ 可知,流过电容 C 中的电流等于流过电阻 R_1 中的电流

$$i_C = i_1 = \frac{u_1}{R_1}$$

输出电压为

$$u_O = -u_C = -\frac{1}{C}\int i_C \, dt = -\frac{1}{R_1 C}\int u_1 dt \tag{6-27}$$

式(6-27)表明,输出电压与输入电压的积分成正比,负号表示电路实现反相功能,故称为反相积分运算电路,式中的 $R_1 C$ 为积分时间常数。

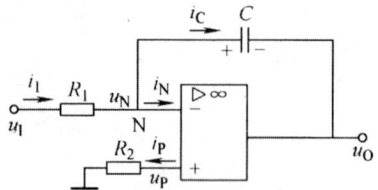

图 6-12 反相积分运算电路

需要指出,要满足积分运算关系,要求积分时间常数 $R_1 C$ 大于输入信号周期 T。

若求解 $t_1 \sim t_2$ 时间间隔内的 u_O 值时

$$u_O = \frac{1}{R_1 C}\int_{t_1}^{t_2} u_1 dt + u_O(t_1) \tag{6-28}$$

式中,$u_O(t_1)$ 为 t_1 初始时刻 u_O 的初始值,输出电压 u_O 的终值是 t_2 时刻的输出电压 $u_O(t_2)$。

当输入电压 u_1 为常量时,则

$$u_O = -\frac{1}{R_1 C}u_1(t_2 - t_1) + u_O(t_1) \tag{6-29}$$

需要着重指出:式(6-27)~式(6-29)表示的积分运算关系是在集成运放工作在线性区才成立。

当输入电压 u_1 是幅值为 U_1 的正阶跃信号时,且 $t=0$ 时刻,电容 C 上的电压 $u_C(0)=0$,则输出电压 u_O 的波形如图 6-13 所示。

在 $t=0$ 到 $t=t_1$,时间段内,集成运放工作在线性区,输出电压 u_O 与时间方具有线性关系,输出电压 u_O 随时间线性下降;当积分时间足够长时,集成运放输出级达到负饱和值($-U_{om}$),输出电压 u_O 被"钳位"$-U_{om}$ 恒定不变,对应图中 $t>t_1$,的时间段,此时电容 C 不会再充电,相当于断开,运算放大器负反馈不复存在,运放工作在非线性区,积分运算关系不再成立,输出电压 u_O 维持在 $-U_{om}$ 恒定不变。

当输入电压 u_1 是幅值为 U_1 的负阶跃信号时,且 $t=0$ 时刻,电容 C 上电压 $u_C(0)=0$。

在图 6-12 所示电路中,积分时间常数 $R_1 C$ 大于输入信号周期 T,若输入信号 u_1 是幅值为

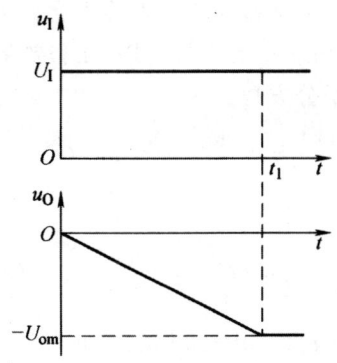

图 6-13 积分运算电路的阶跃响应

U_1 的方波,在输入信号 u_1 的作用下,集成运放工作在线性区,输出电压 u_O 的波形如图 6-14 所示。

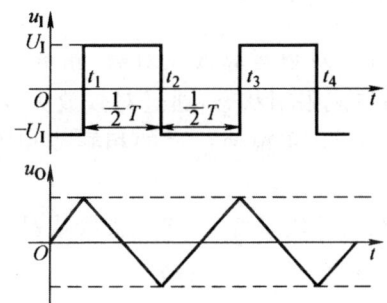

图 6-14 积分电路输入为方波时的输出波形

2. 微分运算电路

将反相比例运算电路中输入端的电阻换成电容,就构成了如图 6-15 所示微分运算电路。根据"虚地"概念可知 $u_N=0$,$u_C=u_1$;根据"虚断"概念可知 $i_R=i_C$,可以列出表达式

$$i_R=i_C=C\frac{\mathrm{d}u_C}{\mathrm{d}t}=C\frac{\mathrm{d}u_1}{\mathrm{d}t}$$

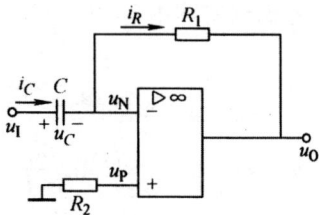

图 6-15 微分运算电路

所以输出电压为

$$u_O=-i_R R_1=-R_1 C\frac{\mathrm{d}u_1}{\mathrm{d}t} \qquad (6\text{-}30)$$

由式(6-30)可知,微分运算电路的输出电压与输入电压对时间的微分成正比,负号表示电路实现反相功能,故称为反相微分运算电路。

需要指出,微分运算电路的高频增益大。如果输入含有高频噪声的话,则输出噪声也大,所以微分运算电路在模拟电路系统很少有直接应用,在需要微分运算应用时,也尽量设法用积分运算电路代替。例如,解如下微分方程:

$$\frac{d^2 u_O(t)}{dt^2}+10\frac{du_O(t)}{dt}+2u_O(t)=u_I(t)$$

上式微分方程求解可通过下列积分过程解决

$$\frac{du_O(t)}{dt}=\int\left[u_I(t)-10\frac{du_O(t)}{dt}-2u_O(t)\right]dt$$

$$u_O(t)=\iint u_I(t)dt-2\iint u_O(t)dt-10\int u_O(t)dt$$

因此,可用积分运算电路系统代替微分运算电路系统。制系统中用以保证系统的稳定性和控制精度的一种常用电路。

6.2.4　对数和指数运算电路

实际中,有时需要对信号进行对数运算或反对数(指数)运算处理。例如,在某些系统中,输入信号的范围很宽,容易造成限幅状态,通过对数放大器,将信号加以压缩,使输出信号与输入信号的对数成正比。又如,实现两信号的相乘或相除等,可使用对数和反对数运算电路。

利用二极管或晶体管 PN 结指数伏安特性,将二极管或晶体管分别接入到集成运放的反馈电路和输入电路,可构成对数和反对数运算电路。

1. 对数运算电路

(1)基本对数运算电路

基本对数运算电路是将反相比例放大器的反馈电阻 R_f 换成一个二极管或晶体管,如图6-16所示。利用"虚地"概念:$u_N=0$,故可认为反馈电路元件晶体管 VT 工作在 $u_N=u_B=0$ 的临界放大状态;利用"虚地"、"虚断"概念,有

$$i_C=i_1=\frac{u_I}{R}$$

在忽略晶体管基区体电阻,并考虑到实际中 MBE$\gg U_T\approx26$mV 和晶体管的共基电流放大系数 $\alpha\approx1$,所以

$$i_C=\alpha i_E\approx I_S e^{\frac{u_{BE}}{U_T}}$$

$$u_{BE}\approx U_T\ln\frac{i_C}{I_S}\approx U_T\ln\frac{u_I}{I_S R}$$

输出电压为

$$u_O=u_{BE}=-u_{BE}\approx-U_T\ln\frac{u_I}{I_S R} \tag{6-31}$$

输出电压与输入电压满足对数关系,故图6-16所示电路称为对数运算电路。

图6-16所示电路存在两个问题:一是 u_1 必须为正,则 u_O 为负,以使晶体管处于放大导通状态;二是 I_S 和 U_T 都是温度的函数,其运算结果受温度的影响很大。如何改善对数放大器的温度稳定性是实际应用中要解决的一个重要问题。一般改善的办法是:用对管消除,s 的影

响,用热敏电阻补偿 U_T 的温度影响。

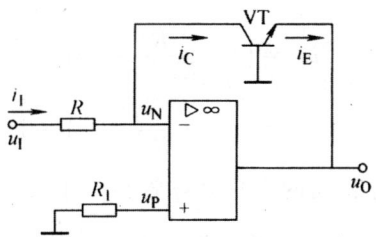

图 6-16　对数运算电路

(2)具有补偿温度影响的对数运算电路

图 6-17 为一个具有补偿温度影响的对数运算电路。图中,VT_1 和 VT_2 是一对性能参数对称相同的晶体管,用以抵消反向饱和电流的影响,R_T 是热敏电阻,用以补偿 U_T 引起的温度漂移。

由图可见

$$u_O = \left(1 + \frac{R_3}{R_2 + R_T}\right) u_{P2} \tag{6-32}$$

$$u_{P2} = u_{BE2} + u_{EB1} = u_{BE2} - u_{EB1}$$

$$= U_T \ln \frac{i_{C2}}{I_{S2}} - U_T \ln \frac{i_{C1}}{I_{S1}} \tag{6-33}$$

$$= U_T \ln \frac{i_{C2} I_{S1}}{i_{C1} I_{S2}}$$

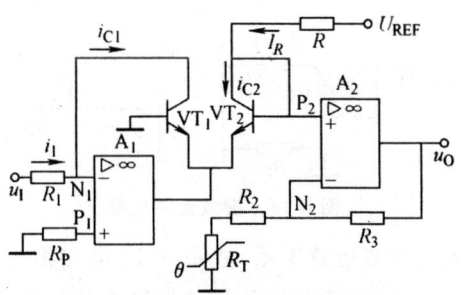

图 6-17　改善温度稳定性的对数运算电路

因为晶体管 VT_1、VT_2 有相同的特性,所以 $I_{S1} = I_{S2}$,则式(6-33)变为

$$u_{P2} = U_T \ln \frac{i_{C2}}{i_{C1}} \approx U_T \ln \frac{I_R}{i_{C1}} = -U_T \ln \frac{i_{C1}}{I_R} \tag{6-34}$$

利用"虚地"、"虚断"概念,并考虑到参考电压 $U_{REF} \gg u_{BE2} + u_{BE1} = u_{BE2} - u_{BE1}$,有

$$i_1 = i_{C1} = \frac{u_I}{R_1} \tag{6-35}$$

$$I_R \approx i_{C2} \approx \frac{U_{REF} - (u_{BE2} - u_{BE1})}{R} \approx \frac{U_{REF}}{R} \tag{6-36}$$

将式(6-35)、式(6-36)代入式(6-34),得

$$u_{P2} \approx -U_T \ln \frac{R u_I}{U_{REF} R_1} \tag{6-37}$$

将式(6-37)代入式(6-32),并考虑到 $U_T = \dfrac{kT}{q}$,得

$$u_O = \left(1 + \frac{R_3}{R_2 + R_T}\right)u_{P2}$$

$$= -\left(1 + \frac{R_3}{R_2 + R_T}\right)\frac{kT}{q}\ln\left(\frac{Ru_1}{U_{REF}R_1}\right) \qquad (6\text{-}38)$$

式(6-38)表明,用性能对称相同的两只晶体管消除了反向饱和电流的不良影响,而且只要适当选择正温度系数的热敏电阻 R_T,就可消除 $U_T = \dfrac{kT}{q}$ 引起的温度漂移,实现温度稳定性良好的对数运算关系。

2. 反对数(指数)运算电路

(1)基本反对数(指数)运算电路

指数运算是对数运算的逆运算,因此在电路结构上只要将对数运算电路的电阻和晶体管位置调换一下即可,指数运算电路如图 6-18 所示。

利用"虚地"、"虚断"概念,有

$$u_{BE} = u_I$$

$$i_R = i_E \approx I_S e^{\frac{u_I}{U_T}}$$

输出电压为

$$u_O = -i_R R = -I_S R e^{\frac{u_I}{U_T}}$$

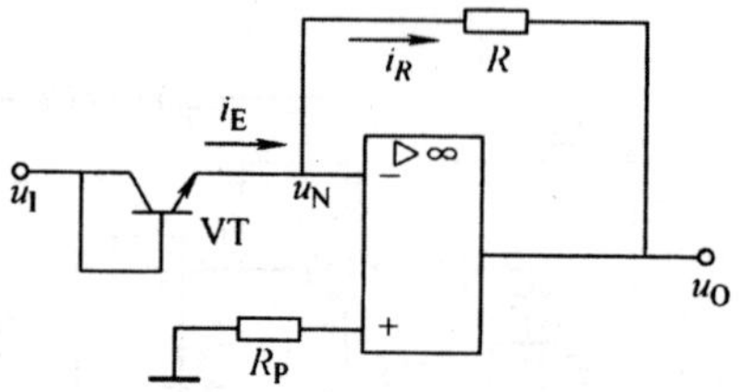

图 6-18 指数运算电路

输出电压与输入电压满足指数运算关系,故图 6-18 电路称为指数运算电路。

为使晶体管导通,应使 $u_1 > 0$,且满足 $u_1 > U_{th}$(死区电压),由于发射结导通电压变化范围很窄,故输入电压 u_1 的动态范围很小。这种电路同样有温度稳定性差的问题,也需采取温度补偿措施。

(2)具有补偿温度影响的反对数(指数)运算电路

与对数运算电路一样,反对数(指数)运算电路也可用"对管"来消除反向饱和电流的影响,用热敏电阻来补偿 U_T 的温度漂移。具有补偿温度影响的反对数(指数)运算电路如图 6-19 所示。在忽略 VT_1 的基极电流时,P_1 点电位为

$$u_{P1} = \frac{R_3}{R_1 + R_3}u_1$$

VT_1 的集电极电流为

$$i_{C1} = I_{REF} \approx I_S e^{\frac{u_{BE1}}{U_T}}$$

E 点电位为

$$u_E = u_{P1} - u_{EB1} = u_{BE2} = -u_{BE2}$$

所以

$$u_{BE2} = -u_{P1} + u_{EB1}$$

输出电压为

$$u_O = i_{C2}R_f \approx I_s e^{\frac{u_{BE2}}{U_T}} R_f$$

$$= I_s e^{\frac{u_{BE1}}{U_T}} e^{-\frac{R_3}{R_1+R_3}\frac{u_1}{U_T}} R_f$$

$$= I_{REF} e^{-\frac{R_3}{R_1+R_3}\frac{u_1}{U_T}} R_f$$

式中,参考电流 I_{REF} 由恒流源提供,I_{REF} 很稳定;若适当选择正温度系数的热敏电阻 R_3,就可消除 $U_T = \dfrac{kT}{q}$ 引起的温度漂移,实现温度稳定性良好的反对数运算关系。

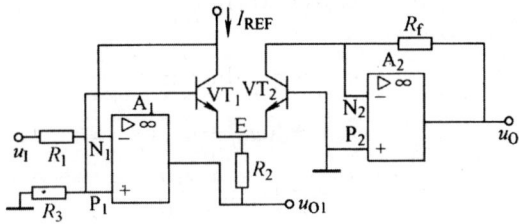

图 6-19 具有温度影响补偿的指数运算电路

6.2.5 由对数和指数运算电路组成乘法或除法运算电路

1. 由对数和指数运算电路组成乘法运算电路

(1)电路组成原理

乘法运算与对数和指数间的运算关系为

$$u_X u_Y = e^{\ln u_X u_Y} = e^{(\ln u_X + \ln u_Y)}$$

可见,乘法运算电路可由两个对数运算电路、一个加法电路和一反对数运算电路组成,其组成原理框图如图 6-21 所示(为简便,图中各运算电路有关系数设为1)。

(2)对数和指数运算电路组成的基本乘法运算电路

根据图 6-20 所示框图,对数和指数运算电路组成的基本乘法运算电路如图 6-21 所示。

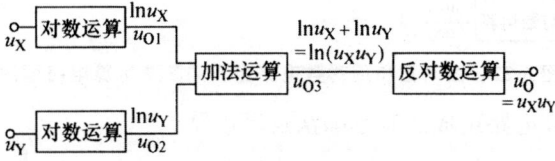

图 6-20 由对数和反对数电路组成的乘法运算电路框图

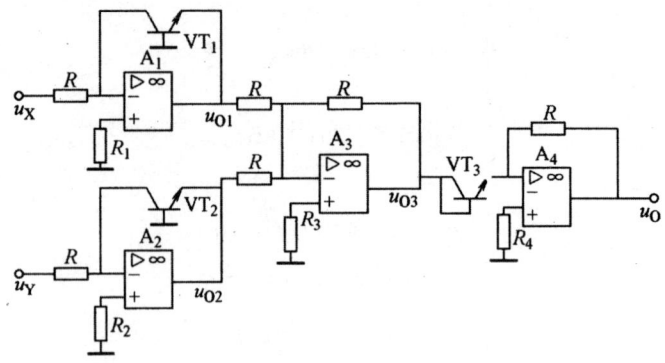

图 6-21　对数和指数运算电路组成的乘法运算电路

在图 6-22 中

$$u_{O1} \approx -U_T \ln \frac{u_X}{I_S R}$$

$$u_{O2} \approx -U_T \ln \frac{u_Y}{I_S R}$$

$$u_{O3} = -(u_{O1} + u_{O2})$$

$$\approx -U_T \ln \frac{u_X u_Y}{(I_S R)^2}$$

$$u_O \approx -I_S R e^{\frac{u_{O3}}{U_T}} \approx -\frac{u_X u_Y}{I_S R} \qquad (6\text{-}39)$$

2. 由对数和指数运算电路组成除法运算电路

(1)电路组成原理

除法运算与对数和指数间的运算关系为

$$\frac{u_X}{u_Y} = e^{\ln\left(\frac{u_X}{u_Y}\right)} = e^{(\ln u_X - \ln u_Y)}$$

可见,除法运算电路可由两个对数运算电路、一个减法电路和一反对数运算电路组成,其组成原理框图如图 6-22 所示(为简便,图中各运算电路有关系数设为 1)。

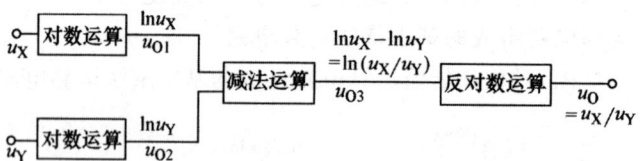

图 6-22　由对数和反对数电路组成的除法运算电路框图

(2)对数和指数运算电路组成的基本除法运算电路

根据图 6-22 所示的组成框图,将图 6-21 中的加法运算电路换成图 6-7 所示的减法运算电路(差分比例运算电路),则可得如图 6-23 所示的基本除法运算电路。

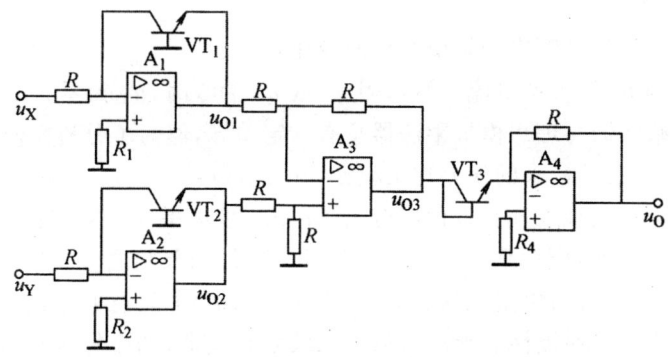

图 6-23　对数和指数运算电路组成的除法运算电路

在图 6-23 中

$$u_{O1} \approx -U_T \ln \frac{u_X}{I_S R}$$

$$u_{O2} \approx -U_T \ln \frac{u_Y}{I_S R}$$

$$u_{O3} = u_{O2} - u_{O1} \approx U_T \ln \frac{u_X}{u_Y}$$

所以

$$u_O \approx -I_S R e^{\frac{u_{O3}}{U_T}} = -I_S R \frac{u_X}{u_Y} \qquad (6\text{-}40)$$

6.3　模拟乘法器及其应用

模拟乘法器是另一种模拟集成电路,它可以组成乘法、除法、开方、乘方、调制、解调和放大等功能的电路,广泛应用于模拟运算、通信、测控系统和电气测量等电子技术许多领域。

6.3.1　变跨导型模拟乘法器

1. 模拟乘法器电路概述

模拟乘法器是一种能实现模拟量相乘的集成电路。模拟乘法器有两个输入端、一个输出端,其电路符号如图 6-24 所示。设 u_O 和 u_X、u_Y 分别为输出电压和两个输入电压,k 为由内部电路有关参数决定的乘积系数,也称为乘积增益或标尺因子,且 k 可为正值或负值,其值多为 $0.1\ \mathrm{V}^{-1}$ 或 $-0.1\ \mathrm{V}^{-1}$。u_O 和 u_X、u_Y 间的关系为

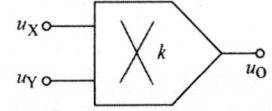

图 6-24　模拟乘法器电路符号

理想模拟乘法器应满足下列条件:
①输入电阻为无穷大。

②输出电阻为零。

③乘积系数 k 不随信号频率和幅值变化而变化。

④电路没有失调电压、失调电流、噪声,当 u_X 或 u_Y 为零时,u_O 为零。

虽然实际模拟乘法器与理想模拟乘法器总有一定差异,但为了分析简便,本节分析均采用理想模拟乘法器模型,其所带来的误差在工程允许的范围内。

输入信号 u_X、u_Y 的极性有四种取值组合,在 u_X、u_Y 坐标平面上对应四个象限。根据所允许输入信号 u_X、u_Y 的极性,模拟乘法器有单象限、二象限、四象限之分。输入信号 u_X、u_Y 的取值可正、可负的乘法器称为四象限乘法器;输入信号 u_X、u_Y 中只有一个的取值可正、可负,而另一个输入电压只能取一种极性的乘法器称为二象限乘法器;两个输入信号 u_X、u_Y 中的每一个只能取一种极性的乘法器称为单象限乘法器。模拟乘法器输入信号 u_X、u_Y 的不同极性的四种取值组合在 u_X、u_Y 坐标平面上所对应的四个象限示意图如图 6-25 所示。

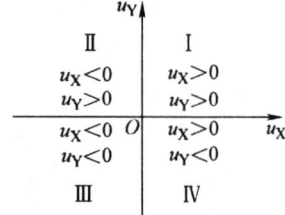

图 6-25 模拟乘法器输入信号所对应的四个象限

一个单象限乘法器增加适当的外部电路,可转换成二象限或四象限的乘法器。

2. 变跨导型模拟乘法器

变跨导型模拟乘法器是利用某一输入电压控制差分放大电路晶体管发射极电流,使其跨导随输入电压变化,从而达到两输入信号相乘的目的。

(1)差分放大电路的差模放大特性

双端输入双端输出差分放大电路原理图如图 6-26 所示。它的差模电压放大倍数为

$$A_{ud} = -\frac{\beta R_C}{r_{be}} \qquad (6-41)$$

式中,r_{be} 可表为

$$r_{be} = r_b + r_{ble} \approx r_{ble} = (1+\beta)\frac{U_T}{I_E} = 2(1+\beta)\frac{U_T}{I_O} \qquad (6-42)$$

式中,$I_{E1} = I_{E2} = I_E$ 为 VT_1、VT_2 的发射极电流,$I_O = 2I_E$。

晶体管跨导可表示为

$$g_m = \frac{I_E}{U_T} = \frac{I_O}{2U_T} \qquad (6-43)$$

由式(6-42)、式(6-43)可得

$$r_{be} \approx r_{ble} = \frac{1+\beta}{g_m} \qquad (6-44)$$

将式(6-44)代入到式(6-41),并考虑到 $1+\beta \approx \beta$,可得

$$A_{ud} \approx g_m R_c \qquad (6-45)$$

所以,有

$$u_O = -g_m R_c u_X \tag{6-46}$$

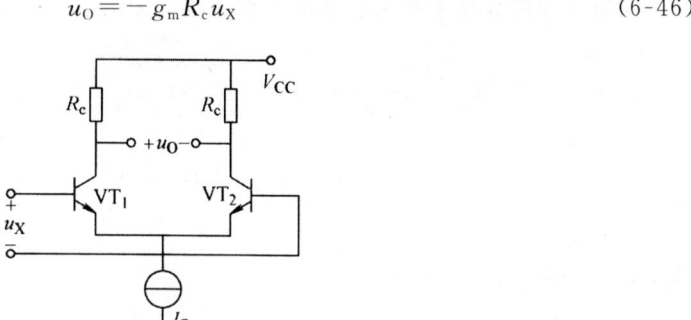

图 6-26　差分放大电路

(2)可控电流源差分放大电路的乘法特性

可控电流源差分放大电路原理图如图 6-27 所示。需要注意,图中 VT_1、VT_2 的基极偏置电路未画出。VT_3 的导通程度由 u_Y 决定,即由电压 u_Y 控制 VT_3 集电流 i_{C3} 的大小。

图 6-27 中用 VT_3 电路代替了图 6-26 所示电路中的恒流源 I_O。显然,当 $u_Y \gg u_{BE3}$ 时,VT_3 的集电极电流近似满足

$$I_O = i_{C3} \approx \frac{u_Y - u_{BE3}}{R_e} \approx \frac{u_Y}{R_e} \tag{6-47}$$

考虑到式(6-43),并将式(6-47)代入式(6-46),可得

$$u_O = -g_m R_c u_X = -\frac{I_O}{2U_T} R_c u_X$$

$$= -\frac{R_c}{2U_T R_e} u_X u_Y = k u_X u_Y \tag{6-48}$$

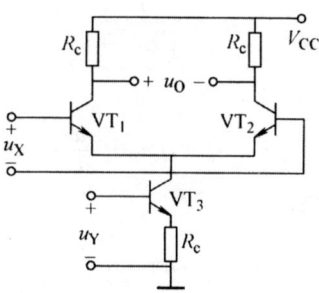

图 6-27　二像限模拟乘法器

由式(6-48)可知,u_O 与 u_X、u_Y 之间满足乘法运算关系,k 为由 R_c、R_e、U_T 等决定的乘积系数;u_X 可正可负,但 u_Y 必须为正、且保证有满足实际需要的 i_{C3}。故图 6-28 电路为二象限(第一、第二象限)乘法器。图 6-28 电路有如下缺点:

①式(6-47)表明,u_Y 的值越小,运算误差越大。

②式(6-48)表明,u_O 与温度有关($U_T = \frac{kT}{q}$)。

③电路不适用于要求 u_Y 可正可负的场合。

（3）四象限变跨导型模拟乘法器

四象限变跨导型模拟乘法器的典型电路如图 6-28 所示。由图可知

$$i_1 = I_S e^{\frac{u_{BE1}}{U_T}} \tag{6-49}$$

$$i_2 = I_S e^{\frac{u_{BE2}}{U_T}} \tag{6-50}$$

$$i_5 = i_1 + i_2 = I_S e^{\frac{u_{BE2}}{U_T}} (1 + e^{\frac{u_{BE1} - u_{BE2}}{U_T}})$$

$$i_2 = (1 + e^{\frac{u_X}{U_T}}) \tag{6-51}$$

式中，$u_X = u_{BE1} - u_{BE2}$，所以

$$i_2 = \frac{i_5}{1 + e^{\frac{u_X}{U_T}}} \tag{6-52}$$

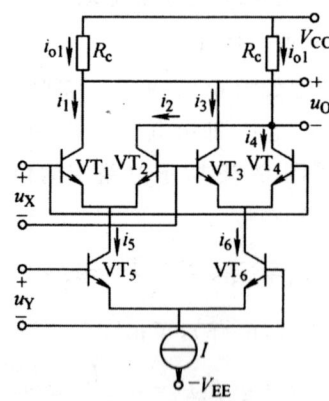

图 6-28　四象限变跨导型模拟乘法器

同理分析可得

$$i_1 = \frac{i_5}{1 + e^{\frac{-u_X}{U_T}}} \tag{6-53}$$

根据双曲正切函数定义可得

$$i_1 - i_2 = i_5 \tanh \frac{u_X}{2U_T} \tag{6-54}$$

利用上述完全相同的分析方法可得

$$i_4 - i_3 = i_6 \tanh \frac{u_X}{2U_T} \tag{6-55}$$

$$i_5 - i_6 = I \tanh \frac{u_X}{2U_T} \tag{6-56}$$

因此有

$$i_{O1} - i_{O2} = (i_1 + i_3) - (i_4 + i_2)$$

$$= (i_5 - i_6) \tanh \frac{u_X}{2U_T}$$

$$= I \left(\tanh \frac{u_Y}{2U_T} \right) \left(\tanh \frac{u_X}{2U_T} \right) \tag{6-57}$$

当 $u_X \ll 2U_T$，$u_Y \ll 2U_T$ 时

$$i_{O1} - i_{O2} \approx \frac{I}{4U_T^2} u_X u_Y \tag{6-58}$$

所以,输出电压与两输入电压间关系为

$$u_O = -(i_{O1} - i_{O2})R_c$$

$$\approx -\frac{IR_c}{4U_T^2} u_X u_Y = k u_X u_Y \tag{6-59}$$

由于输入信号可取正、取负,故图 6-28 所示电路为四象限模拟乘法器。它为双端输出形式,可通过图 6-29 所示电路将其转换为单端输出形式。

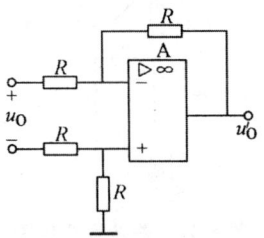

图 6-29　双端输入单端输出电路

6.3.2　模拟乘法器在运算电路中的应用

模拟乘法器本身可作乘法和乘方运算,也可作除法、开方和均方根等运算电路。

1. 乘方运算电路

利用四象限模拟乘法器可以组成二次方运算电路,只需将两个输入端连接在一起,接上输入信号 u_1 即可,如图 6-30 所示。

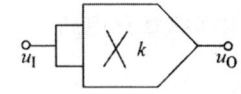

图 6-30　二次方运算电路

从理论上讲,可用多个四象限模拟乘法器首尾相连组成输入信号 u_1 的任意高次方的运算电路,图 6-31(a)、(b)所示电路分别为三次方运算和四次方运算电路,其表达式分别为

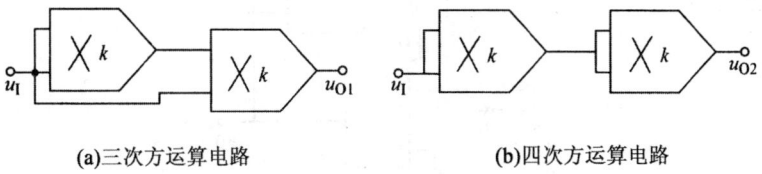

(a)三次方运算电路　　　　　　　　　(b)四次方运算电路

图 6-31　三次方和四次方运算电路

但是,当模拟乘法器首尾相连的级数超过三级时,每级运算误差的积累可能超出工程允许的误差范围,因此实际中,一般最多用二级模拟乘法器首尾相连组成三次方或四次方运算电路。

2. 除法运算电路

将模拟乘法器作为集成运放的负反馈电路可组成如图 6-31 所示的除法运算电路。

为了实现除法运算,必须保证集成运放工作在线性区,为此,模拟乘法器在电路中必定要引入深度负反馈,对图 6-32 而言,u_{I1} 与 u'_O 的极性必须相反。由于 u_O 与 u_{I1} 的极性相反,则要求 u'_O 与 u_O 的极性必须相同。因此,当模拟乘法器的乘积系数 k 为负时,u_{I2} 应为负;k 为正时,u_{I2} 应为正;即 u_{I2} 的极性与 k 的正负相同。

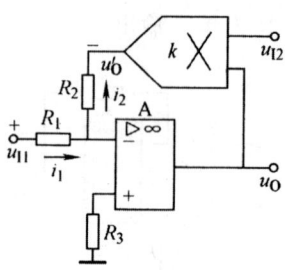

图 6-32 除法运算电路

电路引入深度负反馈,根据"虚地"、"虚断"的概念,有配 $u_N = u_P = 0$;$i_1 = i_2$,即有

$$\frac{u_{I1}}{R_1} = -\frac{u'_O}{R_2} = -\frac{k u_O u_{I2}}{R_2} \tag{6-60}$$

所以输出电压为

$$u_O = -\frac{R_2}{k R_1}\frac{u_{I1}}{u_{I2}} \tag{6-61}$$

即满足除法运算关系。

由于 u_{I2} 的极性受 k 的正、负限制,故当模拟乘法器选定后,u_{I2} 为单极性,而 u_{I1} 的极性可正可负,所以,图 6-32 所示电路为二象限除法运算电路。

3. 二次方根运算电路

利用二次方运算电路作为集成运放的深度负反馈电路,可组成如图 6-32 所示的二次方根运算电路。

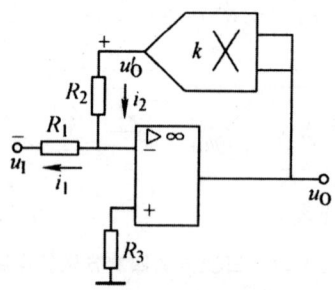

图 6-33 二次方根运算电路

电路引入深度负反馈,根据"虚地"、"虚断"的概念,有 $u_N = u_P = 0$,$i_1 = i_2$,即有

$$\frac{-u_1}{R_1} = \frac{u'_O}{R_2} \tag{6-62}$$

$$u'_{\text{O}} = -\frac{R_2}{R_1}u_1 = ku_{\text{O}}^2 \tag{6-63}$$

故输出电压为

$$u_{\text{O}} = \sqrt{-\frac{R_2 u_1}{kR_1}} \tag{6-64}$$

要满足负反馈,图 6-33 二次方根运算电路 u_1 与 u'_{O} 的极性必须相反;又由于 u_{O} 与 u_1 极性相反,且式(6-64)根号内表达式必须为正值(也即 u_{O} 必须为正值),所以, u_1 只能取负值,故应选乘积系数 k 为正值的模拟乘法器。因此,图 6-33 中标示的电压 u_1 与 u'_{O} 的极性为实际极性。

图 6-33 所示电路存在一个问题。假设由于某种原因,输入电压受到瞬间正向干扰,使 $u_1 > 0$,则必有 $u_{\text{O}} < 0$, $u'_{\text{O}} = ku_{\text{O}}^2 > 0$,从而使电路变为正反馈,使集成运放工作在非线性状态,输出电压为负向饱和电压: $u_{\text{O}} = -U_{\text{om}}$。此时, u'_{O} 为一较大的正电压值(事实上,此时模拟乘法器已工作在非线性区了),由于集成运放工作在非线性状态时,"虚短"概念不成立,故输入电压受到瞬间正向干扰(使 $u_1 > 0$)的期间,满足

$$u_{\text{N}} = \frac{R_1}{R_2 + R_1}u'_{\text{O}} + \frac{R_2}{R_2 + R_1}u_{\text{I}} > u_{\text{P}} = 0 \tag{6-65}$$

即便当输入电压受到的正向干扰消失,使输入电压变回到正常时 $u_1 < 0$ 的情形,此时,较大的正电压 u'_{O} 值仍使式(6-65)成立,导致集成运放也不能回到线性工作区,从而使得 $u_{\text{O}} = -U_{\text{om}}$ 维持不变,即输入正向干扰彻底破坏了图 6-33 所示电路的二次方根运算关系,最终使得电路不能正常工作,出现所谓的"电路自锁"现象。

为了避免"电路自锁"现象的发生,实际中通常采用图 6-34 所示的电路。避免"电路自锁"现象发生的原理分析如下:

当输入电压受到瞬间正向干扰,使 $u_1 > 0$,则必有 $u_{\text{O1}} < 0$,于是,二极管 VD 截止(VD 相当于断开),电路处在开环状态,则必有 $u_{\text{O1}} = -U_{\text{om}}$;由于二极管 VD 截止,当输入电压受到瞬间正向干扰 $u_1 > 0$ 时,使得 $u_{\text{O1}} = -U_{\text{om}}$ 无法作用到模拟乘法器两输入端。此时,模拟乘法器两输入端通过 R_{L} 接地,即模拟乘法器输入电压 u_{O} 为零,因此, $u'_{\text{O}} = ku_{\text{O}}^2 = 0$。

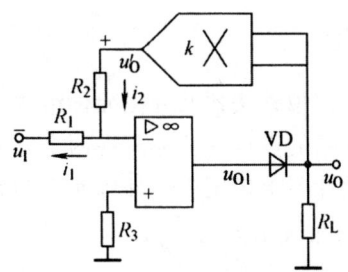

图 6-34 避免自锁现象的二次方根运算电路

当输入电压受到的瞬间正向干扰消失,使输入电压变回到正常时 $u_1 < 0$ 的情形,则有 $u_{\text{O1}} > 0$,二极管 VD 导通, $u_{\text{O}} > 0$,则 $u'_{\text{O}} = ku_{\text{O}}^2 > 0$,即,电路立即恢复到上面分析过的满足二次方根运算关系的正常工作状态。

4. 三次方根运算电路

将三次方运算电路作为集成运放的深度负反馈电路,可组成如图 6-35 所示的三次方根运算电路。由图可知

$$u'_O = k^2 u_O^3$$

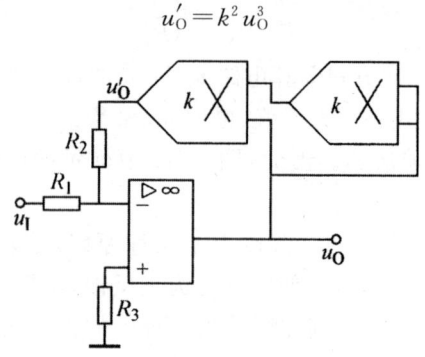

图 6-35 三次方根运算电路

无论乘积系数 k 为正或负,k^2 总为正,而 u_O 与 u_1 反相,也即 u_O^3 与 u_1 反相,故此,$u'_O = k^2 u_O^3$ 总与 u_O^3 反相。所以,无论模拟乘法器乘积系数 k 为正或负,电路均为负反馈。

根据“虚地”、“虚断”的概念,有 $u_N = u_P = 0$,$i_{R1} = i_{R2}$,即有

$$\frac{u_1}{R_1} = -\frac{u'_O}{R_2}$$

$$u'_O = -\frac{(R_2 u_1)}{R_1} = k^2 u_O^3$$

所以有

$$u_O = \sqrt[3]{-\frac{R_2 u_1}{k^2 R_1}} \tag{6-66}$$

6.4 运算电路设计

6.4.1 运算电路的设计原则

运算电路主要由集成运放和模拟乘法器及外围元件组成。由于集成运放和模拟乘法器的内部电路无法变动,因此,运算电路的设计主要体现在两个方面:第一,根据设计要求确定电路的组成形式(结构);第二,根据设计要求确定电路外围元件参数。

1. 根据设计要求确定电路的组成形式(结构)

由于集成运放和模拟乘法器目前已达到很高的质量水平,一般都能满足运算电路要求,这就使得由集成运放和模拟乘法器组成运算电路的结构设计就变得像“拼积木”(集成运放和模拟乘法器内部电路是无法改变的)一样的简单,只需根据设计要求,将集成运放与外围元器件和模拟乘法器进行简单的不同组合。运算电路设计时,其电路结构的选择遵循如下主要原则。

(1)负反馈原则

无论是何种运算电路、何种结构形式,集成运放必须工作在深度负反馈状态,以保证其工

作在线性区。对于由模拟乘法器组成集成运放反馈网络的某些运算电路,设计时,还需考虑干扰因素的影响使运算电路中集成运放被锁定在正反馈工作状态,而导致运算电路无法正常工作的"闭锁现象"(即干扰消除后,电路仍被锁定在正反馈工作状态)。

(2)由输入电阻的要求确定运算电路输入方式

集成运放是运算电路的核心放大器件,信号采取同相端输入还是反相端输入方式,由设计要求和所选集成运放的共模抑制比等因素决定。若希望运算电路输入电阻较小,则电路采取反相端输入方式;若希望运算电路输入电阻很大,则电路采取同相端输入方式;若所选集成运放抑制共模信号的能力相对较差,且对运算电路输入电阻无特定要求,则电路采取反相端输入方式;若所选集成运放抑制共模信号的能力相对很强,且对运算电路输入电阻无特定要求,则电路采取反相端或同相端输入方式均可;若要实现信号的加减运算,且所选集成运放抑制共模信号的能力相对很强,可采用双端输入方式;等等。

(3)由具体的运算关系确定集成运放反馈网络元器件

若为比例、加法、减法等运算电路,反馈网络元件选择电阻;若为微分、积分运算电路,反馈网络元件选择电阻和电容;若为对数、指数运算电路,反馈网络元件选择电阻和晶体管(或二极管);若希望电路的温度稳定性好,可直接选用具有温度补偿的集成对数运算电路和集成指数运算电路;若为乘法运算电路、乘方运算电路,且信号较小(小于 26mV),可直接采用模拟乘法器;若信号较大,可采用对数、加法、指数运算电路组成乘法运算电路;若为小信号(小于 26mV)除法运算电路、开方运算电路,反馈网络器件选择模拟乘法器。若信号较大,可采用对数、减法、指数运算电路组成除法运算电路;等等。

2. 根据设计要求确定电路外围元件参数

(1)电阻参数的确定

一般而言,运算电路反馈网络中的电阻不宜取得太大,通常在十几至一二百千欧的范围内选取,可能情形下,电阻阻值宜适当取小些。这是因为:一方面,阻值越大的电阻不仅温度稳定性差,而且噪声也大,这对弱信号的运算处理是极为不利的;另一方面,例如比例、加法、减法等运算电路,当负反馈电阻 R_f 大到与集成运放的输入电阻同数量级时,则集成运放输入电阻对负反馈系数产生明显影响,使运算误差变大。

(2)电容参数的确定

微分、积分运算电路反馈网络中存在电容元件。电容元件参数的选择由电路微分时间常数或积分时间常数 RC 决定。若输入信号的周期为丁,对于微分运算电路,要求微分时间常数 $RC < (1/3 \sim 1/5)T$;对于积分运算电路,要求积分时间常数 $RC > (3 \sim 5)T$。按上述原则确定了尺后,由此确定电容 C 的取值。

6.4.2　运算电路的设计方法与步骤

试设计一集成运算电路。设计要求:各输入信号的幅值均小于 26mV,$u_{13} < 0$,对电路输入电阻和共模输入无特别要求,输出电压与输入电压之间满足:$u_O = -50 \dfrac{(u_{12} - u_{11})}{u_{13}}$。

设计方法与设计步骤如下:

1. 确定电路的组成形式(结构)

由于对电路输入电阻和共模输入无特别要求,$(u_{I2}-u_{I1})$的减法运算可由同相输入(u_{I2})和反相输入(u_{I1})的减法运算电路完成;而$\dfrac{(u_{I2}-u_{I1})}{u_{I3}}$的除法运算可由模拟乘法器组成负反馈网络的除法电路完成。因此,可初步确定电路的组成形式(结构)如图 6-36 所示。考虑到静态时$(u_{I1}=u_{I2}=u_{I3}=0)$,$u_O=0$、$u_O'=0$,为使集成运放输入端对称,两输入端对地之间所接电阻均为 $R_1 /\!/ R_2$。

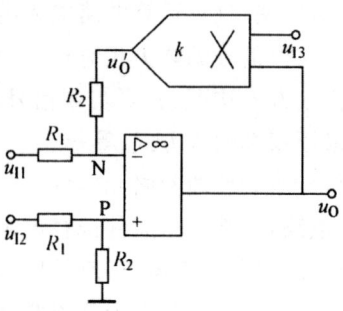

图 6-36　算电路设计电路图

2. 确定模拟乘法器的乘积系数 k 的正、负

模拟乘法器乘积系数尼的取值大多数为 $k=-0.1\text{V}^{-1}$ 和 $k=0.1\text{V}^{-1}$。模拟乘法器乘积系数 k 的正、负值选择由电路为负反馈和 $u_{I3}<0$ 的设计要求共同确定。对图 6-35 所示电路,只有 u_{I1} 与 u_O' 的极性相反,电路才为负反馈。由图可知,u_O 与 u_{I1} 的极性相反,故 u_O 与 u_O' 同极性。已知 $u_{I3}<0$,为保证配 u_O 与 u_O' 同极性,所以,模拟乘法器的乘积系数应满足 $k<0$。现选乘积系数 $k=0.1\text{V}^{-1}$ 的模拟乘法器。

3. 求所选电路运算关系表达式

图 6-35 所示电路确定后,应首先求解电路输出电压与各输入电压间的运算关系式,看其是否满足设计要求的形式。根据"虚短"、"虚断"概念,有

$$u_N = u_P = u_{I2}\frac{R_2}{(R_1+R_2)} \tag{6-67}$$

N 节点的电流方程为

$$\frac{(u_{I1}-u_N)}{R_1} = \frac{(u_N-u_O')}{R_2} \tag{6-68}$$

将式(6-67)代入式(6-68),并考虑到 $u_O'=ku_Ou_{I3}$ 可得

$$u_O' = (u_{I2}-u_{I1})\frac{R_2}{R_1} = ku_Ou_{I3} \tag{6-69}$$

由此可得输出电压为

$$u_O = \left(\frac{R_2}{kR_1}\right)\left[\frac{(u_{I2}-u_{I1})}{u_{I3}}\right] \tag{6-70}$$

可见,式(6-70)具有设计要求的运算关系的形式。

4. 电阻 R_1、R_2 的确定

考虑到模拟乘法器的乘积系数 $k = -0.1V^{-1}$，要满足设计要求的运算关系式，只需要满足 $\dfrac{R_2}{R_1} = 5$ 即可。基于可能情形下，电阻阻值宜适当取小些的原则，现选择 $R_1 = 10k\Omega$，$R_2 = 50k\Omega$，所以，图 6-35 所示运算电路输出电压与输入电压间的运算关系满足：$u_O = -50\dfrac{(u_{I2} - u_{I1})}{u_{I3}}$。到此，电路设计完毕。

6.5　有源滤波电路

有选择性传输特定频率范围内信号的电路称为滤波电路(或滤波器)，其功能是：允许规定频率范围内的有用信号通过，不允许规定频率范围之外的无用信号(干扰信号)通过。滤波电路分"无源滤波电路"和"有源滤波电路"。由无源元件(电阻、电容、电感等)组成的滤波电路称为无源滤波电路；由无源元件和有源元器件(晶体管、集成运放等)组成的滤波电路称为有源滤波电路。滤波电路在通信、电子信息和仪器仪表等领域中有着广泛的应用。

6.5.1　滤波电路的基础知识

1. 滤波电路分类

滤波电路根据频率范围命名，分为低通滤波器(Low Pass Filter，LPF)、高通滤波器(High Pass Filter，HPF)、带通滤波器(Band Pass Filter，BPF)、带阻滤波器(Band Embarrass Filter，BEF)和全通滤波器(All Pass Filter，APF)等。

理想滤波器的幅频特性如图 6-37 所示。f_P、f_{P1}、f_{P2} 称为滤波器的截止频率，f_{P1}、f_{P2} 分别称为下限截止频率和上限截止频率。

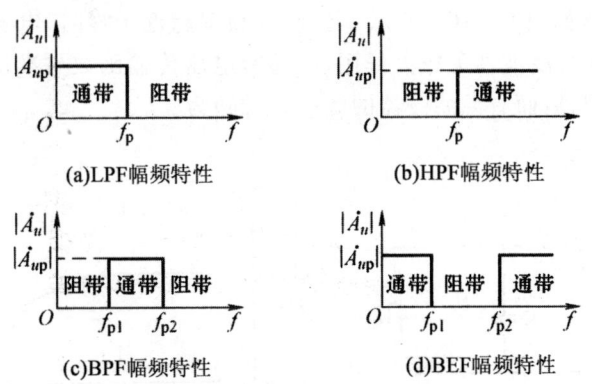

图 6-37　理想滤波器幅频特性

图 6-37(a)表示允许频率低于 f_P 的信号通过，不允许频率高于 f_P 的信号通过，故称为低通滤波器幅频特性。

图 6-37(b)表示不允许频率低于 f_P 的信号通过，允许频率高于 f_P 的信号通过，故称为高通滤波器幅频特性。

图 6-37(c)表示不允许频率低于 f_{P1} 和频率高于 f_{P2} 的信号通过,只允许频率在 $f_{P1} \sim f_{P2}$ 之间的信号通过,故称为带通滤波器幅频特性。

图 6-37(d)表示允许频率低于 f_{P1} 和频率高于 f_{P2} 的信号通过,不允许频率在 $f_{P1} \sim f_{P2}$ 之间的信号通过,故称为带阻滤波器幅频特性。

需要指出,实际滤波器与理想滤波器的幅频特性有较大的差异,主要表现在:第一,通带和阻带分界线不是垂直于横轴,而是有一定斜率变化的斜线;第二,通带内,幅频特性曲线并不是平行于横轴的水平线。

例如,一个实际的低通滤波器的幅频特性如图 6-38 所示,在通带和阻带之间存在一个过渡带。通带内,频率趋于零时,输出电压与输入电压之比称为通带放大倍数 $\dot{A}_{up}$。使 $|\dot{A}_u| = 0.707|\dot{A}_{up}|$ 的频率称为通带截止频率 f_P。从 f_P 到 $|\dot{A}_u|$ 接近零的频率范围称为过渡带,使 $|\dot{A}_u|$ 趋近于零的频率范围称为阻带。

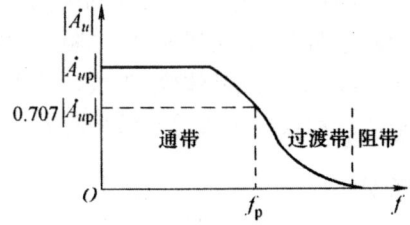

图 6-38 实际低通滤波器的幅频特性

由图 6-38 可见,实际的滤波电路在截止频率附近存在一个过渡带,过渡带越窄,越接近理想滤波器的特性,电路的滤波特性越好。

分析滤波器,就是分析其频率特性,而分析其频率特性最终归结为求 $\dot{A}_{up}$、f_P 和过渡带的斜率等三个基本特性参数。

2.RC 低通滤波电路

RC 低通滤波电路如图 6-39(a)所示。当信号频率趋近于零时,电容的容抗趋于无穷大,通带放大倍数(由于无源滤波器无放大作用,称通带电压传输函数更准确些,这里引用通带放大倍数主要是考虑到与后面有源滤波器的统一,下同)为

$$\dot{A}_{up} = \frac{\dot{U}_o}{\dot{U}_i = 1} \tag{6-71}$$

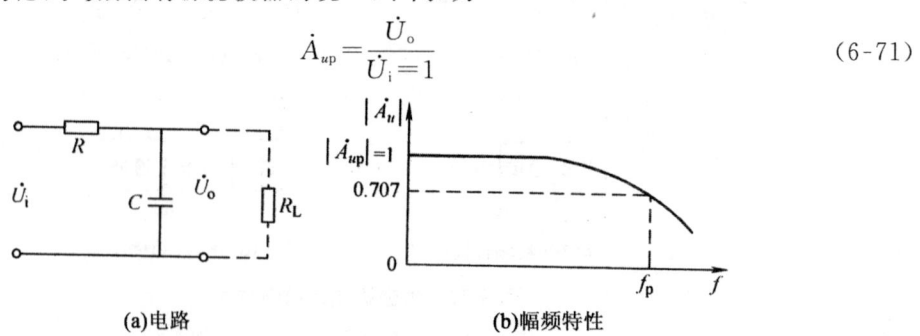

(a)电路 (b)幅频特性

图 6-39 RC 低通滤波器及其幅频特性

图 6-39(a)所示电路不带负载 R_L 时,电压放大倍数的一般表达式为

$$\dot{A}_u = \frac{\dot{U}_o}{\dot{U}_i} = \frac{\frac{1}{j\omega C}}{R + \frac{1}{j\omega C}} = \frac{1}{1 + j\omega RC} \tag{6-72}$$

令 $f_P = \dfrac{1}{2\pi RC}$，并考虑到式(6-71)，则式(6-72)变为

$$\dot{A}_u = \frac{1}{1 + j\dfrac{f}{f_b}} = \frac{\dot{A}_{up}}{1 + j\dfrac{f}{f_b}} \tag{6-73}$$

其幅频特性为

$$|\dot{A}_u| = \frac{|\dot{A}_{up}|}{\sqrt{1 + \left(j\dfrac{f}{f_b}\right)^2}} \tag{6-74}$$

当 $f = f_P$ 时，有

$$|\dot{A}_u| = \frac{|\dot{A}_{up}|}{\sqrt{2}} \approx 0.707|\dot{A}_{up}|$$

当 $f \gg f_P$ 时，则式(6-74)可变为

$$|\dot{A}_u| \approx \frac{f_b}{f}|\dot{A}_{up}|$$

即频率每升高 10 倍，$|\dot{A}_u|$ 下降 10 倍，即过渡带的斜率为 $-20\text{dB}/10$ 倍频。图 6-39a 所示电路的对数幅频特性如图 6-40 实线所示。

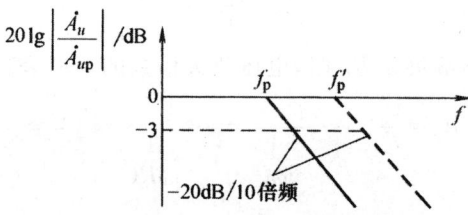

图 6-40 RC 低通滤波器幅频特性波特图

图 6-39(a)所示电路主要存在如下问题：

① 电路的增益小，最大仅为 1。

② 带负载能力差。如在无源滤波电路的输出

端接一负载电阻 R_L，如图 6-39(a)虚线所示，则其截止频率和放大倍数均随 R_L 而变化。接入 R_L 后，通带放大倍数变为

$$\dot{A}_{up} = \frac{\dot{U}_o}{\dot{U}_i} = \frac{R_L}{R + R_L}$$

电压放大倍数为

$$\dot{A}_u = \frac{\dot{U}_o}{\dot{U}_i} = \frac{\frac{1}{j\omega C} /\!/ R_L}{R + \frac{1}{j\omega C} /\!/ R_L} = \frac{\dfrac{R_L}{1 + j\omega R_L C}}{R + \dfrac{R_L}{1 + j\omega R_L C}}$$

$$= \frac{\dot{A}_{up}}{1 + j\dfrac{f}{f_b'}} \tag{6-75}$$

式中

$$f'_b = \frac{1}{2\pi R'_L C}$$

由式(6-75)可见,带上负载 R_L 后,通带放大倍数的值减小,通带截止频率 f'_b 升高,这些问题常不能满足信号处理的实际要求。为了解决上述问题,可将 RC 无源滤波电路接至集成运放的输入端,组成有源滤波电路。

图 6-39(a)所示电路带上负载 R_L 后,对数幅频特性(幅频特性波特图)如图 6-40 虚线所示。

3. RC 高通滤波电路

RC 高通滤波电路如图 6-41(a)所示。当信号频率趋近于无穷大时,电容的容抗趋于 0,$\dot{U}_o = \dot{U}_i$,故通带放大倍数为

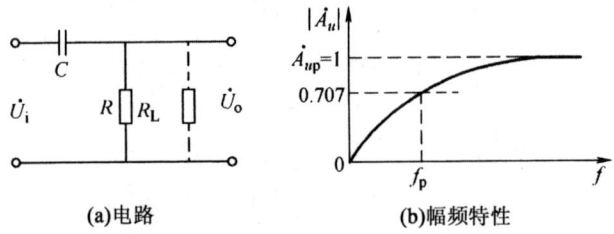

(a)电路   (b)幅频特性

图 6-41 RC 高通滤波器及幅频特性

$$\dot{A}_{up} = \frac{\dot{U}_o}{\dot{U}_i} = 1 \tag{6-76}$$

图 6-41(a)所示电路不带负载 R_L 时,电压放大倍数的一般表达式为

$$\dot{A}_u = \frac{\dot{U}_o}{\dot{U}_i} = \frac{R}{R + \frac{1}{j\omega C}} = \frac{1}{1 + \frac{1}{j\omega RC}} = \frac{\dot{A}_{up}}{1 - j\frac{f_p}{f}} \tag{6-77}$$

式中,截止频率 f_p 为

$$f_p = \frac{1}{2\pi RC}$$

对式(6-77)取模,可得幅频特性如图 6-41b 所示。

4. 有源滤波电路

由以上分析可知,无源滤波电路的缺点是负载变化时对频率特性影响太大。为此,通常在无源滤波电路和负载之间加一个高输入电阻、低输出电阻的线性工作状态下的集成运放,例如加一电压跟随器,就组成了如图 6-42 所示的有源滤波器。

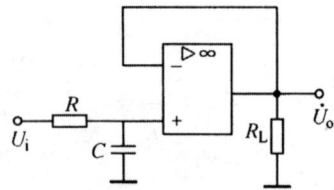

图 6-42   有源滤波电路

由于电压跟随器输入电阻很高(几十兆欧以上)、输出电阻很小(几欧以下),这样,有效消除了负载 R_L 对 RC 电路频率特性的影响,而且,由于电压跟随器电压放大倍数等于1,则有源滤波器的电压放大倍数仍由式(6-72)决定。当负载 R_L 在集成运放允许的范围内变化时,其电压放大倍数和频率特性都不会发生变化。

若将集成运放组成比例放大电路,有源滤波器还具有对输入信号的放大作用。

6.5.2　有源低通滤波电路

按输入信号引入到集成运放不同输入端划分,又可分同相输入低通滤波电路和反相输入低通滤波电路。

1. 同相输入低通滤波电路

(1)一阶低通滤波电路

图 6-43(a)所示为一阶低通滤波电路,其输出电压为

$$\dot{U}_o = \left(1 + \frac{R_f}{R_1}\right)\dot{U}_p$$

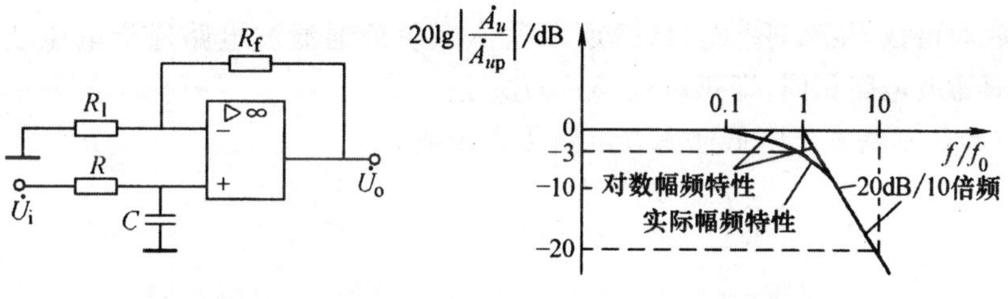

(a)低通滤波电路　　　　　　　　(b)幅频特性

图 6-43　一阶有源低通滤波电路及幅频特性

集成运放同相输入端电压为

$$\dot{U}_p = \frac{\frac{1}{j\omega C}\dot{U}_i}{R + \frac{1}{j\omega C}} = \frac{1}{1 + j\omega RC}\dot{U}_i$$

故图 6-43(a)所示一阶低通滤波电路的电压放大倍数为

$$\dot{A}_u = \frac{\dot{U}_o}{\dot{U}_i} = \left(1 + \frac{R_f}{R_1}\right)\frac{1}{1 + j\omega RC} = \frac{\dot{A}_{up}}{1 + j\dfrac{f}{f_0}} \tag{6-78}$$

式中,

$$\dot{A}_{up} = 1 + \frac{R_f}{R_1} \tag{6-79}$$

$$f_0 = \frac{1}{2\pi RC}$$

低通滤波器的通带电压放大倍数是当工作频率趋近于零时,其输出电压与其输入电压的比值,记作 $\dot{A}_{up}$,由式(6-79)表示;随着频率的提高,电压放大倍数的模下降到 $|\dot{A}_u| = \dfrac{|\dot{A}_{up}|}{\sqrt{2}}$

时,对应角频率记作 f_P。由式(6-78)可知,当 $f = f_0$ 时,$|\dot{A}_u| = \dfrac{|\dot{A}_{up}|}{\sqrt{2}}$,故通带截止频率 $f_p = f_0$。

图 6-43(a)所示电路实际幅频特性和对数幅频特性波特图如图 6-43(b)中所示。

也可利用复频域分析法,其传递函数为

$$A_u(s) = \frac{U_o(s)}{U_i(s)} = \left(1 + \frac{R_f}{R_1}\right)U_p(s) = \left(1 + \frac{R_f}{R_1}\right)\frac{1}{1 + sRC}$$

稳态时,对于实际的频率而言,上式中的 s 用 $s = j\omega$ 代入,也可得到式(6-78)。

(2)基本二阶低通滤波电路

一阶滤波电路滤波效果不好,表现为过渡带太宽,过渡带内幅频特的最大衰减率仅为一20dB/10 倍频。若要求幅频特性在过渡带内按一40dB/10 倍频、一60dB/10 倍频或更大变化衰减,则可采用二阶、三阶或更高阶滤波电路。高于二阶的滤波电路可由若干一阶和二阶有源滤波电路组成。

图 6-43(a)为基本二阶低通滤波电路,它是在图 6-43 所示一阶有源低通滤波电路的基础上增加了一级 RC 无源低通滤波电路。由于低通滤波器的通带电压放大倍数是当工作频率趋近于零时的放大倍数,显然,图 6-44(a)所示基本二阶低通滤波电路通带电压放大倍数与图 6-43一阶低通滤波电路相同,即仍由式(6-79)决定。

图 6-44(a)所示基本二阶低通滤波电路传递函数为

$$A_u(s) = \left(1 + \frac{R_f}{R_1}\right)\frac{U_p(s)}{U_i(s)} = \left(1 + \frac{R_f}{R_1}\right)\frac{U_p(s)}{U_M(s)}\frac{U_M(s)}{U_i(s)} \tag{6-80}$$

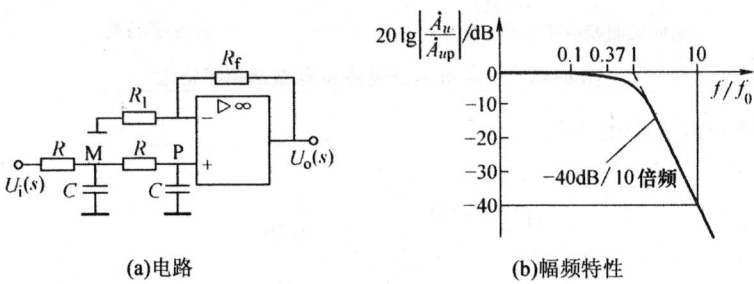

(a)电路   (b)幅频特性

图 6-44　基本二阶低通滤波电路及其幅频特性

而

$$\frac{U_p(s)}{U_M(s)} = \frac{1}{1 + sRC} \tag{6-81}$$

$$\frac{U_M(s)}{U_i(s)} = \frac{\dfrac{1}{sC} /\!/ \left(R + \dfrac{1}{sC}\right)}{R + \left[\dfrac{1}{sC} /\!/ \left(R + \dfrac{1}{sC}\right)\right]} \tag{6-82}$$

将式(6-81)、式(6-82)代入式(6-80),整理可得

$$A_u(s) = \left(1 + \frac{R_f}{R_1}\right)\frac{1}{1 + 3sRC + (sRC)^2} \tag{6-83}$$

式(6-83)的分母中,复频率 s 的最高指数为 2,图 6-43(a)所示电路称为二阶低通滤波

电路。

2. 反相输入低通滤波电路

（1）一阶低通滤波电路

反相输入一阶低通滤波电路如图 6-45 所示，令信号频率等于零（即电容视为开路），可得通带放大倍数为

$$\dot{A}_{up}=-\frac{R_f}{R_1} \tag{6-84}$$

由"虚地"、"虚短"概念可得电路传递函数为

$$A_u(s)=\frac{\frac{1}{sC}/\!/R_f}{R_f}=-\frac{R_f}{R_1}\frac{1}{1+sRC} \tag{6-85}$$

对于实际的频率而言，式（6-85）中的 s 用 $s=j\omega$ 代入，且令 $f_0=\dfrac{1}{2\pi R_f C}$，可得电压放大倍数表达式为

$$\dot{A}_u=\frac{\dot{A}_{up}}{1+j\dfrac{f}{f_0}} \tag{6-86}$$

通带截止频率 $f_p=f_0$。

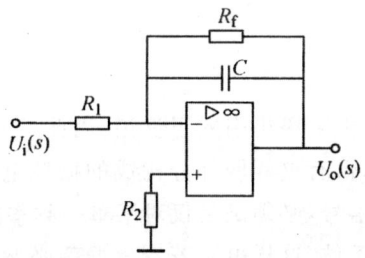

图 6-45　反相输入一阶低通滤波电路

（2）二阶低通滤波电路

在图 6-45 所示电路的输入端增加一级 RC 低通电路，就可组成如图 6.55 所示的反相输入基本二阶低通滤波电路。与同相输入低通滤波电路相似，增加一级 RC 低通电路，可使滤波电路过渡带变窄，衰减斜率值变大。

实际中，若需获得高阶低通滤波电路，可将多个低阶低通滤波电路首尾串接相连。例如，要获得四阶低通滤波电路，可将两个二阶低通滤波电路首尾串接相连，其框图如图 6-46 所示。

图 6-46　四阶低通滤波电路框图

第7章　正弦波和非正弦波发生电路

7.1　正弦波发生电路

能产生正弦波信号的电路称为正弦波发生电路,正弦波发生电路也称为正弦波振荡电路(或正弦波振荡器)。从原理上讲,一个正弦波发生电路由基本放大电路、正反馈网络、选频网络和稳幅(或限幅)环节四部分组成。正弦波发生电路常根据选频网络所用元件命名,分为 RC 正弦波振荡电路、LC 正弦波振荡电路和石英晶体正弦波振荡电路三大类型,每类中又根据选频网络电路结构的变化、分为若干种正弦波振荡电路。

正弦波振荡电路接通电源后,不需要外部输入信号的激励,而是通过自身的正反馈信号取代外部输入信号,就有稳定的正弦交流信号输出,这种现象称为放大电路的自激振荡。所以,正弦波振荡电路是一种"自激式振荡电路"。

7.1.1　产生正弦波的条件

1. 正弦波发生电路的组成

为了产生正弦波,必须在放大电路里引入正反馈,因此,基本放大电路和正反馈网络是振荡电路的主要组成部分。但是,仅有这样两部分构成的振荡电路还不是正弦波振荡电路。这是因为振荡电路要产生正弦波信号,必须满足仅对某单一频率的信号满足正反馈,而对另外的所有频率分量均不满足正反馈条件,这样电路若发生振荡必然是单一频率的正弦振荡。为了保证电路仅对某单一频率的信号满足正反馈,而对另外的所有频率分量均不满足正反馈条件,电路中必须引入具有频率选择性的选频网络(对不同频率的信号具有不同传输特性)。因此,选频网络也是正弦波振荡电路中不可缺少的组成部分。此外,为了使正弦波振荡电路输出信号稳定和减小非线性元件(晶体管、场效应晶体管、集成电路等)引起的非线性失真,电路中还需引入稳幅(或限幅)环节(电路)。

综上所述,正弦波振荡电路四个组成部分的作用归纳如下:

(1)基本放大电路

实现能量转换(将直流电源的直流能量转换为信号的交流能量)控制的基本电路。

(2)正反馈网络

给基本放大电路提供自己激励自己足够大的正反馈信号,取代外部输入信号,使电路产生自激振荡。

(3)选频网络

使电路仅对某单一频率的信号满足正反馈,保证电路产生正弦波信号;选频网络的固有频率决定了电路的振荡频率。

（4）稳幅（或限幅）电路

为非线性电路，其作用是减小非线性元件（晶体管、场效应晶体管、集成电路等）引起信号的非线性失真和使输出信号幅值的相对稳定。

需要指出，从电路原理上讲，正弦波振荡电路由以上四部分组成，但在具体的电路结构上，这四个组成部分之间有些是互不可分的。比如，选频网络有时既是正反馈电路的一部分，又是基本放大电路的集电极负载等。这些问题在后面讨论的具体电路中可清楚看出。

2. 产生正弦波的平衡条件

产生正弦波的条件与负反馈放大电路产生自激的条件十分类似。只不过负反馈放大电路中是由于信号在频率的高端或低端，产生了足够的附加相移，从而使负反馈变成了正反馈，导致电路产生自激振荡。由于这种自激振荡是非人为产生的寄生振荡，这种寄生振荡使放大电路无法正常放大交流信号，因此，放大电路的寄生振荡是有害的，应设法避免。而在正弦波振荡电路中，是人为地引入正反馈使电路产生自激振荡。虽然两种自激振荡的原理相同，但它们产生的作用和后果却不一样。

图 7-1 所示框图示出了正、负反馈电路的区别，这种区别表现在：第一，图 7-1（a）所示负反馈电路的作用是放大交流信号，因而有外部输入信号（也称激励信号）$\dot{X}_i$，图 7-1（b）所示正反馈电路的作用是自激产生正弦信号，没有外部输入信号 $\dot{X}_i$；第二，图 7-1（a）所示负反馈电路输入回路叠加环节中，$\dot{X}_f$ 为"—"，图 7-1（b）所示正反馈电路输入回路中，$\dot{X}_f$ 为"＋"。

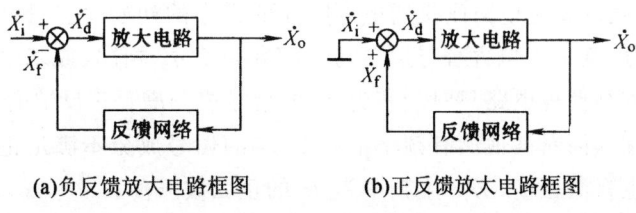

(a)负反馈放大电路框图　　　　**(b)正反馈放大电路框图**

图 7-1　反馈放大电路框图

由于正弦波振荡电路没有外部输入信号 $\dot{X}_i$，反馈量 $\dot{X}_f$ 即为净输入信号，因此，图 7-1 b 可画为图 7-2 框图的形式。

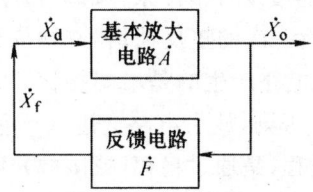

图 7-2　正弦波振荡电路反馈量作为净输入量示意图

由图 7-2 可以看出，正反馈放大电路的净输入信号 $\dot{X}_d = \dot{X}_f$，当电路工作在稳定平衡状态（即输出信号 $\dot{X}_o$ 相对稳定不变）时有

$$\frac{\dot{X}_f}{\dot{X}_d} = \left(\frac{\dot{X}_o}{\dot{X}_d}\right)\left(\frac{\dot{X}_f}{\dot{X}_o}\right) = 1$$

故可得电路的振荡平稳条件为

$$\dot{A}\dot{F}=1 \qquad\qquad (7\text{-}1)$$

由此可得振幅平衡条件为

$$|\dot{A}\dot{F}|=1 \qquad\qquad (7\text{-}2)$$

相位平衡条件为

$$\varphi_A+\varphi_F=2n\pi \quad （n\text{ 为 }0\text{ 或正整数}） \qquad\qquad (7\text{-}3)$$

式(7-1)中，$\dot{A}=\dfrac{\dot{X}_o}{\dot{X}_d}$，为基本放大由路的放大倍数；$\dot{F}=\dfrac{\dot{X}_f}{\dot{X}_o}$，为反馈电路的反馈系数；$\varphi_A$、$\varphi_F$ 分别为基本放大电路和反馈电路的相移。

式(7-2)、式(7-3)是电路维持稳定平衡振荡所必须满足的两个条件（必要条件）。

一般而言，正弦振荡电路中的放大器件工作在线性区（如 RC 振荡电路）或接近于线性区（如 LC 振荡电路），因此，在近似分析中振荡电路可按线性电路处理。

3. 起振条件和稳幅原理

正弦波振荡电路在刚接通电源后极短时间内（小于几十微秒），其输出量（电流或电压）有一个由小到大直至输出量幅值最后稳定在某一平衡值的一个过渡过程，这一过渡过程称为自激振荡的建立过程（亦称起振过程）。自激正弦波振荡电路没有外界输入信号激励，那么，电路在刚接通电源瞬间最初的输出量、输入量是从何而来呢？正弦波振荡电路要能正常工作，正弦波振荡电路中的放大电路必须要设置合适的静态工作点，因此，当电路在刚接通电源瞬间必然存在电扰动，这种电扰动就是电路刚接通电源瞬间的很小的初始输出量、输入量，它们包含有极其丰富的频率成分，其中也包含有与选频网络固有频率 f_0 相同（或基本相同）的频率成分，正反馈电路和选频网络使得电路只对频率为 f_0 的信号成分满足正反馈的相位平衡条件（以下简称正反馈相位条件），而对其他所有频率不等于 f_0 的信号成分不满足正反馈的相位平衡条件；因此，电路若产生自激振荡，必产生频率为 f_0 的正弦波振荡。

电路在刚接通电源瞬间的初始电扰动是很小的，为了使电路在接通电源后短时间内，输出量能够由小到大直至达到最终的平衡值，起振过程中还必须满足起振条件

$$\dot{A}\dot{F}>1 \qquad\qquad (7\text{-}4)$$

即满足 $\varphi_A+\varphi_F=2n\pi$（$n$ 为 0 和正整数）的相位条件和 $|\dot{A}\dot{F}|>1$ 的振幅条件。这是因为起振过程中只有满足式(7-4)，才能使后一次的正反馈信号（输入信号）比前一次的正反馈信号（输入信号）要强一些；可见，起振阶段电路产生的是增幅振荡。但是这种起振阶段由弱到强的增幅振荡也不能无限制地进行下去，否则，放大电路会进入严重的非线性状态而导致信号失真。电路从起振过程进入平衡状态的过程，是通过稳幅（或限幅）环节使电路由 $\dot{A}\dot{F}>1$ 变为 $\dot{A}\dot{F}=1$ 的过程。实际上，LC 正弦波振荡电路中，晶体管不仅作放大器件用，而且还利用了晶体管的非线性特性去限制起振阶段的增幅振荡不能无休止地进行下去。这是因为，起振阶段随着增幅振荡的加强，信号的动态范围不断加大，致使晶体管接近非线性区，从而产生自动调整过程：晶体管接近非线性区→晶体管放大性能减弱→$|\dot{A}|\downarrow$→$|\dot{A}\dot{F}|\downarrow$→$|\dot{A}\dot{F}|=1$，最终达到平衡状态。在 LC 振荡器中靠晶体管工作在大信号时非线性特性去限制幅度的增加，晶体管电流必然会产生失真，但是，这种失真可通过选频网络的作用，选出与选频网络固有频率相同的电流分量流经负载产生正弦波输出电压，而滤掉失真电流信号中所有不等于选频网络固有频率

的其他分量。实际中,也可以在反馈网络中另外加入非线性稳幅环节(例如 RC 振荡电路中就是如此),用以调节放大电路的放大倍数,从而达到稳幅的目的。这些问题将在下面具体的振荡电路中加以论述。

7.1.2　RC 正弦波振荡电路

RC 正弦波振荡电路通常用在振荡信号频率为几十千赫以下的情形。RC 正弦波振荡电路是利用电阻 R 和电容 C 作为选频网络的振荡电路。根据 RC 选频网络电路组成结构的不同,RC 正弦波振荡电路有串并联型、移相式(又分为相位超前和相位落后两种形式)、双 T 型等多种形式。下面讨论实际中应用较为普遍的 RC 串并联正弦波振荡电路(也称文氏桥正弦波振荡电路)。

1. RC 串并联选频网络

要理解 RC 串并联正弦波振荡电路工作原理,必须首先弄清 RC 串并联选频网络的频率特性。RC 串并联选频网络如图 7-3 所示。RC 串并联网络在 RC 正弦波振荡电路中,既作选频网络,同时又作正反馈电路,且图 7-3 所示的 RC 串并联选频网络的 $\dot{U}_\mathrm{o}$ 端与放大电路输出端相连、$\dot{U}_\mathrm{f}$ 与放大电路输入端相连,因此,其电压传输系数为

$$\dot{F} = \frac{\dot{U}_\mathrm{f}}{\dot{U}_\mathrm{o}} = \frac{\left(R_2 /\!/ \dfrac{1}{\mathrm{j}\omega C_2}\right)}{\left(R_1 + \dfrac{1}{\mathrm{j}\omega C_1}\right) + \left(R_2 /\!/ \dfrac{1}{\mathrm{j}\omega C_2}\right)} = \frac{1}{\left(1 + \dfrac{R_1}{R_2} + \dfrac{C_2}{C_1}\right) + \mathrm{j}\left(\omega R_1 C_2 - \dfrac{1}{\omega R_2 C_1}\right)} \tag{7-5}$$

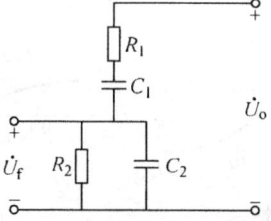

图 7-3　RC 串并联选频网络

对于式(7-5),存在一个特定的角频率 $\omega_0 = 2\pi f_0$,满足

$$2\pi f_0 R_1 C_2 = \frac{1}{2\pi f_0 R_2 C_1}$$

即

$$f_0 = \frac{1}{2\pi \sqrt{R_1 R_2 C_1 C_2}} \tag{7-6}$$

当 $\omega = \omega_0 = 2\pi f_0$ 时,式(7-5)为实数,此时,不仅表明 $\dot{U}_\mathrm{f}$ 与 $\dot{U}_\mathrm{o}$ 同相,而且 $|\dot{F}|$ 达到最大值(因为分母的模最小)。

当取 $R_1 = R_2 = R, C_1 = C_2 = C$ 时(实际中通常如此),则有

$$\omega_0 = \frac{1}{RC} \text{ 或 } f_0 = \frac{1}{2\pi RC} \tag{7-7}$$

则式(7-5)变为

$$\dot{F} = \frac{\dot{U}_f}{\dot{U}_o} = \frac{1}{3 + j\left(\dfrac{f}{f_0} - \dfrac{f_0}{f}\right)} \tag{7-8}$$

幅频特性为

$$|\dot{F}| = \left|\frac{\dot{U}_f}{\dot{U}_o}\right| = \frac{1}{\sqrt{3^2 + \left(\dfrac{f}{f_0} - \dfrac{f_0}{f}\right)^2}} \tag{7-9}$$

相频特性为

$$\varphi_F = -\arctan\frac{1}{3}\left(\frac{f}{f_0} - \frac{f_0}{f}\right) \tag{7-10}$$

当 $f = f_0$ 时,可得电压传输系数模的最大值为

$$|\dot{F}|_{\max} = \left|\frac{\dot{U}_f}{\dot{U}_o}\right|_{\max} = \frac{1}{3}$$

$\dot{U}_f$ 与 $\dot{U}_o$ 的相位差为

$$\varphi_F = 0$$

当 $f = f_0$ 时,相角 $\varphi_F = 0$,电压传输系数模达到最大值 $1/3$,且与频率 f_0 的大小无关。若将 RC 串并联电路组成振荡电路中的正反馈网络,通过改变 R 或 C 调节振荡频率 f_0 时,不会影响反馈系数(电压传输系数)的最大值,故不会使电路输出电压幅度改变,电路也不会因此不满足振幅平衡条件而停止振荡。

由式(7-9)、式(7-10)可得图 7-3 所示电路的幅频特性和相频特性曲线如图 7-4 所示。

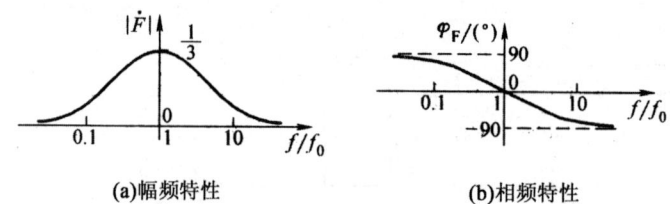

(a)幅频特性　　　　　　　　　　　(b)相频特性

图 7-4　RC 串并联电路电压传输系数的频率特性

2.RC 桥式振荡电路

(1)RC 基本桥式振荡电路

由运算放大电路组成的 RC 基本桥式振荡电路如图 7-5 所示,图中矩符号代表运算放大电路(当然也可用分立元件组成的放大电路来代替)。

对频率 $f_0 = \dfrac{1}{(2\pi RC)}$ 而言,反馈电压与输出电压相位相同,RC 串并联网络构成正反馈网络;对 $f_0 \neq \dfrac{1}{(2\pi RC)}$ 所有频率而言,反馈电压与输出电压相位之和 $\varphi_A + \varphi_F \neq 2n\pi$($n$ 为整数),RC 串并联网络均不构成正反馈网络。所以,图 7-5 所示电路若要振荡,必然是频率为 f_0 的振荡。

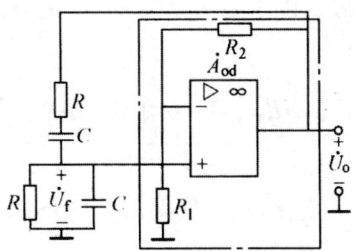

图 7-5　由运算放大电路组成的 *RC* 桥式振荡电路

由于 $f=f_0$ 时，$F=1/3$，所以要满足起振的振幅条件 $AF>1$，则图 7-5 虚线框中基本放大电路的电压放大倍数应满足 $A_u>3$。为此，引入了 R_2、R_1 组成的负反馈电路。若将正反馈信号 U_f 看做输入信号 U_i，图 7-5 中虚线框中放大电路为电压串联负反馈电路，其电压放大倍数为 $A=A_u=1+\dfrac{R_2}{R_1}$。若满足 $R_2>2R_1$，则 $A=A_u=1+\dfrac{R_2}{R_1}>3$，即可满足起振的振幅条件 $AF>1$，电路接通电源后就可以自激振荡。

在图 7-5 所示电路中，*RC* 串并联正反馈支路与 R_2、R_1 负反馈支路正好构成一个电桥电路，故称为桥式振荡电路。

图 7-5 所示电路没有稳幅（限幅）电路，接通电源后，不能由起振阶段的 $AF>1$ 自动过渡到稳定平衡状态时的 $AF=1$，因此，电路会正反馈过强而引起信号严重失真。所以，实际的 *RC* 桥式振荡电路必须要引入稳幅（限幅）电路，才能保证电路产生稳定而基本不失真的正弦信号。

（2）引入稳幅（限幅）电路的 *RC* 桥式振荡电路

1）引入热敏电阻限幅的 *RC* 桥式振荡电路

引入热敏电阻限幅环节的 *RC* 桥式振荡电路如图 7-6 所示。图中引入了负温度系数的热敏电阻 R_T，电路设计时，选择 R_T 略大于 $2R_1$，这样可保证接通电源后起振阶段使 $AF>1$，以便电路起振。

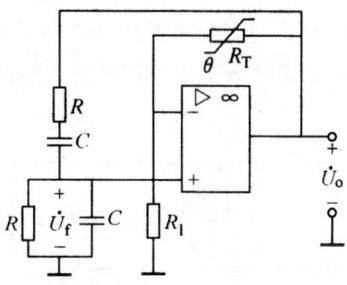

图 7-6　用热敏电阻限幅环节构成的 *RC* 桥式振荡电路

起振后，随着 U_o 逐渐增大，流过负温度系数的热敏电阻 R_T 的电流也随之加大，电流的热效应将使热敏电阻 R_T 的温度升高、其阻值变小，当 U_o 逐渐增大为某一值时，R_T 减小到使电压放大倍数 $A=A_u=1+\dfrac{R_T}{R_1}=3$ 时，则满足振幅平衡条件 $AF=1$，电路达到稳定平衡状态，从而使 U_o 稳幅在某一确定值。

电路达到稳定平衡状态后,假定由于某一原因使U_o上升或下降,则立即发生下列自动调整过程:

$$U_o \uparrow \downarrow \rightarrow R_T \downarrow \uparrow \rightarrow A \downarrow \uparrow \rightarrow AF \downarrow \uparrow \rightarrow$$
$$U_o \downarrow \uparrow \longleftarrow \text{----------------------------}|$$

即上述自动调整过程牵制了U_o的变化,从而使得乙,。的幅度最终稳定在某一确定值。

2)引入二极管限幅的RC桥式振荡电路

引入二极管限幅环节的RC桥式振荡电路如图7-7所示。选R_{22}为一适当的小电阻,满足$(R_{21}+R_{22})$略大于$2R_1$,当接通电源后的起振的初始阶段,由于U_o较小,R_{22}两端电压小于二极管VD_1、VD_2的死区电压,即起振的初始阶段,二极管VD_1、VD_2均截止,故满足$|AF|>1$,有利于起振。

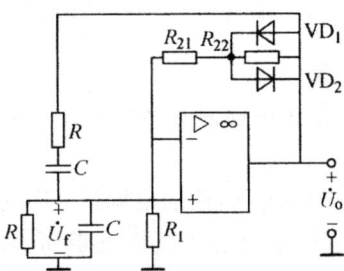

图 7-7　引入二极管限幅环节的RC桥式振荡电路

随着起振阶段增幅振荡的加强,U_o逐渐增加,当U_o增大到某一值时,二极管VD_1、VD_2由截止转换为导通(U_o为正时,VD_1导通、VD_2截止;U_o为负时,VD_2导通、VD_1截止),U_o越大,VD_1、VD_2的导通电阻越小,R_{22}逐渐被VD_1、VD_2短接,直到A自动下降到使$AF=1$,电路达到平衡状态,使得输出U_o稳定在某一确定值。

(3)频率可调的RC桥式振荡电路

频率可调的RC桥式振荡电路如图7-8所示。通过调整R和C来调整频率。S为同轴联动双联频段开关,切换双联频段开关S时,同时切换RC串并联电路中的电阻,可分挡级粗调振荡频率;C为同轴联动双联旋转连续可调电容(相互独立的两个电容),用于在每一频段内连续调振荡频率。

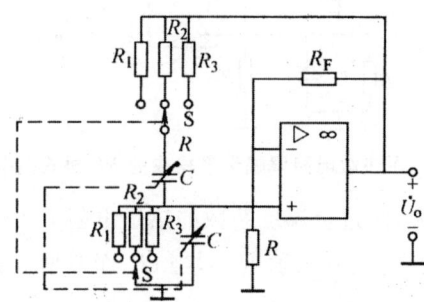

图 7-8　频率可调的RC桥式振荡电路

RC桥式振荡电路一般用在振荡频率较低情形(几万赫以下),这是因为,若振荡频率较高,则 RC 串并联电路中的电阻 R 和电容 C 必然选得很小,当 R、C 小到与运算放大电路输出电阻(未知的参数)和输入电容(未知且不稳定的参数)相当时,输出电阻和输入电容将严重影响 RC 串并联电路选频特性,导致电路振荡频率的不稳定。若实际需要的振荡频率较高时,应选用下面将讨论的 LC 振荡电路。

7.1.3　LC 正弦波振荡电路

LC 正弦波振荡电路是指选频网络由 LC 谐振电路构成的振荡电路。LC 正弦波振荡电路的组成原理与 RC 正弦波振荡电路相似,同样包含有放大电路、正反馈网络、选频网络和稳幅电路等四个部分。选频网络一般运用 LC 并联谐振电路。由于 LC 正弦波振荡电路的振荡频率较高(一般在几百千赫至几百兆赫),放大电路以分立元件电路较多(一般集成运放高频特性较差,不能满足实际要求),所以,下面主要讨论分立元件 LC 正弦波振荡电路。

1.LC 并联谐振电路的频率特性

实际中,LC 正弦波振荡电路中的选频网络多采用如图 7-9 所示的 LC 并联谐振电路。

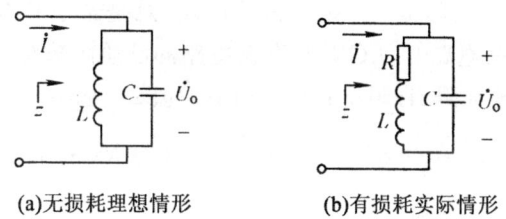

(a)无损耗理想情形　　　(b)有损耗实际情形

图 7-9　LC 并联谐振电路

(1)无损耗理想情形

图 7-9a 为 LC 回路无损耗时的理想情形,谐振频率为

$$f_0 = \frac{1}{2\pi\sqrt{LC}}$$

当 $f < f_0$ 时,感抗值小于容抗值,电路呈感性。

当 $f > f_0$ 时,感抗值大于容抗值,电路呈容性。

当 $f = f_0$ 时,电路呈纯阻性,且谐振阻抗 $Z \to \infty$。此时电路发生电流谐振,电感储存的磁场能与电容储存的电场能相互转换,电路产生振荡将持续进行(因无损耗)下去。

(2)有损耗实际情形

实际中的 LC 回路总是有损耗的,图 7-9b 为 LC 回路有损耗电阻 R(电感自身的和外接负载的总等效串联损耗电阻)时的实际情形。电路导纳为

$$Y = j\omega C + \frac{1}{R + j\omega L} = \frac{R}{R^2 + (\omega L)^2} + j\left[\omega C - \frac{\omega L}{R^2 + (\omega L)^2}\right] \tag{7-11}$$

设电路谐振角频率为 ω_0,当电路发生谐振时,电路呈纯电导,即式(7-11)虚部必然为 0,由此求出谐振角频率为

$$\omega_0 = \frac{1}{\sqrt{1 + \left(\frac{R}{\omega L}\right)^2}}\frac{1}{\sqrt{LC}} = \frac{1}{\sqrt{1 + \frac{1}{Q^2}}}\frac{1}{\sqrt{LC}} \tag{7-12}$$

式中,Q 为品质因数,它的值为

$$Q = \frac{\omega_0 L}{R} \tag{7-13}$$

实际中,通常满足 $Q \gg 1$,一般值在几十至一二百,所以

$$\omega_0 \approx \frac{1}{\sqrt{LC}} \tag{7-14}$$

或

$$f_0 \approx \frac{1}{2\pi \sqrt{LC}} \tag{7-15}$$

将式(7-14)代入式(7-15),可得

$$Q \approx \frac{1}{R} \sqrt{\frac{L}{C}} \tag{7-16}$$

在谐振频率一定时,回路损耗电阻 R 和电容 C 越小,电感 L 越大,品质因数 Q 越大,电路的频率选择性越好。进一步分析表明,LC 并联谐振电路品质因数 Q 越大,LC 正弦波振荡电路的振荡频率越稳定。对于一个实际 LC 正弦波振荡电路,总是希望其振荡频率很稳定,因此,设计一个实际 LC 正弦波振荡电路时,LC 并联谐振电路的品质因数 Q 应设计得尽可能大些。

当 $f = f_0$ 时,回路呈现纯阻,且阻抗 $|Z|$ 达到最大值 Z_0 为

$$Z_0 = \frac{1}{Y_0} = \frac{R^2 + (\omega_0 L)^2}{R} = R + Q^2 R \approx Q^2 R \tag{7-17}$$

考虑到式(7-13),式(7-17)可表为

$$Z_0 \approx Q\omega_0 L \approx \frac{Q}{\omega_0 C} \tag{7-18}$$

谐振时,设总电流数值为 I_0,则端电压 U_0 的数值为

$$U_0 \approx I_0 Z_0 \approx I_0 Q\omega_0 L \approx \frac{I_0 Q}{\omega_0 C} = I_L \omega_0 L \approx \frac{I_C}{\omega_0 C} \tag{7-19}$$

式中,$I_L = I_C = QI_0$,I_L、I_C 分别为并联电路谐振时流过电感 L 和电容 C 中的电流。可见,LC 并联电路谐振时,支路电流 I_L、I_C 是总电流 I_0 的 Q 倍(Q 为几十至一二百),这是 LC 并联电路特有的现象(需要注意,$\dot{I}_L$ 与 $\dot{I}_C$ 之间有接近 $180°$ 的相位差),故 LC 并联电路谐振称为电流谐振。

由式(7-11)可知,阻抗 $Z = 1/Y$ 是频率的函数,阻抗的模 $|Z|$ 与频率关系曲线如图 7-10 所示。频率升高,电容的容抗减小,旁路作用加强,故 $|Z|$ 随频率升高而减小;反之频率降低,电感的感抗减小,旁路作用加强,故 $|Z|$ 随频率降低而减小。

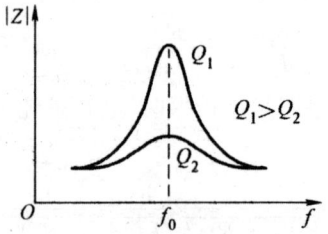

图 7-10 LC 并联谐振电路阻抗幅频特性

2. 选频放大电路

图 7-11 是以 LC 并联谐振回路作为共射放大电路集电极负载的选频放大电路,其电压放大倍数为

$$\dot{A}_u = -\beta \frac{Z}{r_{be}}$$

由上述讨论可知,当 $f=f_0=\dfrac{1}{2\pi\sqrt{LC}}$ 时,LC 并联谐振回路阻抗 Z 最大,且呈现纯阻,无附加相移,故电压放大倍数的绝对值最大;当 $f\neq f_0$ 时,LC 并联谐振回路阻抗 Z 的值减小(且呈现电抗特性),电压放大倍数绝对值减小,且有附加相移。电路对不同频率的信号具有不同的放大特性,故称之为选频放大电路。假如在图 7-11 所示电路基础上引入正反馈,并满足振幅条件,则电路就变成为 LC 正弦波振荡电路。

根据引入正反馈的具体电路形式的不同,LC 正弦波振荡电路又可分为变压器反馈式、电感反馈式(电感三点式)和电容反馈式(电容三点式)三种基本电路。振荡电路中基本放大电路可以是共射(或共源)放大电路,也可以是共基放大电路。由于晶体管共基组态比共射组态的高频特性好,所以在要求振荡频率较高的情形下,采用共基放大电路。

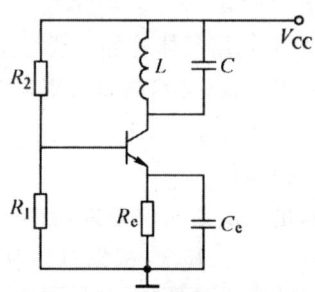

图 7-11　LC 选频放大电路

3. 变压器反馈式 LC 振荡电路

(1)电路的组成

一个实用的变压器反馈式 LC 晶体管振荡电路如图 7-12 所示(也可以用场效应晶体管组成场效应管振荡电路,下同)。图 7-12 所示电路能否组成一个振荡电路,首先要看它是否由放大电路、正反馈电路、选频网络和限幅环节四部分组成。观察电路,可知电路具备上述四个组成部分:

①图中 R_{b1}、R_{b2}、R_e、C_e、晶体管 VT 等组成共射放大电路。

②LC 并联谐振电路为选频网络,兼作为晶体管的集电极负载。

③线圈 L_2 与选频网络中的电感线圈 L_1 构成反馈网络,通过两者之间互感 M 相耦合,将反馈信号 u_f 通过耦合电容 C_b 送到晶体管放大电路的输入端作为激励自身的输入信号。

④利用晶体管 VT 的非线性实现限幅,其限幅原理为:若电路满足正反馈的起振条件,在刚接通电源的起振阶段,电路产生增幅振荡,电路的动态范围逐渐加大,势必导致晶体管趋近截止区或饱和区,一旦晶体管趋近截止区或饱和区、晶体管的电流放大能力大大减弱,使放大电路的电压放大倍数 A 下降,最终达到 $AF=1$ 的平衡状态。

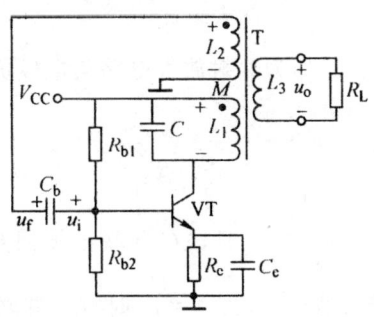

图 7-12　变压器反馈式 LC 正弦振荡电路

这里需要说明，LC 晶体管振荡电路利用晶体管的非线性实现限幅，必然使得晶体管集电极电流失真，由数学分析可知，这种失真的集电极电流包含很丰富的频率分量，其中必然包含有等于或接近于 LC 并联谐振电路谐振频率 f_0 的电流分量，该电流分量在 LC 并联谐振电路两端产生频率为 f_0 的正弦波电压。

前已证明，当 LC 选频回路品质因数 $Q \gg 1$ 时，图 7-13 所示电路振荡频率近似为

$$f_0 \approx \frac{1}{2}\pi \sqrt{L_1 C} \qquad (7-20)$$

综上所述，晶体管 LC 振荡电路是利用晶体管的非线性实现限幅，因而一般不需另外引入限幅电路。利用晶体管的非线性实现限幅，虽然晶体管集电极电流发生失真，但由于 LC 并联谐振电路的选频特性，输出的电压（频率为 f_0）却基本不会失真。

（2）电路满足正反馈相位条件的判断

用瞬时极性法判断电路是否满足正反馈相位条件，首先，要弄清放大电路组态，若为共射组态，则 $\varphi_A = \pi$；若为共基组态，则 $\varphi_A = 0$。其次，根据具体反馈电路确定 φ_F。然后，看是否满足 $\varphi_A + \varphi_F = 2n\pi$（$n$ 为整数），若满足，为正反馈，有可能振荡；否则，不可能振荡。

对于 LC 振荡电路（包括晶体管、场效应晶体管、集成运放等组成的电路），在用瞬时极性法判断电路是否满足正反馈相位条件时，将 LC 并联谐振电路视为一个较大的纯阻，这是因为，LC 振荡电路的振荡频率就是 LC 选频电路的谐振频率，即 LC 并联电路总是处在谐振状态（呈纯阻）。

对图 7-12 所示电路，若将 LC 并联电路视为一个较大的纯阻，则共射电路为反相放大电路。下面用瞬时极性法判断电路是否满足正反馈相位条件。如图所示，假设在输入端加一频率为 f，瞬时极性为正极性（对"地"而言，下同）的交流电压 u_i，极性用"＋"表示，则集电极交流电压 u_c 对"地"为"－"（需要注意，V_{CC} 对交流而言相当于"地端"），故 $\varphi_A = \pi$。另一方面，根据反馈线圈 L_2 与电感线圈 L_1 所标"同名端"可知，L_2 两端的电压 u_f 为上"＋"下"－"，u_f 的极性与假设 u_i 的极性相同（u_f 对"地"言为"＋"，$\varphi_F = \pi$），故对频率为 f_0 的信号而言，满足正反馈的相位条件：$\varphi_A + \varphi_F = 2\pi$。而对 $f \neq f_0$ 的所有频率成分而言，LC 并联电路呈电抗（感抗或容抗）特性，将产生附加相移 φ（$-90° < \varphi < 90°$，且 $\varphi \neq 0$），则信号经反馈环总的相移为：$\varphi_A + \varphi_F + \varphi = 2\pi + \varphi \neq 2n\pi$，即对 $f \neq f_0$ 的所有频率成分而言，均不满足正反馈相位条件。因此，图 7-13 所示电路若振荡，只可能产生振荡频率为 LC 并联电路固有频率 f_0 的正弦振荡，而不会产生 $f \neq f_0$ 的正弦振荡。

显然,若交换反馈线圈 L_2(或 L_1)的两个线头,可使反馈极性发生变化,即对频率 f_0 而言,正反馈变为负反馈。

调整反馈线圈 L_2 与 L_1 的匝数比可以改变反馈信号 u_f 的大小,使电路满足正反馈的幅度起振条件 $AF>1$,接通电源后,电路就可自激振荡。

起振阶段为增幅振荡,要求后一次反馈电压 u_{fn} 大于本次反馈电压 $u_{f(n-1)}$,即应满足 $\frac{u_{fn}}{u_{f(n-1)}}>1$,可以证明电路的起振条件为

$$\beta>\frac{r_{be}}{(\omega_0 MQ)}$$

可见,互感 M 和品质因数 Q 越大,晶体管电流放大系数 β 可以选得小些。

变压器反馈式 LC 振荡电路的优点是容易振荡;缺点是反馈电压是靠变压器一、二次侧(即原、倒边、本书中统一采用一、二次侧表述)磁路耦合,耦合不紧密,损耗较大,振荡频率稳定性不高。

4. 电感三点(端)式 LC 振荡电路

(1)电路的组成及工作原理

图 7-12 所示变压器反馈式振荡电路的主要缺点是一次绕组(L_1)和二次绕组(L_2)磁耦合不够紧密,为克服这一缺点,实际中常将一次绕组和二次绕组合并为一个线圈在中间抽头,即组成如图 7-13 所示的电感反馈式振荡电路。图 7-13a 所示电路中,电感 L_1 和 L_2 是一个线圈,②端是中间抽头。为了保证电路满足正反馈相位条件,电路采用共基组态的同相放大电路(需要注意,电容 C_b、C_e 对交流信号均视为短路)。因此,运用瞬时极性法判断电路是否满足正反馈相位条件时,假设的输入信号 u_i 应从发射极输入。现假设在发射极加入频率为 f_0(为 LC 并联谐振回路的谐振频率,下同)的正极性输入信号 u_i,由于共基组态为同相放大电路,所以,电感 L_1 和 L_2 线圈上的瞬时电压极性如图中所示。L_2 上的电压为反馈到发射极和地端之间的电压 u_f,其极性对地(V_{CC} 端为交流地端)为正,与假设输入信号 u_i 相位相同,所以满足正反馈的相位条件($\varphi_A+\varphi_F=0$)。只要适当选择电感中间抽头的位置(即适当选择电感①、②两端之间的匝数),就可满足 $AF>1$ 起振的振幅条件,电路就可以产生自激正弦振荡。对交流信号而言,图 7-13(a)所示电路中电感的三个端子与晶体管三个电极相连,故这种电路称为电感三点(端)式 LC 振荡电路。

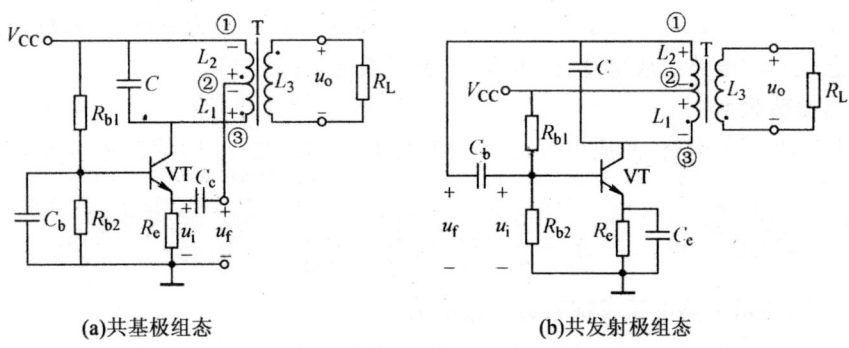

(a)共基极组态　　　　(b)共发射极组态

图 7-13　电感三点式 *LC* 振荡电路

图 7-13b 为共发射极组态的电感三点式 LC 振荡电路(需要注意,大电容 C_b、C_e 对交流信号均视为短路),假设在基极加入频率为 f_0 的正极性输入信号 u_i,由于共发射极组态为反相放大电路,所以,电感 L_1、L_2 线圈上的瞬时电压极性如图所示。L_2 上的电压为反馈到基极输入端的电压 u_f,其极性对地(V_{CC} 端为交流地端)为正,与假设输入信号 u_i 相位相同,所以满足正反馈的相位条件($\varphi_A + \varphi_F = 2\pi$)。只要适当选择电感中间抽头的位置(即适当选择电感①、②两端之间的匝数),就可满足 $AF>1$ 的起振的振幅条件,接通电源后电路就能产生正弦振荡。

(2)三点(端)式 LC 振荡电路组成的一般原则

仔细观察图 7-13 所示电路可发现,对交流而言,与晶体管发射极相连的为同性质的电抗元件(为电感 L_1、L_2),与晶体管基极相连的为相反性质的电抗元件,一边为电感 L_2、一边为电容 C。只要 LC 选频网络中电抗元件与晶体管各电极采用这种连接方式,电路就一定满足正反馈相位条件,这是组成三点(端)式 LC 振荡电路的一般原则,简称"射同基反"的原则。换句话说,这一原则是三点(端)式 LC 振荡电路满足正反馈的必要条件。对场效应晶体管振荡电路而言,是"源同栅反";对集成运放振荡电路而言,是"同相输入端同、反相输入端反"。

三点(端)式 LC 振荡电路组成正反馈的一般原则还可通过下面交流电路进一步说明。图 7-14 所示共射电路为三点式 LC 振荡电路满足正反馈的示意图,电抗 X_{be}、X_{ce}、X_{cb} 组成 LC 并联谐振回路。图中标出 LC 并联谐振回路瞬时电流的参考极性。由于共发射极组态为反相放大电路,对"地"而言,要满足 $\dot{U}_{ce}$ 与 $\dot{U}_{be}$ 反相,X_{be} 与 X_{ce} 必为同性质的电抗(同为感抗或同为容抗)。又因为 LC 回路谐振时,必然满足

$$X_{be} + X_{ce} + X_{cb} = 0 \tag{7-22}$$

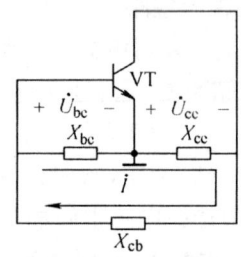

图 7-14　三点式振荡电路满足正反馈示意图

所以有

$$X_{cb} = -(X_{be} + X_{ce}) \tag{7-23}$$

可见,X_{cb} 与 X_{be}(或 X_{ce})必为相反性质的电抗,即 X_{be} 和 X_{ce} 同为感抗(或容抗)时,则 X_{cb} 必为容抗(或感抗),故电路组成电感(或电容)三点式振荡电路。

(3)电路振荡频率

对于图 7-13 所示电路,品质因数 Q 一般为几十,若 L_1 与 L_2 间的互感为 M,则电路的振荡频率为

$$f_0 \approx \frac{1}{2\pi \sqrt{(L_1 + L_2 + 2M)C}} \tag{7-24}$$

图 7-14(b)所示电路电压反馈系数的数值为

$$F = \frac{U_f}{U_o} \approx \frac{(L_2 + M)}{(L_1 + M)} = \frac{N_2}{N_1}$$

式中，N_1，N_2 分别为 L_1、L_2 的匝数。

可以证明，图 7-13(b)所示电路的起振条件为

$$\beta > \frac{(L_1+M)r_{be}}{(L_2+M)R'_L}$$

式中，R'_L 为晶体管集电极总等效交流负载电阻。

电感三点式振荡电路 L_1 与 L_2 之间耦合很紧，容易振荡；当电容 C 采用可变电容时，可获得调节范围较宽的振荡频率，最高振荡频率可达几十兆赫。而且，改变电容 C 的容量并不改变电路的电压反馈系数 F，这是因为电压反馈系数 F 取决于 L_1 与 L_2。之间的匝数比。

由于电感三点(端)式 LC 振荡电路反馈电压取自电感上的电压，电感对高次谐波(相对 f_0 而言)阻抗大、反馈更强，使得输出电压常含有一定的谐波分量(不可能完会滤除干净)，输出波形有一定的失真。电感三点式振荡电路通常应用在对波形失真要求不是很高的场合。

5. 电容三点(端)式 LC 振荡电路

(1)电路的组成及工作原理

如上所述，电感三点(端)式 LC 振荡电路由于输出电压常含有一定的谐波分量使得输出电压波形有一定的失真，为解决这一问题，可采用图 7-15(a)、(b)所示的电容三点(端)式 LC 振荡电路。图 7-15(a)、(b)所示电路分别为共发射极组态和共基极组态电路，反馈电压均取自电容 C_2 两端，为了避免正反馈过强引起失真，一般满足 $C_2 \gg C_1$。图中分别标出了输入端反馈电压(作为输入电压)和输出电压的实际瞬时极性，显然，图 7-15 所示电路均满足正反馈相位条件。

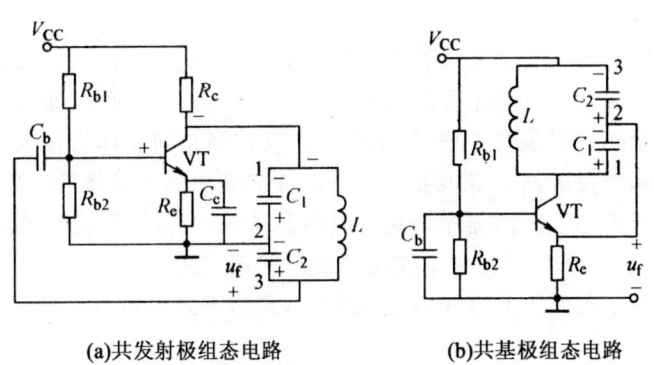

(a)共发射极组态电路　　　　(b)共基极组态电路

图 7-15　电容三点式振荡电路

图 7-15 所示电路中，C_b、C_e 对交流均可视为短路，按照三点(端)式 LC 振荡电路"射同基反"的组成原则，也可断定图 7-15 所示两电路均满足正反馈相位条件。

由于一般满足 $C_2 \gg C_1$，图 7-15 所示两电路的电压反馈系数为

$$F = \frac{U_f}{U_o} \approx \frac{C_1}{C_2} \tag{7-25}$$

可见，调整 C_1、C_2 的比值关系，可改变电路电压反馈系数。

可以证明，图 7-15(a)所示电路的起振条件为

$$\beta > \frac{C_2 r_{be}}{C_1 R'_L} \tag{7-26}$$

模拟电子电路原理与设计研究

式中,斜为放大电路集电极总交流等效负载电阻。

对交流而言,图 7-15 所示电路 LC 选频网络中电容 C_1、C_2 三个引出端子分别与晶体管三个电极相连,故称之为电容三点(端)式 LC 振荡电路。

(2)电路振荡频率

一般情形下,L、C_1、C_2 选频回路的品质因数为几十,图 7-15 所示电路的振荡频率为

$$f_0 \approx \frac{1}{2\pi\sqrt{L\dfrac{C_2 C_1}{C_2+C_1}}} \tag{7-27}$$

电容三点(端)式 LC 振荡电路反馈电压取自电容上的电压,电容对高次谐波(相对工而言)阻抗小、反馈更弱,使得输出电压含有的谐波分量很小,输出电压波形比电感三点(端)式 LC 振荡电路要好得多。电容三点式振荡电路通常应用在对波形失真要求较高的场合。

由于晶体管共基截止频率 $f_\alpha \gg f_\beta$(f_β 为晶体管共射截止频率),即晶体管共基组态高频特性要比共射组态高频特性好得多。因此,在振荡频率很高时,例如在 100MHz 以上时,通常采用图 7-15(b)所示的共基极组态电路。

7.1.4 LC 正弦波振荡电路设计

严格来讲,LC 正弦振荡电路达到稳态后工作在非线性区,难以对电路进行较为准确的分析计算,所以一般工程设计只能是比较粗略的,满足实际要求的 LC 振荡电路最终需要由实际测试和实验调整完成。

下面论述 LC 正弦波振荡电路设计的一般原则。

(1)晶体管的选择

一般的小功率振荡器只要求晶体管在给定的振荡频率下能可靠稳定地工作。器件手册中给出的最高振荡频率 f_{max} 是指晶体管的功率增益等于 1 的上限频率,即晶体管工作在 f_{max} 时,输出功率等于输入功率。振荡器工作时,不仅要经反馈回路向晶体管输入端馈送功率,还要给负载输出功率;此外,谐振电路自身也要消耗一部分交流功率。晶体管输出功率仅仅等于晶体管输入功率是不够的,因此,振荡器振荡频率应满足 $f_0 < f_{max}$,以保证带负载后仍能维持振荡,一般选 $f_0 < f_{max}/3$ 为宜(具体选择视电路带负载情况而定)。

如果器件手册中给出的是共基极截止频率 f_α,可由下式求得 f_{max}

$$f_{max} = \sqrt{\frac{f_\alpha}{8\pi r_b C_c}} \tag{7-28}$$

式中,r_b 为基区体电阻,C_c 为集电结电容。

(2)电路的选择

图 7-13、图 7-14、图 7-16 分别为变压器反馈式、电感三点式、电容三点式 LC 振荡电路。设计时选哪一种电路具有一定灵活性。从更容易起振考虑,宜选图 7-14、图 7-16 电路。从振荡频率考虑,频率不很高(几百千赫至十几兆赫)时,一般选共射组态电路;频率很高(十几至几百兆赫)时,一般选共基组态电路。从波形失真方面考虑,对波形要求不很高时,可选电感三点式电路;对波形要求较高时,可选电容三点式电路。

(3)静态工作点的设置

若要电路容易起振,应使静态工作点设置在晶体管电流放大系数 β 较大的区域内,即静态

集电极电流 I_C 应适当大些。

由于 LC 振荡电路中没有其他非线性元件,振荡电路振幅的稳定是通过晶体管的非线性实现的。因此,振荡电路由起振到达稳态后,可能在一个振荡周期内的某些时间段内晶体管工作在非线性区域内(一段时间可能趋近饱和区,或者一段时间可能趋近截止区)。当晶体管趋近饱和区时,晶体管集—射极间相当于一个很小的电阻并联在 LC 谐振电路两端,这段时间内,LC 谐振电路的 Q 值很小,LC 谐振电路选频特性变差,使 LC 谐振电路两端电压波形不能保持良好的正弦波而严重失真;当晶体管趋近截止区时,晶体管集—射极间相当于一个很大的电阻并联在 LC 谐振电路两端,基本不影响电路的谐振波形。因此,从获得较好波形的角度考虑,希望晶体管的静态集电极电流 I_C 应适当小些(靠近截止区一些),稳幅作用靠晶体管截止区的非线性实现。

综上所述可知,电路容易起振要求晶体管的静态集电极电流 I_C 适当大些;振荡波形好(失真小)则要求晶体管的静态集电极电流 I_C 适当小些,设计时应综合考虑。由于 LC 振荡电路起振条件一般比较容易满足,因此设计时,应在保证波形好的前提下,适当考虑起振条件。对于小功率(输出功率为几十毫瓦)振荡电路,设计时,晶体管的静态集电极电流 I_C 一般取 $1\sim 2\text{mA}$。

(4)LC 谐振电路参数的确定

谐振电路参数 L、C 的确定主要根据振荡频率公式。但振荡频率公式只能确定 L 与 C 的乘积,具体如何分配还需综合考虑品质因数 $Q = \dfrac{\sqrt{\dfrac{L}{C}}}{R}$($R$ 为与电感 L 相串联的包括负载在内的总等效损耗电阻),L 适当取大些可提高 Q 值,Q 值高可提高输出电压幅度和电路带负载的能力,这显然是有利的一面。但 L 也不能取得过大,否则电容 C 必然取得很小,晶体管极间电容影响和接线分布电容的影响将十分明显,导致振荡频率很不稳定。设计时,可先确定 R(由负载功率折算)和 Q(一般取几十),由 $\sqrt{\dfrac{L}{C}} = QR$ 和谐振频率 $f_0 = \dfrac{1}{2\pi \sqrt{LC}}$ 可确守 L、C 的取值。

7.2　非正弦波发生电路

非正弦波发生电路是电子技术中应用十分广泛的电路。本节涉及的非正弦波发生电路主要包括方波、矩形波、三角波和锯齿波等电路。在频率不太高的情形下,目前,大多运用集成运放电路组成非正弦波发生电路。本节主要讨论由集成运放电路组成的非正弦波发生电路,其核心电路是集成运放组成的电压比较器。下面首先讨论电压比较器的工作原理。

7.2.1　电压比较器

1. 概述

电压比较器是将输入的信号电压与一个已知的基准电压(或参考电压)进行幅值比较的电路,它是组成非正弦波发生电路的核心单元,在电子测量、仪器仪表、自动控制中有着广泛应用。

常用的电压比较器有单限电压比较器、窗口比较器和滞回比较器。这些比较器的阈值(使输出电压在高、低两个电平间发生跳变时对应的输入电压值)一般是固定的,有的只有一个阈值,有的具有两个阈值。

实际中,电压比较器多采用集成运放,且电压比较器中的集成运放是工作在开环或正反馈的状态,分别如图 7-16(a)、(b)所示。分析时可将集成运放视为理想状态:差模电压放大倍数为无穷大、输入电阻为无穷大、输出电阻为 0,且不考虑温漂影响。因此,电压比较器分析的出发点是,只要集成运放两个输入端之间加无穷小(趋近于 0)的差值电压,那么输出电压只有两种取值,不是达到正的最大值 $U_{OH} = U_{OM} = V_{CC} - U_{CES}$,就是负的最大值 $U_{OL} = -U_{OM} = -V_{CC} + |U_{CES}|$,即开环或正反馈的状态下的集成运放总是工作在非线性状态(输出电压与输入电压之间不再满足线性关系)。工作在开环或正反馈的状态下的集成运放电压传输特性如图 7-16(c)所示。

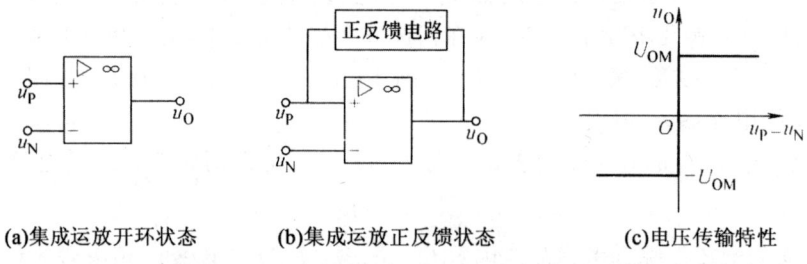

(a)集成运放开环状态　　(b)集成运放正反馈状态　　(c)电压传输特性

图 7-16　工作在开环和正反馈状态下的集成运放电路及其电压传输特性

这里需要注意:工作在开环或正反馈状态下的集成运放,"虚断"成立,但"虚短"不成立。

设 $U_{OH} = U_{OM} = V_{CC} - U_{CES}$、$U_{OL} = -U_{OM} = -V_{CC} + |U_{CES}|$ 分别为集成运放输出电压的正、负幅值。显然,图 7-16a、b 所示电路,当 $u_P > u_N$ 时,$u_O = U_{OM}$;当 $u_P < u_N$ 时,$u_O = -U_{OM}$。

对电压比较器的分析主要抓住如下三个要点:

①确定电路输出电压 u_O 的高电平值 U_{OH} 和低电平值 U_{OL}。

②确定阈值电压值 U_T,输入电压 u_I 等于阈值电压值 U_T 的时刻,也正是输出电压 u_O 发生跳变的时刻。

③当输入电压 u_I 变化经过阈值电压值 U_T 时,确定输出电压 u_O 跳变的方向:是由 U_{OH} 跳变到 U_{OL},还是由 U_{OL} 跳变到 U_{OH}。

2. 单限电压比较器

所谓单限电压比较器是指只有一个阈值的电压比较器。根据基准电压(或参考电压)不同,单限电压比较器又分为过零比较器和一般单限电压比较器。

(1)过零电压比较器

所谓过零电压比较器是指阈值电压 $U_T = 0$ 的比较器,实际上它就是有一个输入端接地的工作在开环状态下的集成运放电路。图 7-17(a)、(b)所示电路分别为同相输入过零电压比较器和反相输入过零电压比较器,由于两者的基准电压(或参考电压)为 0,所以,它们的阈值电压 $U_T = 0$。由此不难得到同相输入过零电压比较器和反相输入过零电压比较器电压传输特性如图 7-17(c)、(d)所示。

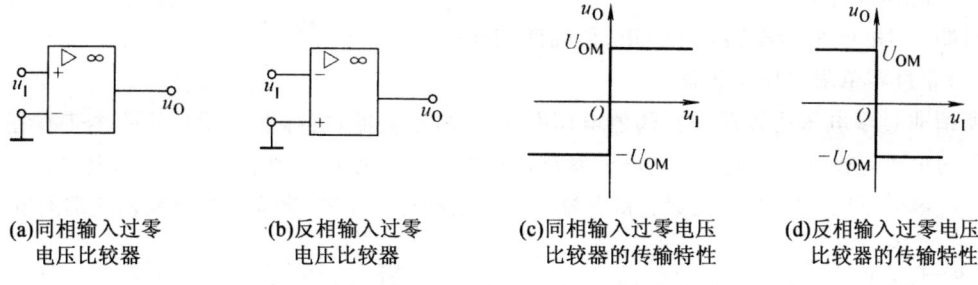

(a)同相输入过零 　　(b)反相输入过零 　　(c)同相输入过零电压 　　(d)反相输入过零电压
电压比较器 　　　　　电压比较器 　　　　 比较器的传输特性 　　　 比较器的传输特性

图 7-17　过零电压比较器及其电压传输特性

为了保护集成运放输入级不致因差模电压过大而损坏,可在输入级并接两个反向并联的二极管 VD_1、VD_2 作为双向限幅电路,如图 7-18 所示。当输入电压 u_1 的绝对值小于二极管导通电压时,二极管 VD_1、VD_2 均处在截止状态,对电路毫无影响;另外,由于集成运放输入电阻很大,输入电流 $i_P = i_N \approx 0$,保护电路限流电阻 R 上的电压为 0。因此,输入电压 u_1 的绝对值小于二极管导通电压时,二极管 VD_1、VD_2 及限流电阻 R 均对电路毫无影响。

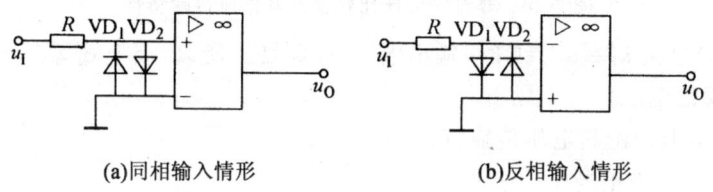

(a)同相输入情形 　　　　　　　　　(b)反相输入情形

图 7-18　过零电压比较器输入级二极管双向限幅保护电路

当输入电压 u_1 的绝对值大于二极管导通电压时,二极管 VD_1、VD_2 分别在 u_1 正、负半周一段时间内导通,这样就使得同相输入端与反相输入端之间电压幅值电压不会超出 $\pm U_D$ 的范围(U_D 为二极管的导通电压),从而避免了集成运放不致于因差模输入电压 u_1 过大而使集成运放输入级差分电路截止晶体管发射结反向电压过大而击穿损坏。

实际中,若要求输出电压很稳定且幅值小于 U_{OM},可在电压比较器的输出端加稳压二极管限幅电路,以获得满足实际幅值需要的输出电压。

对于图 7-19 所示的两个电路,集成运放输出电压的幅值均应满足:$|U_{OM}| > |U_Z|$(U_Z 为稳压二极管的稳压值)。

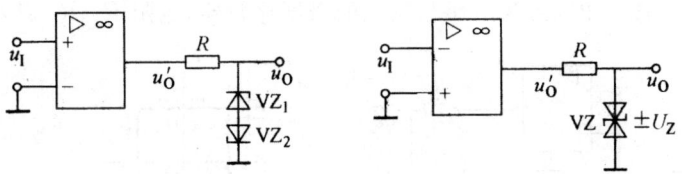

(a)两只稳压管稳压值不同的情形　　(b)双向稳压管正、负稳压值相同的情形

图 7-19　带有输出限幅电路的过零电压比较器

对图 7-19(a)所示电路,当 u_O' 为正幅值时,稳压二极管 VZ_1 反向击穿、VZ_2 正向导通,输出电压 u_O 为 VZ_1 的稳压值 U_Z,即 $u_O \approx U_{Z1}$(忽略了 VZ_2 正向导通电压);反之,稳压二极管 VZ_2 反向击穿、VZ_1 正向导通,即 $u_O \approx -U_{Z2}$(忽略了 VZ_1 正向导通电压);若 $U_{Z1} \neq U_{Z2}$,则配。

的正、负幅值将不同。

对图 7-19(b)所示电路，u_O 的正、负幅值相同。

（2）非过零单限电压比较器

所谓非过零电压比较器是指阈值电压 $U_T=0$ 的比较器，实际上它就是给一个工作在开环状态下的集成运放电路设置一不为零的基准电压的电压比较器。图 7-20(a)所示电路为一反相输入非过零电压比较器，U_{REF} 为设置的基准电压。根据叠加原理，集成运放反相输入端的电位为

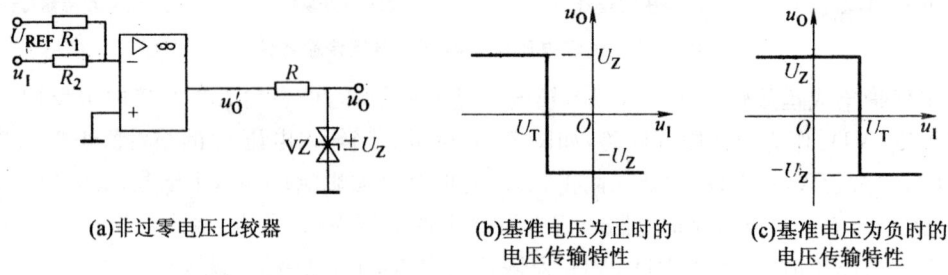

(a)非过零电压比较器　(b)基准电压为正时的　(c)基准电压为负时的
　　　　　　　　　　　　电压传输特性　　　　　电压传输特性

图 7-20　非过零电压比较器及其电压传输特性

当图 7-20(a)电路 $u_P=u_N=0$ 时，输出电压 u_O 跳变。所以，令上式等于 0，可求得图 7-20(a)所示电路的阈值电压

下面分两种情形讨论其电压传输特性。

1）基准电压 U_{REF} 为正电压的情形

当基准电压 U_{REF} 为正电压时，阈值电压 U_T 必为负电压；又因图 7-20(a)所示电路为反相输入，所以，其电压传输特性如图 7-20(b)所示。

2）基准电压 U_{REF} 为负电压的情形

当基准电压 U_{REF} 为负电压时，阈值电压 U_T 必为正电压；又因图 7-20(a)所示电路为反相输入，所以，其电压传输特性如图 7-20(c)所示。

改变基准电压 U_{REF} 的极性和数值与 R_1、R_2 的大小，就可改变阈值电压 U_T 的极性和大小。

3. 滞回比较器

前面讨论的单限电压比较器抗干扰能力较差，特别是当输入电压处在阈值电压附近时，哪怕是一个很小的干扰信号电压，都将造成比较器输出电压产生不应有的跳变。滞回比较器有很强的抗干扰能力。图 7-21(a)为一反相输入的滞回比较器，电阻 R_1、R_2 引入了正反馈。

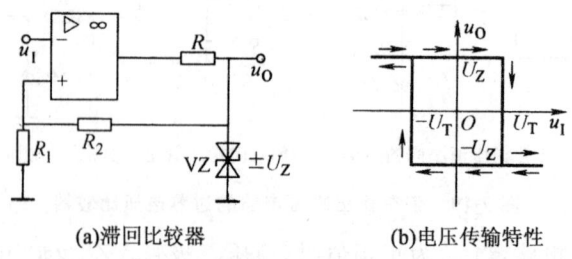

(a)滞回比较器　　　(b)电压传输特性

图 7-21　反相输入滞回比较器及其电压传输特性

由于 u_O 有两种取值：$\pm U_Z$ 所以，集成运放同相输入端的电位为

$$u_P = \pm \frac{R_1}{R_2 + R_1} U_Z$$

令 $u_P = u_N$，可求得阈值电压为

$$\pm U_T = \pm \frac{R_1}{R_2 + R_1} U_Z \tag{7-29}$$

图 7-21(a)所示电路的工作原理分析如下：设电路输出电压初始值 $u_O = U_Z$、$u_P = U_Z \frac{R_1}{(R_2 + R_1)}$ $= U_T$，输入电压由 $u_1 < -U_T$ 开始逐渐朝正的方向变化，在输入电压一直满足 $u_1 < U_T$ 时，输出电压始终满足 $u_O = U_Z$；一旦当输入电压由 u_1 变化到 U_T，再增大一个无穷小量时，输出电压 u_O，立即由 U_Z 跳变到 $-U_Z$。

　　输出电压 u_O 由 U_Z 跳变到 $-U_Z$ 后，集成运放同相输入端的电位变为：$u_P = -U_Z$ $\frac{R_1}{(R_2 + R_1)}$，即电路阈值电压也随之变化。此后，随着输入电压由 $u_1 > U_T$ 继续加大，则输出电压始终满足 $u_O = -U_Z$。因此，输入电压由 $u_1 < -U_T$ 开始，逐渐朝正的方向变化增大时，其电压传输特性如图 7-21(b)中箭头符号"→"、"↓"所对应的线段所示。

　　接续上述过程，当输入电压由 $u_1 > U_T$ 开始、逐渐朝负的方向变化，在输入电压一直满足 $u_1 > -U_T$ 时，输出电压始终满足 $u_O = -U_Z$。一旦当输入电压 u_1 变化减小到 $-U_T$，再减小一个无穷小量时，输出电压 u_O 立即又由 $-U_Z$ 跳变到 U_Z。输出电压配。由 $-U_Z$ 跳变到 U_Z 后，集成运放同相输入端的电位变为：$u_P = U_Z \frac{R_1}{(R_2 + R_1)}$，即电路阈值电压又随之变化。此后，随着输入电压由 $u_1 < -U_T$ 继续减小，则输出电压始终满足 $u_O = U_Z$；因此，输入电压由 $u_1 > U_T$ 开始、逐渐朝负的方向变化减小时，其电压传输特性如图 7-21(b)中箭头符号"←"、"↑"所对应的线段所示。

　　由图 7-21(b)电压传输特性曲线可见，$-U_T < u_1 < U_T$ 时，u_O 有 $\pm U_Z$ 两种取值，u_O 为 $+U_Z$ 还是 $-U_Z$，要看输入电压 u_1 的变化方向，如果 u_1 是从小于 $-U_T$ 的值逐渐增大到 $-U_T < u_1 < U_T$ 时，则 u_O 为 U_Z；反之，如果 u_1 是从大于 U_T 的值逐渐减小到 $-U_T < u_1 < U_T$ 时，则 u_O 为 $-U_Z$。图 7-21(b)所示电压传输特性曲线图中用箭头符号"→"标出了电压变化的方向。

　　图 7-21(a)所示电路的电压传输特性曲线具有磁滞回线的形状，滞回比较器因此得名。

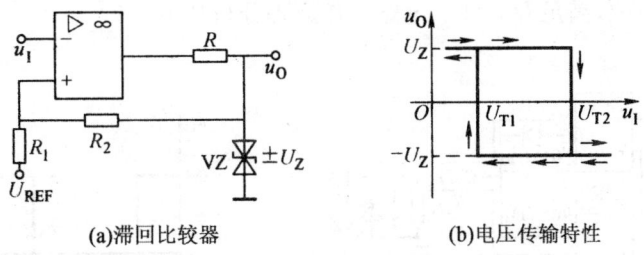

(a)滞回比较器　　　　　　(b)电压传输特性

图 7-22　增加参考电压的滞回比较器及其电压传输特性

　　若将图 7-21(a)所示电路中电阻 R_1 接"地"端改接参考电压 U_{REF}，其电路如图 7-22(a)所示。根据叠加原理，同相输入端电压为

$$u_P = \frac{R_2}{R_2 + R_1} U_{REF} \pm \frac{R_1}{R_2 + R_1} U_Z$$

令 $u_P = u_N$，可求得电路的两个阈值电压分别为

$$U_{T1} = \frac{R_2}{R_2 + R_1} U_{REF} - \frac{R_1}{R_2 + R_1} U_Z \tag{7-30}$$

$$U_{T2} = \frac{R_2}{R_2 + R_1} U_{REF} + \frac{R_1}{R_2 + R_1} U_Z \tag{7-31}$$

当 $U_{REF} > 0$，且满足

$$\frac{R_2}{R_2 + R_1} U_{REF} > \frac{R_1}{R_2 + R_1} U_Z$$

时，则 $U_{T2} > U_{T1} > 0$，图 7-29(a) 所示电路的电压传输特性如图 7-29(b) 所示。显然，改变参考电压 U_{REF} 的大小和极性，可使图 7-29(a) 所示电路的电压传输特性曲线在水平方向移动；改变不同稳压二极管的稳压值 U_Z，可使图 7-29(a) 所示电路的电压传输特性曲线在水平方向和垂直方向同时变化。

由于 $U_{T2} > U_{T1}$，U_{T2} 称为上限触发电平，U_{T1} 称为下限触发电平。两者之间的差值 U_H（$= U_{T2} - U_{T1}$）称为回差电压或门限宽度。由式(7-30)、式(7-31)可得回差电压为

$$U_H = U_{T2} - U_{T1} = \frac{2R_1}{R_2 + R_1} U_Z \tag{7-32}$$

改变 R_1（或 R_2）的大小可改变回差电压的大小。回差电压越大，电路的抗干扰能力也越强。

4. 窗口比较器

前面讨论的单限电压比较器和滞回比较器有一个共同的特点：当输入电压在单一方向变化时，输出电压只单方向跳变一次。在工业控制中，经常需要检测信号是否处在某一正常电压范围内，若信号超出了这一电压范围，就要给出一个控制信号，使控制系统产生相应的运行动作。窗口比较器就具有检测信号是否处在某一正常电压范围内的功能。窗口比较器如图 7-23(a) 所示。对于两集成运放输出端而言，反向串联的二极管 VD_1、VD_2 起着隔离 u_{O1} 与 u_{O2} 的作用，R 为稳压管 VZ 的限流电阻，集成运放 A_1 同相输入端与集成运放 A_2 反相输入端连在一起接输入信号 u_{O1} 集成运放 A_1 反相输入端、A_2 同相输入端分别与高、低参考电位 U_H 和 U_L 相连接，图 7-23(a) 所示电路实际上是两个不同的单限电压比较器并联组合而成。设 U_H、U_L 均为正电位，满足 $U_H > U_L$ 电路工作原理分析如下：

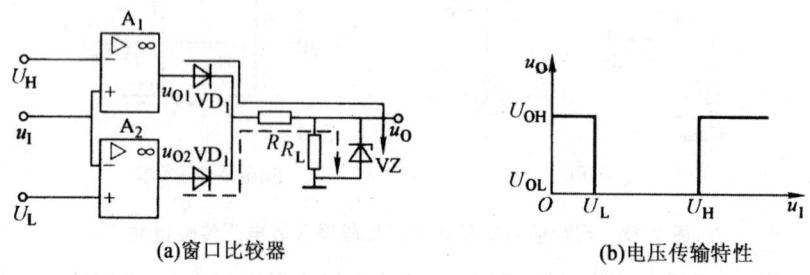

(a)窗口比较器   (b)电压传输特性

图 7-23 窗口比较器及其电压传输特性

（1）$u_I < U_L < U_H$ 时的情形

此时,集成运放 A_1 的输出电压 u_{O1} 为低电平负电压 $-U_{OM}$,集成运放 A_2 的输出电压 u_{O2} 为高电平正电压 U_{OM},因此,二极管 VD_2 导通、VD_1 截止,高电平 u_{O2} 通过限流电阻 R 使稳压管 VZ 击穿,输出电压 u_O 为 $U_{OH} = U_Z$。其电压传输特性如图 7-3 1(b)左半边所示。

（2）$u_I > U_H$ 时的情形

此时,集成运放 A_1 的输出电压 u_{O1} 为高电平正电压 U_{OM},集成运放 A_2 输出电压 u_{O2} 为低电平负电压 $-U_{OM}$,因此,二极管 VD_1 导通,二极管 VD_2 截止,高电平 u_{O1} 通过限流电阻 R 使稳压管 VZ 击穿,输出电压 u_O 为 $U_{OH} = U_Z$。其电压传输特性如图 7-31(b)右半边所示。

（3）$U_L < u_I < U_H$ 时的情形

此时,集成运放 A_1 的输出电压 u_{O1} 和 A_2 的输出电压 u_{O2} 均为低电平负电压 $-U_{OM}$,因此,二极管 VD_1、VD_2 均截止,负载 R_L 上没有电流,所以,输出电压 u_O 为 0,其电压传输特性如图 7-23(b)中间下凹部分所示。

该比较器有两个阈值 U_H、U_L,传输特性曲线呈现窗口状,窗口比较器由此而得名。

7.2.2　矩形波发生电路

1. 典型电路及工作原理

（1）电路的组成

能够自激产生矩形波的电路称之为矩形波发生电路,它是组成其他非正弦波发生电路的基本单元电路。矩形波发生电路如图 7-24(a)所示。它是由集成运放 A_1 电阻 R_1、R_2 等组成的滞回比较器和 RC 定时电路两部分构成。滞回比较器的作用相当于一个双向切换的电子开关,将输出电压 u_O 周期性切换为高电平 $U_{OH} = U_Z$ 或低高电平 $U_{OL} = -U_Z$;为使电路自激振荡,在输出端和反相输入端引入了 R、C 定时反馈电路,反相输入信号 u_1 取自于电容 C 两端的电压 u_C,即 $u_1 = u_C$。R、C 定时反馈电路可使输出电压 u_O 周期性(即按一定的时间间隔)在高电平 $U_{OH} = U_Z$ 和低电平 $U_{OL} = -U_Z$ 之间自动重复转换。因此,滞回比较器的阈值电压为

$$\pm U_T = \pm \frac{R_2}{R_2 + R_1} U_Z \tag{7-33}$$

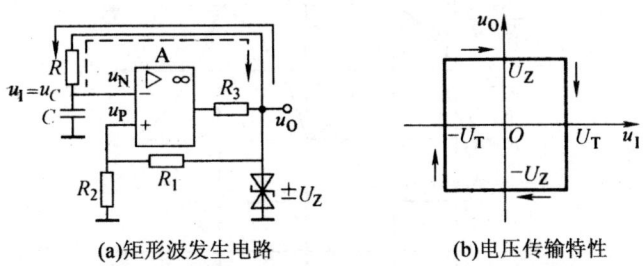

(a)矩形波发生电路　　　(b)电压传输特性

图 7-24　矩形波发生电路及电压传输特性

图 7-24(a)所示电路的电压传输特性如图 7-24(b)所示(为什么图中没有画出 $u_I < -U_T$、$u_I > U_T$ 范围内的电压传输特性,请读者思考)。

图 7-24(a)所示电路中 RC 积分电路就起着时间延迟作用,即利用了电容 C 两端的电压不能突变的"惰性",使得反相输入端电压 $u_C = u_N$ 周期性地在式(7-37)所确定的两种取值之

间转换时总是有一定的时间间隔,而这种时间间隔的长短由积分电路时间常数 RC 所决定。

(2)电路的工作原理

图 7-24(a)所示电路接通电源的初始瞬间,输出电压 u_O 为 U_Z 还是 $-U_Z$,带有偶然性,但这种偶然性不影响问题分析的结论。

①设接通电源的初始时刻,$u_C=u_N=0$,$u_O=U_Z$ 通过 R 对电容 C 充电过程

此时,同相输入端电压 $u_P=U_T$,$u_O=U_Z$ 通过 R 对电容 C 充电,充电电流如图 7-24(a)中实线箭头所示,电容 C 上的电压 u_C 按指数规律上升,其上升的终了趋势趋向于 U_Z;但是,一旦 $u_C=u_N$ 上升到 U_T 时,u_O 立刻由 U_Z 跳变 $-U_Z$。与此同时,u_P 从由 U_T 跳变 $-U_T$。

②一旦 u_O 由 U_Z 跳变 $-U_Z$ 后,$-U_Z$ 通过兄对电容 C 反向充电(或者说,电容 C 通过 R、$-U_Z$ 放电),反向充电电流如图 7-24(a)中虚线箭头所示,电容 C 上的电压 u_C 按指数规律下降,其下降的终了趋势趋向于 $-U_Z$;但是,一旦 $u_C=u_N$ 下降到 $-U_T$ 时,u_O 又立刻由 $-U_Z$ 跳变 U_Z。与此同时,u_P 从由 $-U_T$ 跳变 U_T。从而又回到前一过程,U_Z 又通过 R 对电容 C 充电。

上述电容 C 的充、放电过程周而复始地自动进行下去,于是电路就产生了自激振荡,即 Mo 按一定的时间间隔在 U_Z、$-U_Z$ 之间持续发生跳变。

2. 电路波形分析及信号周期的计算

(1)波形分析

图 7-24(a)所示电路中,电容 C 的充、放电时间常数相同,均为 RC,而且由于两阈值电压大小相等、极性相反,故电容 C 上正、反向电压的幅值也相同,因此,在一个周期内,$u_O=U_Z$ 的持续时间与 $u_O=-U_Z$ 的持续时间相同,u_O 的波形为一正、负半周对称的方波(方波可看做是矩形波的一个特例)。所以,图 7-24(a)所示电路也称为方波发生电路。

电容 C 上的电压 $u_C(=u_N)$ 与电路输出电压 u_O 的波形如图 7-25 所示。$u_C(=u_N)$ 波形为电容 C 充、放电指数曲线组成,u_C 上升沿对应电容 C 充电,下降沿对应电容 C 放电;其幅值达到 $\pm U_T$ 时刻,刚好对应输出电压 u_O 在 $U_Z \sim -U_Z$ 之间发生跳变时刻。因此,输出电压 u_O 为如图 7-25 所示的方波。

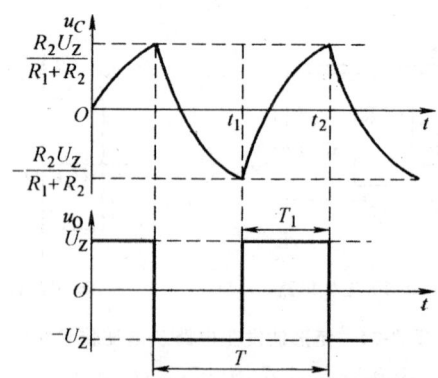

图 7-25　方波发生电路电容上电压与输出电压波形图

通常将矩形波在一个周期内高电平持续时间 T_1(称为矩形波宽度)与周期 T 的比值称为

占空比,记为 $D=\dfrac{T_1}{T}$。因此,方波是占空比 $D=1/2$ 的矩形波。

(2)信号周期的计算

由数学分析可知,对于一阶 RC 电路,电容在充放电过程中,电容上的电压 u_C 随时间变化的规律由下列过渡过程公式所表示

$$u_C(t)=u_C(\infty)+[u_C(0^+)-u_C(\infty)]\mathrm{e}^{\frac{-\Delta t}{RC}} \tag{7-34}$$

式中,$u_C(0^+)$ 为讨论问题的初始时刻电容 C 上的电压;配 $u_C(\infty)$ 为电容 C 终了稳态(充、放电完毕)时的电压。在图 7-25 中,设讨论问题的初始时刻为 t_1。令 $t_1=0^+$,则 $u_C(0^+)=-U_T$,$u_C(\infty)=U_Z$,$t=t_2$、$u_C(t_2)=U_T$,$\Delta t=t_2-t_1=\dfrac{T}{2}$,将这些值代入式(7-34)可得

$$T=2RC\ln\left(1+\frac{2R_2}{R_1}\right) \tag{7-35}$$

振荡频率为 $f=\dfrac{1}{T}$。

改变 R_1、R_2、R 和 C 的值,可改变电路的振荡频率和振荡周期。改变稳压管 VZ 可改变方波发生电路输出电压 u_O 的幅值。

3. 占空比可调的矩形波发生电路

由图 7-24 所示方波发生电路分析可知,在输出电压 u_O 的正、负幅值不变的条件下,要改变输出电压 u_O 的占空比,必须要设法使电容 C 充、放电的时间常数不同。图 7-26 就是根据这一设想构成的占空比可调的矩形波发生电路。图中利用了二极管的单向导电性、通过输出电压 $\pm U_Z$ 去自动控制二极管 VD_1、VD_2 交替的导通、截止,从而改变、充放电回路时间常数,达到改变占空比。

在图 7-26 中,通过改变 RP 的滑动端位置来改变 RP 上半部分 RP_1 和下半部 RP_2 的阻值,从而改变充、放电回路的时间常数。电路工作原理分析如下:

当配 $u_O=U_Z$ 时,VD_1 导通、VD_2 截止,u_O 通过 RP_1、VD_1、R 对电容 C 正向充电,当忽略二极管导通电阻时,则正向充电时间常数为

$$\tau_1\approx(RP_1+R)C \tag{7-36}$$

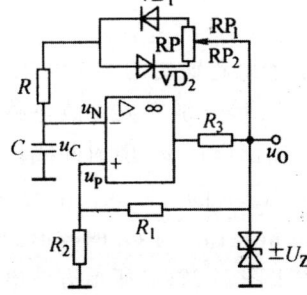

图 7-26 占空比可调的矩形波发生电路

当 $u_O=-U_Z$ 时,VD_2 导通、VD_1 截止,u_O 通过 RP_2、VD_2、R 对电容 C 反向充电,当忽略二极管导通电阻时,则反向充电时间常数为

模拟电子电路原理与设计研究

$$\tau_2 \approx (RP_2 + R)C \tag{7-37}$$

图 7-26 占空比可调的矩形波发生电路电容 C 上电压 u_C 和输出电压 u_O 的波形如图 7-27 所示。图中满足 $RP_1 < RP_2$，$\tau_1 < \tau_2$，所以，$T_1 < T_2$。

由过渡过程公式式(7-34)可以求得

$$T_1 \approx \tau_1 \ln\left(1 + \frac{2R_2}{R_1}\right)$$

$$T_2 \approx \tau_2 \ln\left(1 + \frac{2R_2}{R_1}\right)$$

输出电压 u_O 的周期为

$$T = T_1 + T_2 \approx (RP + 2R)C\ln\left(1 + \frac{2R_2}{R_1}\right) \tag{7-38}$$

式(7-38)表明，改变 RP 的滑动端位置，只改变输出矩形波 u_O 的占空比，而不改变其周期。

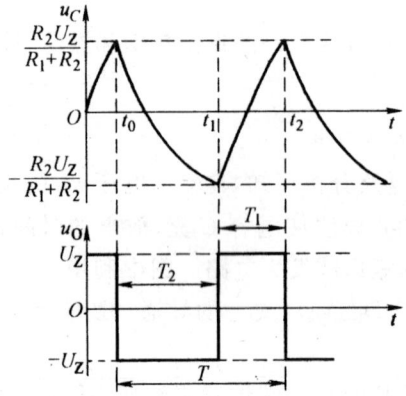

图 7-27　占空比可调电路的电压波形图

7.2.3　三角波发生电路

所谓三角波是指波形呈三角形，且在一周期内上升沿与下降沿所对应的时间间隔相等的波。自激产生三角波的电路称为三角波发生电路。

1. 基本电路

从原理上讲，可用图 7-24(a)所示电路输出的方波经积分电路变换获得三角波，其典型电路如图 7-28(a)所示，集成运放 A_1、A_2 等分别组成方波电路和积分电路。当方波电路输出电压 $u_{O1} = U_Z$ 时，经反相积分电路，其输出电压 u_O 随时间线性下降；当方波电路输出电压 $u_{O1} = -U_Z$ 时，经反相积分电路，其输出电压 u_O 随时间线性上升，在一周期内 u_O 上升沿与下降沿所对应的时间间隔相等，因此，u_O 为三角波；u_{O1} 与 u_O 的波形如图 7-28(b)所示。

为了简化电路，实际中，通常省去图 7-28(a)所示方波电路中的 RC 延时电路，而用积分运算电路来取代，其电路如图 7-29 所示。它是由滞回比较器 A_1 和积分电路 A_2 等组成的一个闭环电路，积分电路的输出信号作为滞回比较电路的反馈输入信号。

— 202 —

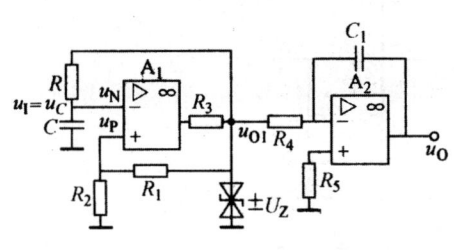

(a)方波电路与积分电路

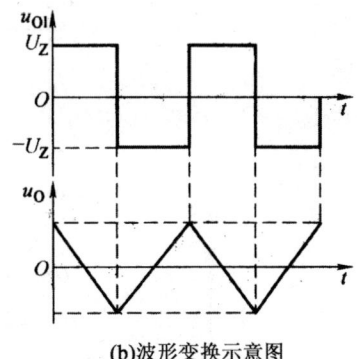

(b)波形变换示意图

图 7-28　由方波经积分电路变换获得三角波

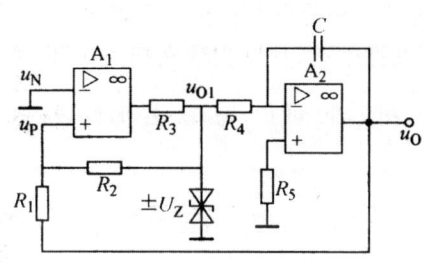

图 7-29　三角波发生电路

2. 工作原理分析

图 7-29 所示电路工作原理分析如下：

①设 $t=0$ 的初始时刻,滞回比较器 A_1 的输出电压 $u_{O1}=U_Z$,则 $u_{O1}=U_Z$ 对反相积分电路 A_2 中的电容 C 充电,积分电路的输出电压 u_O 线性下降,A_1 的 u_P 必然随之下降。设在 $t=t_1$ 时刻,u_O 线性下降使得 A_1 的 $u_P=u_N=0$ 时,u_{O1} 立即从 U_Z 跳变为 $-U_Z$(需要注意,与此同时, A_1 的 u_P 也下跳到一个负电压)。$0\sim t_1$ 时间段内,u_{O1}、u_O 的波形变化如图 7-30 所示。

②在 u_{O1} 跳变到 $u_{O1}=-U_Z$ 后,u_{O1} 对积分电路 A_2 中的电容 C 反向充电,积分电路的输出电压 u_O 线性上升,A_1 的 u_P 必然随之上升,设在 $t=t_2$ 时刻,u_O 线性上升到使 A_1 的配 $u_P=u_N=0$ 时,u_{O1} 立即从 $-U_Z$ 跳变为 U_Z(与此同时,A_1 的 u_P 也上跳到一个正电压)。电路又回到了初始时刻状态。$t_1\sim t_2$ 时间段内,u_{O1}、u_O 波形变化如图 7-38 所示。此后,上述过程将周而复始地进行下下去,电路产生自激振荡。由于积分电路中的电容 C 充、放电时间常数相同(均为 R_4C),故在一个周期内,u_O 的上升时间和下降时间相等,它们斜率绝对值也相等,所以 u_O 为图 7-30 所示的三角波。

3. 振荡周期计算

根据叠加原理,图 7-29 所示电路中滞回比较器 A_1 的同相输入端电位为

$$u_P=\frac{R_2}{R_2+R_1}u_O\pm\frac{R_1}{R_2+R_1}u_{O1}=\frac{R_2}{R_2+R_1}u_O\pm\frac{R_1}{R_2+R_1}U_Z$$

令 $u_P=u_N=0$,求得阈值电压(使 u_{O1} 发生跳变所对应的电压 u_O,见图 7-38)为

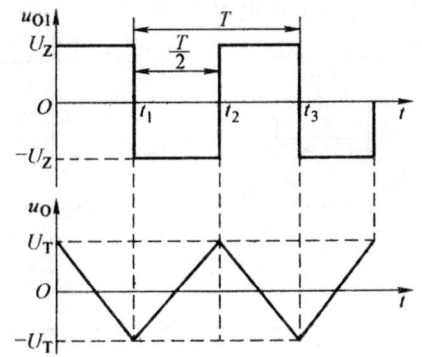

图 7-30　图 7-29 方波三角波发生电路波形

$$\pm U_T = \pm \frac{R_1}{R_2} U_Z \tag{7-39}$$

式(7-39)所确定的阈值电压也就是积分电路输出三角波电压 u_O 的幅值 $\pm U_{om}$。

由于积分电路 A_2 工作在线性状态,其反相输入端为"0"电位("虚地"),因此,流过电阻 R_4 的电流约等于 $\frac{u_{O1}}{R_4}$。由图 7-29、图 7-30 可知,在 $t_1 \sim t_2$ 时间段内,积分电路输出电压 u_O 可表示为

$$u_O = -\frac{1}{C} \int_{t_2}^{t_1} \frac{U_Z}{R_4} \mathrm{d}t + U_O(t_1) = \frac{U_Z}{R_4 C}(t_2 - t_1) + u_O(t_1)$$

根据图 7-30 所示波形,将正向积分的初始值 $u_O(t_1) = -U_T$,终了值 $u_O(t_2) = U_T$,$t_2 - t_1 = \frac{T}{2}$ 代入上式并考虑到式(7-43),可得图 7-37 所示电路的振荡周期 T 为

$$T = \frac{4R_1 R_4 C}{R_2} \tag{7-40}$$

振荡频率为

$$f = \frac{R_2}{4R_1 R_4 C} \tag{7-41}$$

由式(7-40)、式(7-41)知,改变 R_1、R_2、R_4 和 C 的值,可改变振荡周期和振荡频率。由式(7-39)和图 7-30 所示波形可知,改变 R_1、R_2、U_Z 的值,可改变三角波的幅值。

7.2.4　锯齿波发生电路

所谓锯齿波是指波形呈三角形,但在一周期内上升沿与下降沿所对应的时间间隔不相等的波。自激产生锯齿波的电路称为锯齿波发生电路。

1. 基本电路

为了获得锯齿波,可通过改变积分电路中电容 C 的充、放电时间常数,即改变电容 C 充、放电的快慢,使积分电路输出电压 u_O 的上升沿与下降沿的斜率的绝对值大小不同,从而得到锯齿波。常用的锯齿波电路如图 7-31(a)所示。

图 7-31(a)中,利用了二极管的单向导电性、通过 A_1 输出电压 $u_{O1} = \pm U_Z$ 去自动控制二极管 VD_1、VD_2 交替的导通、截止,改变 RP 的滑动端位置,就改变了 RP 上半部分 RP_1 和下半

部 RP_2 的阻值,也就改变了积分电路中对电容 C 的充、放电回路的时间常数,从而改变 u_{O1} 占空比和改变锯齿波 u_O 上升沿和下降沿时间。

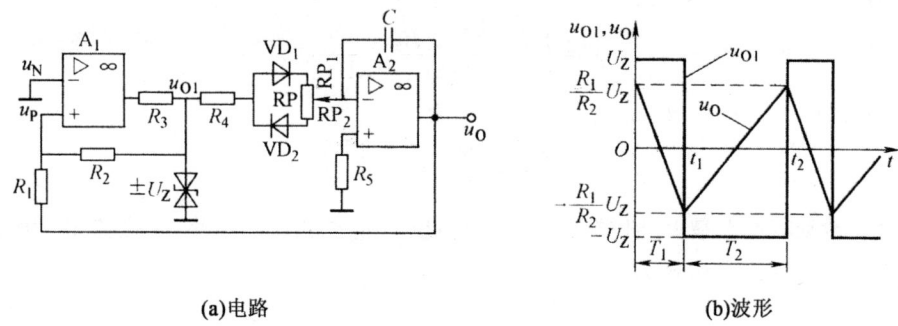

(a)电路　　　　　　　　　　　(b)波形

图 7-31　锯齿波发生电路及其波形

2. 工作原理分析

图 7-31(a)中,当 $u_{O1}=U_Z$ 时,VD_1 导通、VD_2 截止,u_{O1} 通过 R_4、VD_1、RP_1 对电容 C 正向充电,当忽略二极管导通电阻时,则电容 C 正向充电时间常数为

$$\tau_1 \approx (RP_1+R_4)C \tag{7-42}$$

当 $u_{O1}=-U_Z$ 时,VD_2 导通、VD_1 截止,u_{O1} 通过 R_4、VD_2、RP_2 对电容 C 反向充电,当忽略二极管导通电阻时,则反向充电时间常数为

$$\tau_2 \approx (RP_2+R_4)C \tag{7-43}$$

改变 RP 的滑动端位置,使 $RP_1 \neq RP_2$,则,$\tau_1 \neq \tau_2$,u_{O1}、u_O 分别为矩形波和锯齿波,其波形如图 7-31(b)所示。

与图 7-29 所示三角波电路分析相同,图 7-31(a)中积分电路输出三角波电压 u_O 的幅值为

$$\pm U_{om}=\pm U_T=\pm \frac{R_1}{R_2}U_Z \tag{7-44}$$

需要指出,图 7-31(b)中,积分电路输出锯齿波电压 u_O 的幅值 $U_{om}<U_Z$,对应 $R_1<R_2$ 的情形。

3. 振荡周期计算

根据图 7-31(b)可知,在 $0 \sim t_1$ 时间间隔内,输出电压 u_O 表达式为

$$u_O=-\frac{1}{C}\int_0^{t_1}\frac{U_Z}{R_4+RP_1}dt+u_O(0)=-\frac{U_Z}{(R_4+RP_1)C}T_1+u_O(0) \tag{7-45}$$

将初始值 $u_O(0)=\dfrac{R_1U_Z}{R_2}$,终了值 $u_O=u_O(t_1)=-\dfrac{R_1U_Z}{R_2}$ 代入式(7-45)可解得

$$T_1=2\frac{R_1}{R_2}(R_4+RP_1)C \tag{7-46}$$

同理分析可得

$$T_2=2\frac{R_1}{R_2}(R_4+RP_2)C \tag{7-47}$$

所以振荡周期为

$$T = T_1 + T_2 = 2\frac{R_1}{R_2}(R_4 + RP)C \tag{7-48}$$

振荡频率为

$$f = \frac{1}{T} = \frac{R_2}{2R_1(2R_4 + RP)C} \tag{7-49}$$

由式(7-46)、式(7-48)可得 u_{O1} 的占空比表达式为

$$\frac{T_1}{T} = \frac{(R_4 + RP_1)}{(2R_4 + RP)} \tag{7-50}$$

当 RP 的滑动端滑至最上端位置时，$RP_1 = 0$，此时，u_{O1} 的占空比最小，令式(7-50)中 $RP_1 = 0$，可得 u_{O1} 的最小占空比表达式为

$$\frac{T_{1min}}{T} = \frac{R_4}{(2R_4 + RP)} \tag{7-51}$$

当 RP 的滑动端滑至最下端位置时，$RP_1 = RP$，此时，u_{O1} 的占空比最大，令式(7-50)中 $RP_1 = RP$，可得 u_{O1} 的最大占空比表达式为

$$\frac{T_{1max}}{T} = \frac{R_4 + RP}{(2R_4 + RP)} \tag{7-52}$$

综上所述可知：稳压管选定后，调整 R_1、R_2 可改变出锯齿波电压 u_O 的幅值；调整 R_1、R_2、R_4、RP 的阻值和电容 C 的容量，可改变电路的振荡周期和频率；调整 RP 滑动端的位置，可改变 u_{O1} 的占空比及锯齿波 u_O 的形状(锯齿波上升和下降的斜率)。

第8章 直流稳压电源

8.1 整流滤波电源

直流稳压电源的作用是把交流电网电压变为稳定的直流电压。图 8-1 是直流稳压电源的功能示意图,其输入电压 u_i 的幅度和频率取决于所在电网,我国民用设备通常使用单相电,工业设备通常使用三相电,输出电压 u_o 则为稳定的直流电压,电子设备所需要的直流电压通常在几伏到几十伏之间。

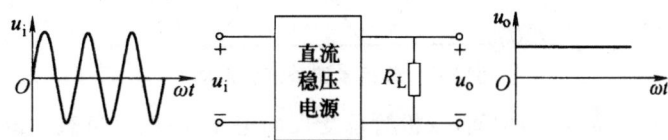

图 8-1 直流稳压电源的功能

因为电网所提供的是交流电,而电子设备又需要直流电,所以首先要解决的问题就是:需用怎样的电路,才能把交流电变为直流电?

8.1.1 整流:交流电变单向电

将交流电变为直流电的过程,称为整流。利用半导体二极管的单向导电性组成整流电路。此电路简单、方便、经济,下面着重分析各种整流电路的工作原理和特点。

1. 单相半波整流电路

单相半波整流电路如图 8-2 所示,它由电源变压器 T,整流二极管 D 和负载电阻 R_L 组成。

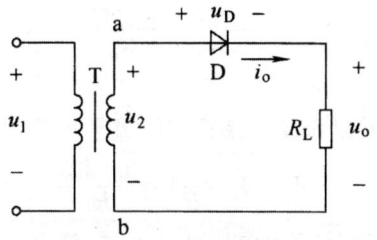

图 8-2 单相半波整流电路

设变压器副边电压为

$$u_2 = \sqrt{2}U_2\sin\omega t \tag{8-1}$$

图 8-2 中,在 u_2 的正半周($0 \leqslant \omega t \leqslant \pi$)期间,正极在 a 端,负机在 b 端,二极管因正向电压作用而导通。电流从 a 端流入,经二极管 D 流过负载电阻 R_L 回到 b 端。如果忽略二极管的正向压降,则在负载两端的电压 u_o 就等于 u_2。其电流、电压波形如图 8-3(b)、(c)所示。

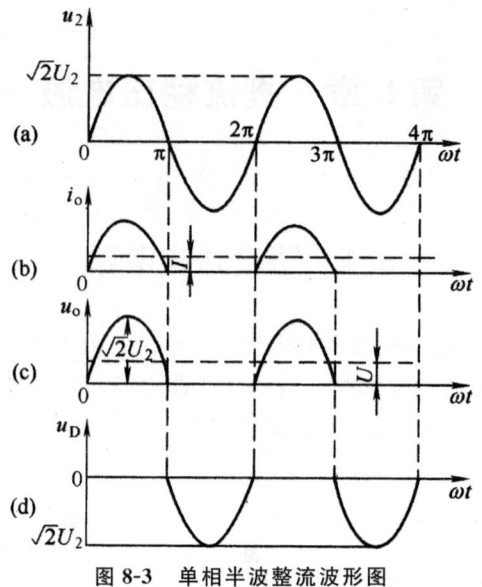

图 8-3 单相半波整流波形图

在 u_2 的负半周（$\pi \leqslant \omega t \leqslant 2\pi$）期间，二极管承受反向电压而截止，负载中没有电流，故 $u_o = 0$。这时，二极管承受了全部 u_2，其波形如图 8-3(d) 所示。

尽管 u_2 是交变的，但因二极管的单向导电作用，使得负载上的电流 i_o 和电压 u_o 都是单一方向的。这种电路，只有在 u_2 的半个周期内负载上才有电流，故称为半波整流电路。

（1）输出电压及电流的平均值

由输出波形可以看到，负载上得到的整流电压、电流虽然是单方向的，但其大小是变化的。这就是所谓的单向脉动电压，通常用一个周期的平均值来衡量它的大小。这个平均值就是它的直流分量。要测量其大小应该使用直流电压表。

$$U_o = \frac{1}{2\pi}\int_0^{\pi}\sqrt{2}U_2 \sin\omega t\, \mathrm{d}\omega t = \frac{\sqrt{2}}{\pi}U_2 = 0.45U_2 \qquad (8\text{-}2)$$

负载上的电流平均值为

$$I_o = \frac{U_o}{R_L} = \frac{0.45U_2}{R_L} \qquad (8\text{-}3)$$

（2）整流元件选择

由于二极管与负载串联，所以流经二极管的电流平均值为

$$I_D = I_o = \frac{U_o}{R_L} = \frac{0.45U_2}{R_L} \qquad (8\text{-}4)$$

二极管在截止时所承受的最大反向电压就是 u_2 的最大值，即

$$U_{DRM} = \sqrt{2}U_2 \qquad (8\text{-}5)$$

在设计和选管时，应满足二极管的最大反向工作电压 U_{RM} 大于截止时所承受的最大反向电压，即 $U_{DRM} < U_{RM}$；二极管的整流电流最大值大于流经二极管的电流平均值，即 $I_{FM} > I_D$。

单向半波整流电路虽然简单，所用元件少，但其输出电压平均值低且波形脉动成分大，变压器有半个周期电流为零，利用率低，所以单向半波整流电路只适用于电流较小且允许交流成分较大的场合。目前广泛使用的单向整流电路是桥式整流电路。

2. 单向桥式整流电路

单相全波整流电路是由两个单相半波整流电路有机组合而成的，其工作原理与半波整流相同。单相桥式整流电路如图 8-4(a)所示。图 8-4(b)和 8-4(c)是单相桥式整流电路的两种画法。

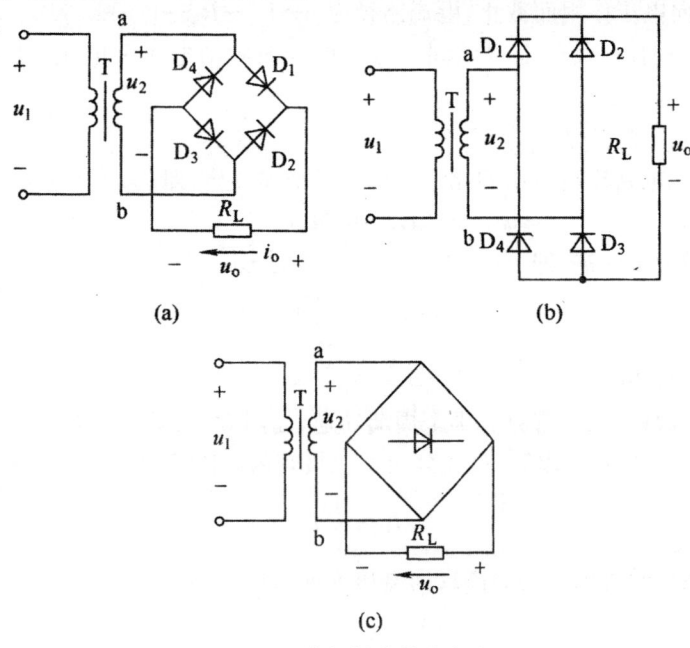

图 8-4 单相桥式整流电路

设 $u_2 = \sqrt{2}U_2\sin\omega t$，其波形如图 8-5(a)所示。

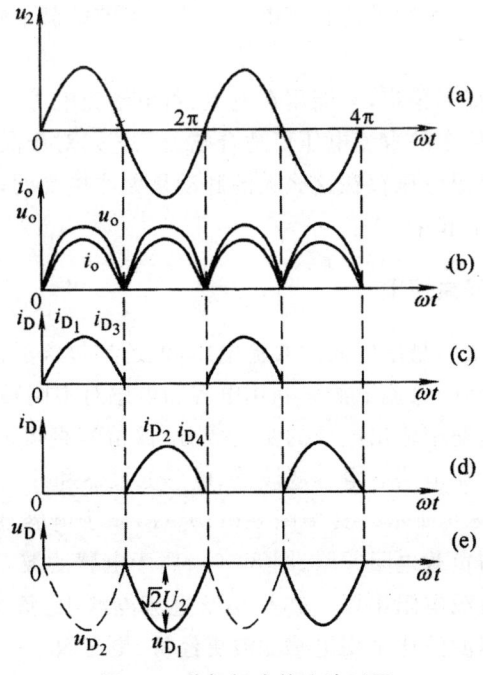

图 8-5 单相桥式整流波形图

在 u_2 的正半周($\pi \leqslant \omega t \leqslant 2\pi$)内,变压器副边 a 端为正,b 端为负,二极管 D_1、D_3 受正向电压作用而导通,D_2、D_4 受反向电压作用而截止,电流路径为 a→D_1→D_3→b。

在 u_2 的负半周($\pi \leqslant \omega t \leqslant 2\pi$)内期间,a 端为负,b 端为正,二极管 D_2、D_4 受正向电压作用而导通,D_1、D_3 受反向电压作用而截止,电流路径为 b→D_2→R_L→D_4→a。

可见,在整个周期内,负载上得到同一方向的全波脉动电压和电流,其波形如图 8-5(b)所示。

(1)输出电压及电流的平均值

显然,桥式整流电路输出电压的比半波整流时增加一倍,即

$$U_o = 0.9U_2 \tag{8-6}$$

输出电流也增大了一倍,即

$$I_o = \frac{0.9U_2}{R_L} \tag{8-7}$$

(2)整流元件的选择

在整个周期内,每个二极管只有半个周期导通,如图 8-5(c)和 8-5(d)所示,且在导通期间 D_1 和 D_3 相串联,D_2 和 D_4 相串联,故流经每个二极管的电流平均值为负载电流的一半,即

$$I_D = \frac{1}{2}I_o \tag{8-8}$$

每个二极管截止时所承受的最高反向电压为 u_2 的最大值,即

$$U_{DRM} = \sqrt{2}U_2 \tag{8-9}$$

3. 脉动直流电

整流电路所输出的电压,严格来讲还不能叫做直流电压,它的方向虽然不变,幅度却仍然做周期性的变化,只能算作一种脉动的直流电。不论是半波整流电路还是全波整流电路,所输出的都是单向脉动电。

单向脉动电压的幅度很不稳定,只能用在电镀、蓄电池充电等对电压波动要求不高的场合(实际上,单向脉动电压比稳定的直流电压更适合电镀工艺),对于晶体管、场效应晶体管、集成运放等半导体器件来说,电源电压存在这么大的脉动是无法接受的,所以必须想办法让负载上所得到输出电压和电流平滑起来。

8.1.2 滤波:脉动电变直流电

整流电路的输出电压虽然是单方向的直流电压,但还是包含了很多脉动成分(交流分量),一般不能直接用做电子电路的直流电源。利用电容和电感对不同频率的谐波分量呈现不同电抗的特点,可以滤除整流电路中输出电压的交流成分,保留其直流成分,使其变成比较平滑的电压、电流波形。常用的滤波电路有电容滤波器、电感滤波器和 Ⅱ 型滤波器等。

常用的滤波电路如图 8-6 所示。其中图 8-6(a)、(c)属于电容滤波,其特点是电容两端电压不能突变,故滤波电路与负载电阻并联;图 8-6(b)属于电感滤波,其特点是流过电感的电流不能突变,故滤波电路与负载电阻串联。在小功率直流电源中,负载电阻 R_L 一般较大,在相同的滤波效果时,采用电容滤波比采用电感滤波更经济、更有效。

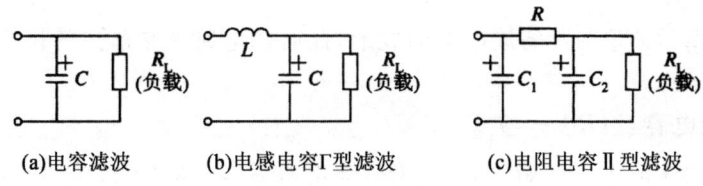

(a)电容滤波	(b)电感电容Γ型滤波	(c)电阻电容Π型滤波

图 8-6　常用滤波电路

1. 滤波工作原理

以桥式整流为例说明整流滤波的工作原理,电路如图 8-7(a)所示。在这个电路中,要特别注意滤波电容两端的电压对整流二极管的影响,整流元件只有受正向电压作用时才导通,否则截止。

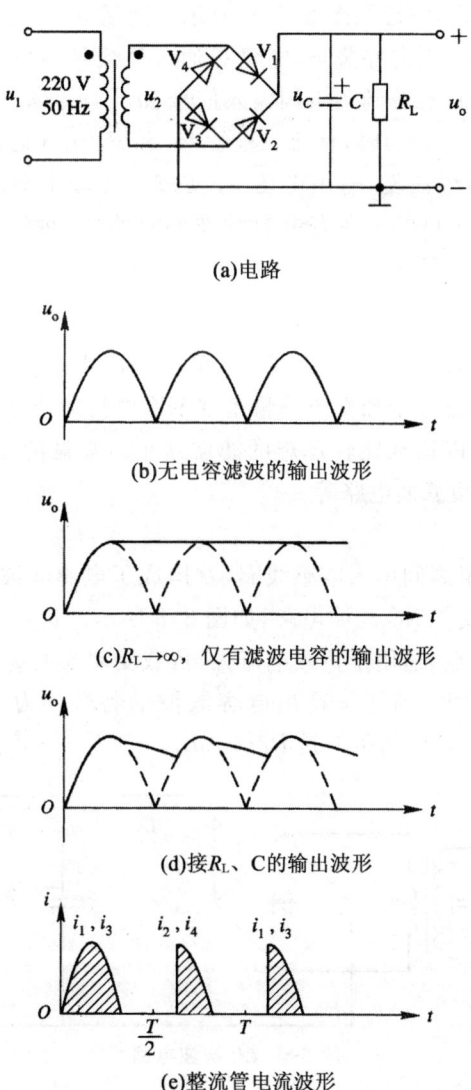

(a)电路

(b)无电容滤波的输出波形

(c)$R_L \to \infty$,仅有滤波电容的输出波形

(d)接R_L、C的输出波形

(e)整流管电流波形

图 8-7　桥式整流电容滤波电路及电压、电流波形

(1)负载为纯电阻 R_L

如图 8-7(b)所示波形为无滤波电容的波形,此时的电路就是前述的桥式整流电路,负载输出 u_o 为脉动电压。

(2)负载为纯电容 C ($R_L \rightarrow \infty$)

设滤波电容两端的电压初始值为零,当接通电源后,u_C 被充电到峰值 $\sqrt{2} U_2$,此时桥路中的二极管截止,u_C 无放电回路,只能保持峰值不变,故输出为一个恒定的直流,波形如图 8-7(c)所示。

(3)接入电容 C 和电阻 R_L

当 u_2 为正半周时,V_1 和 V_3 导通,V_2 和 V_4 截止,整流电流对电容 C 充电。由于整流二极管内阻较小,充电时常数较小,u_C 上升快,在理想情况下认为电容两端电压 u_C(u_o)能跟随 u_2 的上升而上升并充电到 $\sqrt{2} U_2$,波形如图 8-7(d)所示。此后 u_2 按正弦规律从峰值开始下降,而电容电压不能突变,V_1 和 V_3 反向并截止,电容 C 通过负载 R_L 放电。由于放电时常数小于充电时常数,故放电比较慢。只有等到负半周输入信号 $|u_2| > u_C$(u_o),即 V_2 和 V_4 导通时,再次向电容 C 充电,直到 $|u_2| < u_C$(u_o)时,整流二极管 V_2 和 V_4 由导通而变为截止,电容 C 又通过负载 R_L 缓慢放电。如此循环往复,输出电压 u_o 变成了比较平滑的直流电压,波形如图 8-7(d)所示,从而达到了滤波的目的。在有电容滤波的电路中,每管导通的时间均小于半个周期,脉冲电流波形如图 8-7(e)所示。

2. 复合滤波电路

当单独使用电容或电感滤波效果不理想时,可考虑采用复式滤波电路。所谓复式滤波电路就是利用电容、电感对直流分量和交流分量呈现不同电抗的特点,将它们适当组合后合理地接入整流电路与负载之间,以达到比较理想的滤波效果。常见的复式滤波电路有 LC 滤波电路、$LC\pi$ 型滤波电路、$RC\pi$ 型滤波电路等。

(1) LC 滤波电路

在整流电路和负载电阻之间串入电感线圈,就构成了电感滤波电路。再在电感滤波电路 R_L 旁并联一个电容,就构成了 LC 滤波电路,如图 8-8 所示。这种电路具有输出电流大、带负载能力强、滤波效果好的优点,适用于负载电流大、负载变动大的场合。但在 LC 滤波电路中,若电感 L 值太小,或 R_L 太大,则将呈现出电容滤波的特性。为了保证整流的导通角仍为 $180°$,参数之间要恰当配合,近似的条件是 $R_L < 3\omega L$。

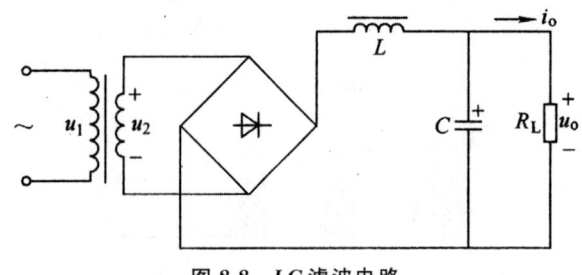

图 8-8 LC 滤波电路

（2）$LC\pi$ 型滤波电路

如图 8-9 所示为 $LC\pi$ 型滤波电路，经整流后的电压包括直流分量和交流分量。对于直流分量来说，L 呈现很小的阻抗，可视为短路，因此，经 C_1 滤波后的直流分量大部分落在负载两端；对于交流分量来说，由于电感 L 呈现很大的感抗，C_2 呈现很小的容抗，交流分量大部分落在 L 上，负载上的交流分量很小，达到滤除交流分量的目的。这种电路常用于电源频率较高或负载电流较小的场合。

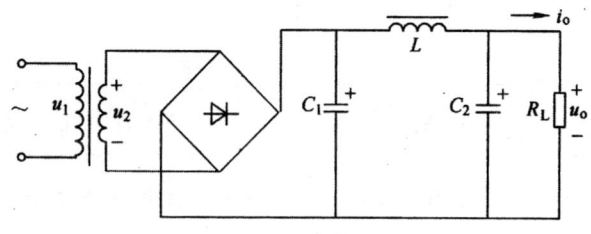

图 8-9　$LC\pi$ 型滤波电路

（3）$RC\pi$ 型滤波电路

电路如图 8-10 所示，它是在电容滤波基础上加一级 RC 滤波电路构成的。$RC\pi$ 型滤波电路在 R 上有直流压降，必须提高变压器次级电压，而且整流管冲击电流仍然比较大。由于 R 上产生压降，外特性比电容滤波更软，只适应于小电流的场合。在负载电流较大的情况下，不宜采用这种滤波电路。

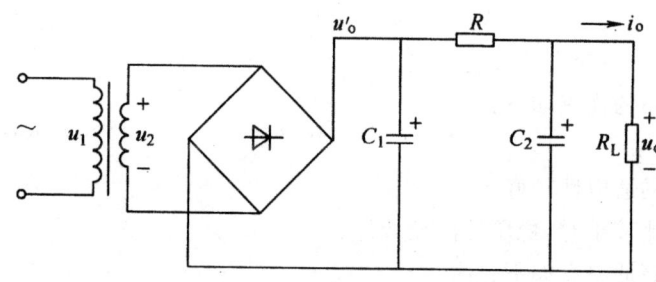

图 8-10　$RC\pi$ 型滤波电路

（4）有源滤波电路

有源滤波电路如图 8-11 所示，它由工作于线性放大区的三极管 T 和 R、C_2 等元件组成。有源滤波电路可以大大减小滤波电容量及直流损耗，同时又能提高滤波效果。它在小型电子设备中的应用很普遍。

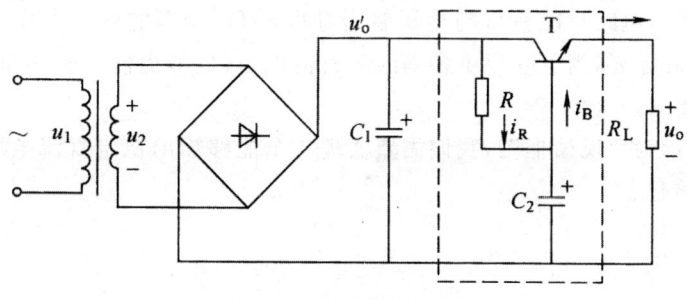

图 8-11　有源滤波电路

8.2 线性稳压电源

8.2.1 并联稳压管稳压电路

图 8-12 所示是典型电路,与负载 R_L 并联的稳压管 VS_z 使输出的直流电压 U_o 保持在稳压管的稳定电压 U_z 上。

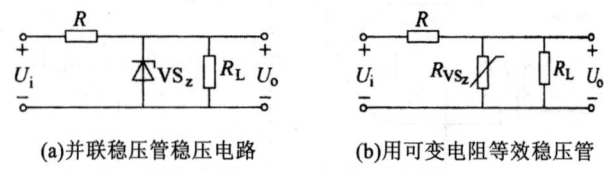

(a)并联稳压管稳压电路　　　　(b)用可变电阻等效稳压管

图 8-12　并联稳压电路及其等效电路

当 U_i 减小时,稳压管又可以通过减小自身电流来保持负载电流不变,从而保证了 $U_o=U_z$ 不变;当 U_i 增加时,稳压管通过增大自身电流来保持负载电流不变,从而维持输出电压 $U_o=U_z$ 不变。

类似地,当负载电流增大时,稳压管将减小自身电流;当负载电流减小时,稳压管将增大自身电流,从而维持 $U_o=U_z$ 不变。

稳压管是通过改变自身电流来维持两端电压不变的,从这个意义上说,稳压管 VS_z 相当于一个可变电阻,电压不变电流改变相当于改变了其自身的阻值。

稳压管稳压电路的优点如下:

①电路简单。

②对瞬时变化的适应性较好。

③在负载电流比较小时,稳压性能比较好。

稳压管稳压电路的缺点如下:

①输出电压不能调节。

②电压稳定度不易做得很高。

③输出负载电流变化范围小,且受稳压管电流范围限制。

8.2.2 负反馈并联稳压电路

并联稳压管稳压电路只能获得与稳压管击穿电压 U_z 相等的输出电压,使它的应用范围缩小,不能满足实际需要,为了获得更多等级的直流电压,应考虑能否利用负反馈放大电路来实现直流稳压的要求。

如图 8-13 所示为负反馈框图,我们需要实现一个能够输出稳定直流电压的电路,负反馈是我们思考问题的起点。

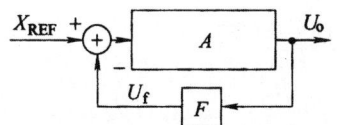
(a)输出直流输出电压U_o的负反馈网络

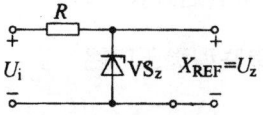
(b)用稳压管U_z作为输入

图 8-13　负反馈稳压网络

　　根据问题的所在,需要构建一个以稳压管的U_z作为输入的电压串联负反馈放大电路。根据这样的思路,设计出电压串联负反馈放大电路,并将其输入端接到稳压管端电压即可。

　　图 8-14(a)中,集成运算放大器构成了电压串联负反馈电路,图 8-14(b)中则用晶体管替换了集成运算放大器,仍然构成电压串联负反馈。下面我们来验证它们的确能够实现稳定输出直流电压的目的。

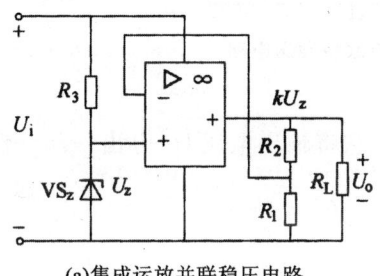
(a)集成运放并联稳压电路

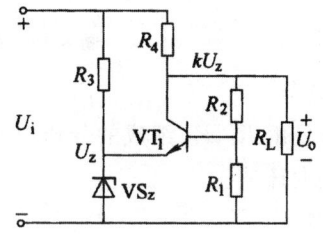
(b)晶体管并联稳压电路

图 8-14　负反馈并联稳压电路

　　以图 8-14(a)为例,深度负反馈时,利用虚短特性可知,集成运放的反相输入端电压

$$U_- = U_+ = U_z$$

又因为反相输入端等于电阻R_1、R_2的分压,即

$$U_- = \frac{U_o R_1}{R_1 + R_2} = U_z$$

所以

$$U_o = \frac{R_1 + R_2}{R_1} U_z \qquad (8\text{-}10)$$

　　由此可知,负反馈并联稳压电路的输出电压把稳压管的稳压值放大了,即

$$U_o = \kappa U_z \qquad (8\text{-}11)$$

式中,κ的大小取决于R_1、R_2的值,改变R_1、R_2的值,就可以改变输出电压U_o的值。

　　式(8-10)中的κ值又恰好是电压串联负反馈放大电路的反馈系数。式(8-11)也可以根据深度负反馈时放大倍数与反馈系数的倒数这个关系来求出,步骤如下:

　　图 8-14 中,反馈系数:

$$F = \frac{R_1}{R_1 + R_2}$$

深度负反馈时,放大倍数:

$$A = \frac{1}{F} = \frac{R_1 + R_2}{R_1} = \frac{U_o}{U_z}$$

同样可以推导出表达式(8-10)。

8.2.3 串联型稳压电路

1. 电路的组成

如图 8-15 所示为串联型稳压电路,主要由以下 4 个部分组成。

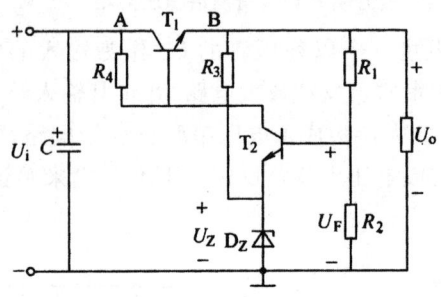

图 8-15　晶体管串联型稳压电路

(1)取样环节

取样环节是由 R_1、R_2 组成的分压电路构成,它将输出电压 U_o 分出一部分作为取样电压坏送到比较放大环节。

(2)基准电压

基准电压是由稳压二极管 D_z 和 R_3 构成的稳压电路组成,它为电路提供一个稳定的基准电压 U_z,作为比较放大的基准。

设 T_2 发射结电压 U_{BE2} 和 I_{B2} 可忽略,则

$$U_F = U_z = \frac{R_1}{R_1 + R_2} U_o \qquad (8\text{-}11)$$

或

$$U_o = \frac{R_1 + R_2}{R_1} U_z \qquad (8\text{-}12)$$

式中:$\dfrac{R_1}{R_1 + R_2}$ 称为取样电路的取样比。改变电路的取样比,可以调节输出电压 U_o 的大小。当 U_o 经常需要调节时,可在分压电阻之间串接电位器 R_p。

(3)比较放大环节

比较放大环节是由 T_2 和 R_4 构成直流放大器,其作用是将取样电压 U_F 与基准电压 U_z 之差放大后去控制调整管 T_1。

(4)调整环节

调整环节是由工作在线性放大区的功率管 T_1 组成,调整管选用功塞管。

2. 工作原理

由于电源电压或负载电阻的变化使输出电压 U_o 增加时,取样电压 U_F 相应增大,使 T_2 的基极电流 I_{B2} 和集电极电流 I_{C2} 随之增加,T_2 的集电极电位 U_{C2} 下降,因此 T_1 的基电极电流 I_{B1} 下降,使得 I_{C1} 下降,U_{CE1} 增加,U_o 下降,使 U_o 保持基本稳定。这一自动调压过程可表

示如下：

$$U_o\uparrow \to U_F\uparrow \to I_{B2}\uparrow \to I_{C2}\uparrow \to U_{C2}\downarrow \to I_{B2}\downarrow \to U_{CE1}\uparrow \to U_o\downarrow$$

同理，当电源电压或负载电阻的变化使输出电压 U_o 降低时，调整过程相反，U_{CE1} 将减小使 U_o 保持不变。

从上述调整过程可以看出，该电路是依靠电压负反馈来稳定输出电压的。

例 8.1　串联型稳压电路如图 8-16 所示，$U_z=2V$，$R_1=R_2=2k\Omega$，R_p 为 10 kΩ 的电位器，试求：输出电压 U_o 的最大值、最小值各为多少？

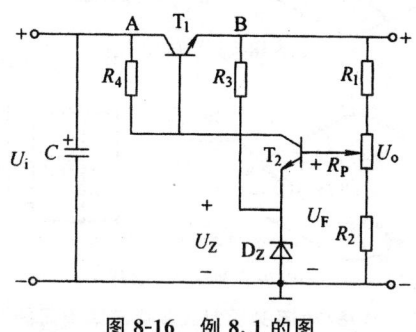

图 8-16　例 8.1 的图

解：(1)如果忽略 T_2 的管压降 U_{BE2} 和 I_{B2}，$U_{B2}\approx U_z$

当 R_p 调至最上端时，有

$$\frac{U_z}{R_p+R_2}=\frac{U_o}{R_1+R_p+R_2}$$

此时 U_o 最小，即

$$U_{omin}=\frac{R_1+R_p+R_2}{R_p+R_2}U_z=\frac{2+10+2}{10+2}=2.4(V)$$

当 R_p 调至最下端时

$$\frac{U_z}{R_2}=\frac{U_o}{R_1+R_p+R_2}$$

此时 U_o 最大，即

$$U_{omax}=\frac{R_1+R_p+R_2}{R_p+R_2}U_z=\frac{2+10+2}{2}\times 2=14(V)$$

8.2.4　集成三端稳压器

集成三端稳压器是集成串联型稳压电源，它是一种将功率调整管、取样电路、基准稳压、误差放大、启动和保护电路等全部集成在一个芯片上的集成电路，由于集成稳压电路具有体积小、可靠性高、使用方便、价格低廉、温度特性好等优点，因此目前得到了广泛的应用。

1.集成三端稳压器简介

集成三端稳压器有三个端，一个输入端、一个输出端和一个公共端，因而称为三端稳压器。它有固定式和可调式两种类型。

(1)固定式集成三端稳压器

W78××系列为固定式三端正电压输出集成稳压器；W79××系列为固定式三端负电压

输出集成稳压器。后面两位数××表示输出电压的稳压值,它们有七个档次,分别为±5V、±6V、±9V、±12V、±15V、±18V、±24V,输出电流的规格有 0.1A(78L00)、0.5A(78M00)、1.5A(7800)3 个档次。例如,78M05 表示输出电压为5V,最大输出电流为 0.5A。

图 8-17 为固定式集成三端稳压器引脚图。

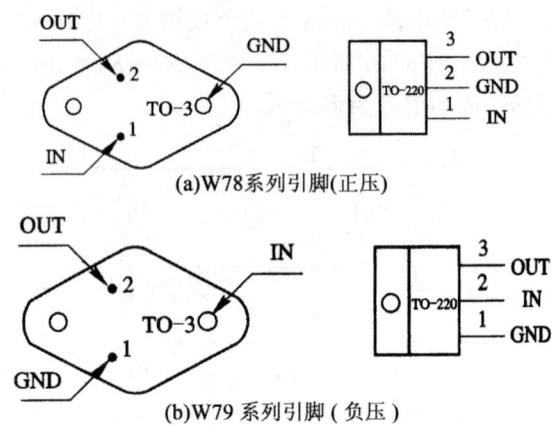

(a)W78系列引脚(正压)

(b)W79 系列引脚(负压)

图 8-17　W78/79 系列固定式集成三端稳压器引脚图

(2)可调式集成三端稳压器

W××7 系列为可调式集成三端稳压器,其中 W×7 系列为可调式三端正电压输出集成稳压器,其产品有 Wl17、W217、W317;W×37 系列为可调式三端负电压输出集成稳压器,其产品有 W137、W237、W337。图 8-18 为可调式集成三端稳压器引脚图。

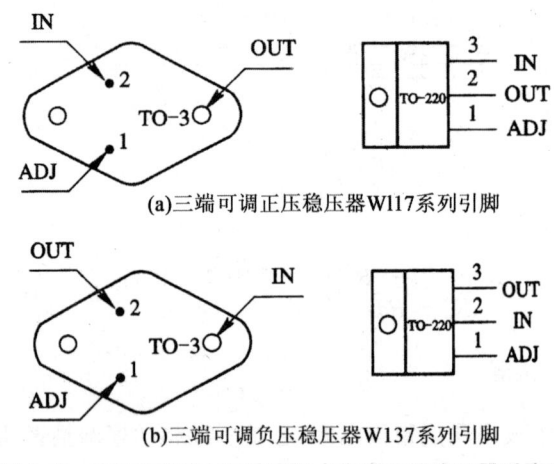

(a)三端可调正压稳压器W117系列引脚

(b)三端可调负压稳压器W137系列引脚

图 8-18　Wl17/W137 系列可调式集成三端稳压器引脚图

2. 基本应用电路

(1)输出固定电压的稳压电路

如图 8-19 所示为固定输出电路的典型接法。图中:C_1 用以抵消其较长接线的电感效应,防止产生的自激振荡以及减小纹波;C_2 用来减小由于负载电流瞬时变化而引起的高频干扰;C_3 为容量较大的电解电容,用来进一步减小输出脉动和低频干扰;V 是保护二极管,当输入端意外短路时,给输出电容器 C_3 一个放电通路,防止 C_3 两端电压作用于芯片内部调整管的 be

结,造成调整管 be 结击穿而损坏。

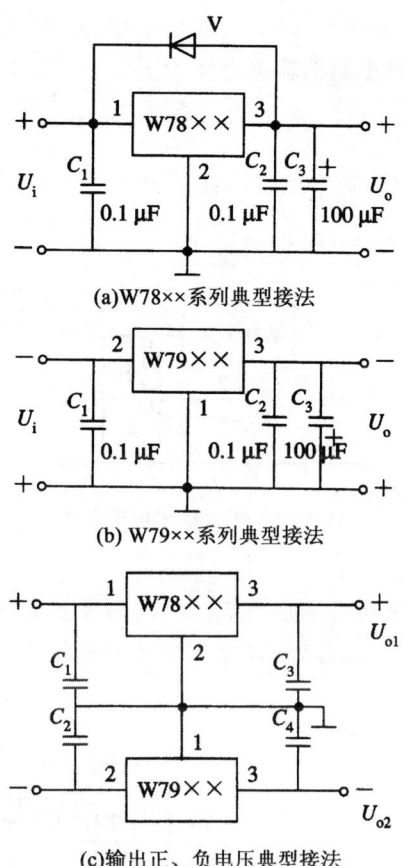

(a)W78×× 系列典型接法

(b) W79×× 系列典型接法

(c)输出正、负电压典型接法

图 8-19　固定式输出集成三端稳压器电路的 3 种接法

（2）扩大输出电流的电路

当所需的负载电流超过稳压器的最大输出电流时,可采用外接功率管的方法扩大输出电接法。如图 8-20 所示,输出总电流:

$$I_o = I_{o78} + I_C$$

图中 V 为扩流晶体管,I_{o78} 为稳自器输出电流,I_C 为扩流晶体管集电极电流,I_R 是电阻 R 上的电流,I_B 为扩流晶体管基电流。根据图 8-20 可得:

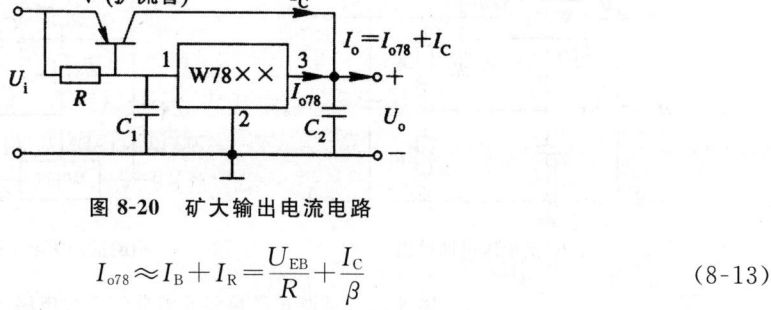

图 8-20　矿大输出电流电路

$$I_{o78} \approx I_B + I_R = \frac{U_{EB}}{R} + \frac{I_C}{\beta} \tag{8-13}$$

（3）扩大输出电压的电路

当所需电压大于稳压器的输出电压（最大输出电压为 24V）时，可采用扩大输出电压的电路。其电路如图 8-21 所示。该电路的输出电压为

$$U_o = U_{R1}\left(1 + \frac{R_2}{R_1}\right) + I_Q R_2 \tag{8-14}$$

式中，I_Q 为稳压器静态工作电流，通常比较小；U_{R1} 为稳压器输出电压 U_{o78}。所以

$$U_o \approx U_{R1}\left(1 + \frac{R_2}{R_1}\right) = \left(1 + \frac{R_2}{R_1}\right)U_{o78} \tag{8-15}$$

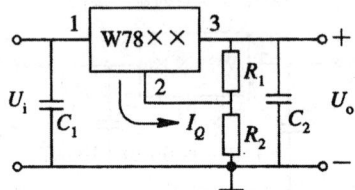

图 8-21 矿大输出电压电路

（4）输出电压可调的电路

W117/W317 系列的输出电压范围是 1.2～37V，最大负载电流是 1.5A。使用时，只需两个外接电阻来设置输出电压。W137/W337 系列的输出电压范围是－1.2～－37V。如图 8-22 所示是典型的应用电路。

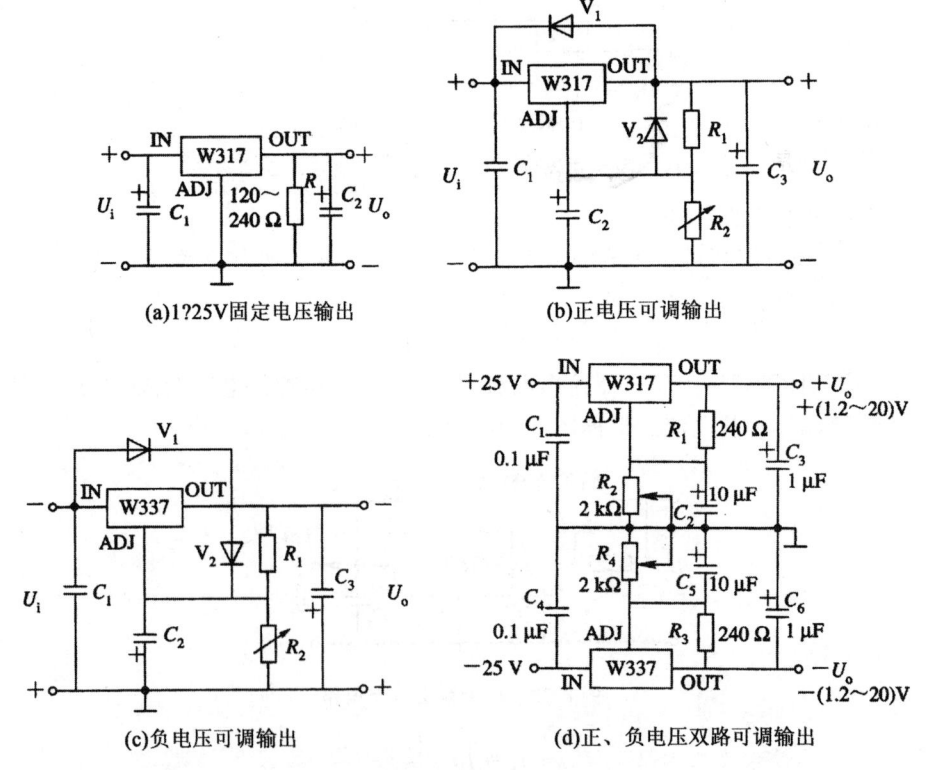

图 8-22 可调式三端稳压器典型应用电路

8.3　开关稳压电源

串联型稳压电源具有结构简单、调节方便、输出电压稳定性强、纹波电压小等优点。但是，由于调整管始终工作在放大状态，功耗很大，因此电路效率仅为 30%～40%，甚至更低。

如果调整管工作在开关状态下，当调整管工作于截止区时，因穿透电流很小而使管耗很小；当调整管工作于饱和区时，因管压降很小而使管耗也很小，这将大大提高电路的效率。由于开关型稳压电源中的调整管工作在开关状态下，因此而得名，其效率可达 70%～95%。当前计算机等电子设备中的稳压电源均为开关型稳压电源。

开关型稳压电路的类型很多，可以按不同的方法来分类。

①按开关调整管与负载的连接方式分类，可以分为串联型和并联型。

②按控制方式分类，有脉冲宽度调制型（PWM），即开关工作频率保持不变，控制导通脉冲的宽度；脉冲频率调制型（PFM），即开关导通的时间不变，控制开关的工作频率；混合调制型，即脉冲宽度和开关工作频率都将变化。以上 3 种方式中，脉冲宽度调制型用得较多。

③按开关稳压电路的调整管是否参与振荡可分为自激式和他激式。

④按所用开关调整管的种类分，有晶体三极管、MOS 场效应管和可控硅开关电路等。

8.3.1　串联型开关稳压电源

1. 电路组成及工作原理

串联式开关型稳压电路的组成原理如图 8-23(a)所示。U_1 是整流滤波电路输出的不稳定的直流电压，VT 为调整管，始终工作于饱和、截止状态，某时刻的具体工作状态由控制电压 u_B 确定，二极管 VD 是续流二极管，L、C 组成滤波环节，使输出电压变平滑。

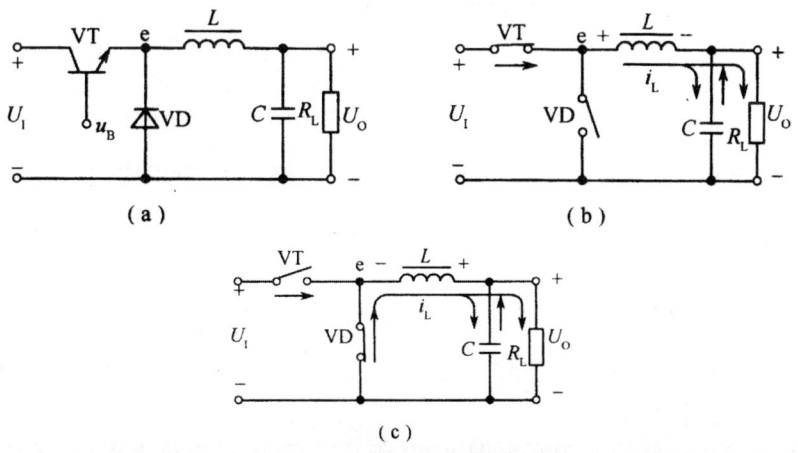

图 8-23　串联型开关稳压电源

如图 8-23(b)所示，当控制电压 u_B 高电平时，调整管 VT 饱和导通，二极管 VD 截止时，发射极电流 i_E 流过电感和负载电阻，一方面向负载提供输出电压，同时将能量储存在电感的磁场中，因此其发射极电位为

$$u_E = U_I$$

如图 8-23(c)所示,当控制电压 u_B 低电平时,调整管 VT 截止,$i_E = 0$。但电感具有维持流过电流不变的特性,此时将储存的能量释放出来,在电感上产生的反电势使电流通过负载和二极管继续流通。此时调整管发射极的电位为

$$u_E \approx -U_D$$

一般情况下,控制电压 u_B 是占空比可调的矩形脉冲。该占空比通过反馈电路由输出电压控制。

2. 波形分析及输出电压平均值

如图 8-24 所示是电路中各点波形图。

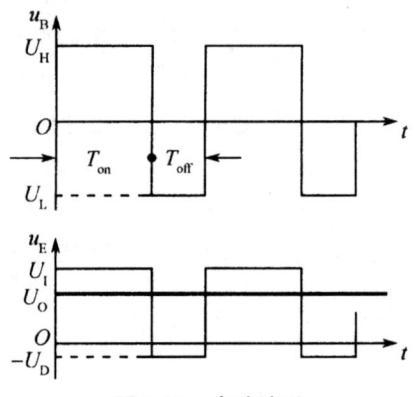

图 8-24 电路波形

调整管处于开关工作状态,它的发射极电位 u_E 也是高、低电平交替的脉冲波形。但是,经过 LC 滤波电路以后,在负载上可以得到比较平滑的输出电压 u_o。在理想情况下,输出电压的平均值 U_o 即是调整管发射极电压 u_E 的平均值。由图 8-24 求得输出电压的平均值为

$$U_o = \frac{1}{T}\int_0^T u_E \, dt$$
$$= \frac{1}{T}\left[\int_0^{T_1}(U_I - U_{CES})\,dt + \int_{T_1}^T(-U_D)\,dt\right] \quad (8\text{-}16)$$

与直流输入电压 U_I 相比,u_{CES} 和 u_D 均很小,可以忽略不计,所以式(8-16)可近似表示为

$$U_o \approx \frac{T_{on}}{T}U_I + \frac{T_{off}}{T}(-U_D) \approx DU_I \quad (8\text{-}17)$$

式中,$\frac{T_{on}}{T}$ 为占空比,用 D 表示。

由式(8-17)可知,在一定的直流输入电压 U_I 之下,占空比 D 的值越大,则开关型稳压电路的输出电压 U_o 越高。

串联型开关稳压电路的原理图如图 8-25 所示。图中:运算放大器 A1 作为比较放大电路,电阻 R_1、R_2 组成采样电路,适时采集正比于输出电压的信号与基准电源产生的基准电压 U_R 进行比较放大。运算放大器 A1 则将 u_{o1} 与三角波相比较,产生矩形脉冲 u_B。

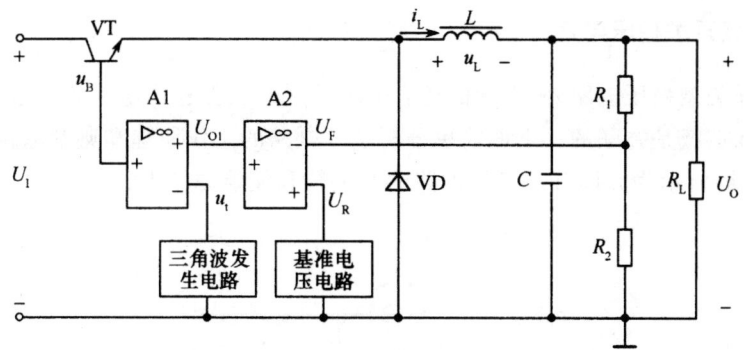

图 8-25　串联开关型稳压电源的原理电路

由采样电路得到的采样电压 U_F 与输出电压成正比,它与基准电压进行比较并放大后得到 u_{o1},被送到比较器的同相输入端。振荡器产生的三角波信号 u_t 加在比较器的反相输入端。当 $u_{o1} > u_t$ 时,比较器输出高电平,即

$$u_B = +U_{OPP} \tag{8-18}$$

当 $u_{o1} < u_t$ 时,比较器输出低电平,即

$$u_B = -U_{OPP} \tag{8-19}$$

故调整管 VT 的基极电压 u_B 成为高、低电平交替的脉冲波形,如图 8-26 所示。由式(8-17)得,输出电压的大小取决于 u_B 正脉冲的宽度,故称为脉宽调制式。

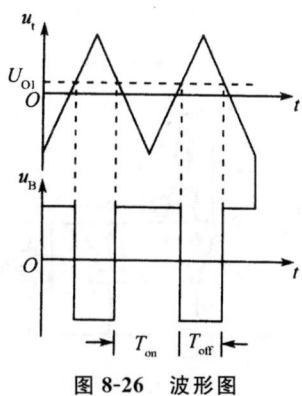

图 8-26　波形图

3. 稳压过程

若负载电流的变化或电网电压的变化导致输出电压 U_o 增大,则经过采样电阻以后得到的采样电压 u_F 也随之增大,此电压与比较器 A2 的基准电压 U_R 比较后再放大得到的电压 u_{o1} 也将减小。u_{o1} 使比较器的反相输入端电位下降。通过图 8-26 可得,当 u_{o1} 减小时,将使开关调整管基极电压 u_B 的波形中低电平的时间延长,高电平的时间缩短。于是,调整管在一个周期中饱和导电的时间减少,截止的时间增加,则其发射极电压 u_E 脉冲波形的占空比减小,从而使输出电压的平均值 U_o 减小,最终保持输出电压基本不变。

8.3.2 并联开关稳压电路

除去串联开关型稳压电路外,常用的还有一种并联开关型稳压电路。在这种电路中,开关管与输入电压和负载是并联的。下面简单分析这种电路的工作原理和典型电路。

如图 8-27(a)所示为并联开关稳压电路的开关管和储能滤波电路。

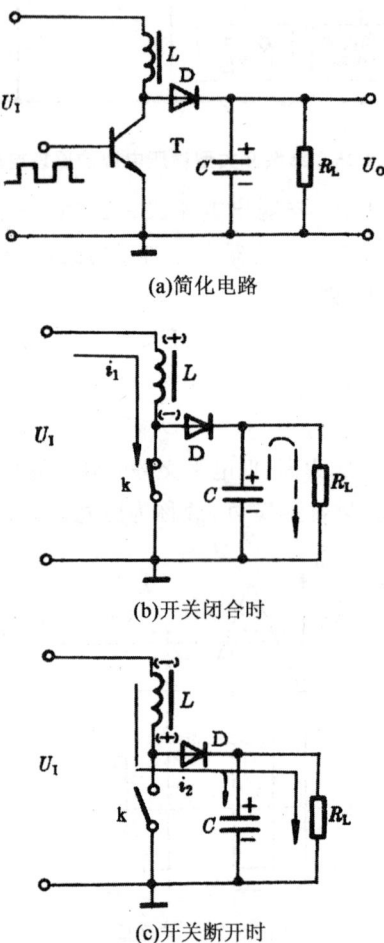

(a)简化电路

(b)开关闭合时

(c)开关断开时

图 8-27 并联开关稳压电路简化图

当开关脉冲为高电平时,开关管 T 饱和导通,相当于开关闭合,输入电压 U_1 通过 i_1 向电感 L 储存能量,如图 8-27(b)所示。这时因电容已充有电荷,极性是上正下负。所以二极管 D 截止,负载 R_L 依靠电容 C 放电供给电流。

当 j 开关脉冲为低电平时,开关管 T 截止,相当于开关断开。由于电感中电流不能突变,这时电感两端产生自感电动势,极性是上负下正。它和输入电压相叠加使二极管 D 导通,产生电流 i_2 向电容充电并向负载供电,如图 8-27(c)所示。当电感中释放的能量逐渐减小时,就由电容 C 向负载放电,并很快转入开关脉冲高电平状态,再一次使 T 饱和导通,由输入电压 U_1 向电感 L 输送能量。

用这种并联开关型电路可以组成不用电源变压器的开关稳压电路。

8.4　电容变压电路

8.4.1　倍压整流(升压)电路

如图 8-28 所示电路称为倍压整流电路,以图 8-28(a)所示电路为例,说明其工作原理如下(假定各电容的初始电压为零)。

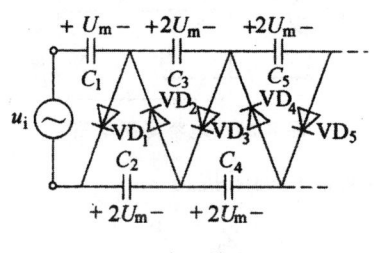

(a)负压输出

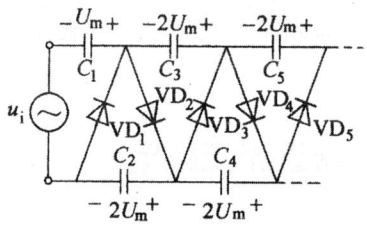

(b)正压输出

图 8-28　倍压整流(升压)电路

在输入电压 u_i 的第一个正半周(上正下负,波动范围 $0\sim U_m\sim 0$),二极管 VD_1 导通,u_i 经二极管 VD_1 向电容 C_1 充电,最终电容 C_1 被充电到输入电压的峰值 U_m,极性左正右负。

在输入电压 u_i 的第一个负半周(上负下正,波动范围 $0\sim -U_m\sim 0$),二极管 VD_1 因承受 $U_m\sim 2U_m$ 的反偏电压而截止,二极管 VD_2 导通,电容 C_2 被充电到 $2U_m$,极性左正右负。

在输入电压 u_i 的第三个半周(上正下负,波动范围 $0\sim U_m\sim 0$),二极管 VD_1 和 VD_2 均承受反偏电压而截止,二极管 VD_3 导通,电容 C_3 被充电到 $2U_m$,极性左正右负。

……

最终在电路中各点将分别获得 $-U_m$,$-2U_m$,$-3U_m$,$-4U_m$……的电压,从而获得比输入电压高得多的电压。倍压整流电路的输入既可以是交流电压,也可以是直流电经逆变后得到的脉冲电压。

图 8-28(a)电路只能得到负电压,如果需要得到正电压的话,请把所有的二极管方向调转即可,如图 8-28(b)所示电路,该电路能够得到正压输出的倍压电路。

8.4.2 电容降压电路

线性稳压电源和开关稳压电源具有优良的性能,但是实际生活中许多简单的应用不需要这么复杂的电源,例如给圣诞彩灯供电,想要降低成本,就不太可能用一个开关稳压电源,而采用某些简单便宜的电源电路。

如图 8-29 所示为一个简单的电容降压电路,它的降压原理非常简单。

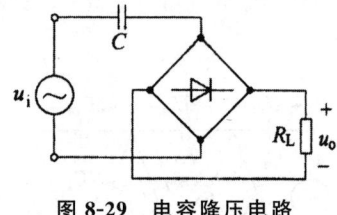

图 8-29 电容降压电路

对于角频率为 ω 的交流电,电容 C 的阻抗为

$$Z_C = \frac{1}{j\omega C}$$

该阻抗与后面的负载串联,调整电容 C 的值,就可以改变电容 C 上的分压,从而改变负载上所得到的直流电压 U_o 的大小。如果需要更加平滑的直流电压,还可以在整流电路后面增加滤波电路。

8.5 无变压器直流变压电路的设计思路分析

8.5.1 电容滤波和电感滤波

电容电压不能跃变、电感电流不能跃变的特征,可以得到如图 8-30 所示的平滑滤波电路。电容滤波必须与负载并联,电感滤波必须与负载串联。由此可以衍生出很多变形,例如 LC 滤波电路、CLC 滤波电路,等等。

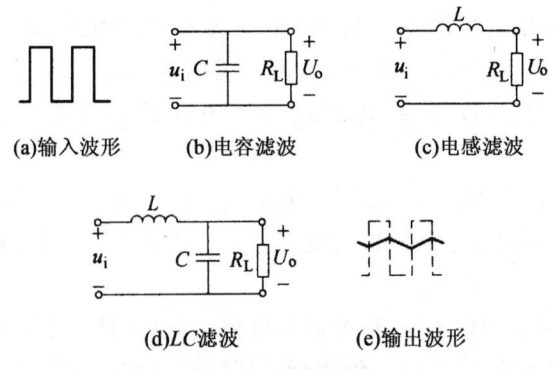

(a)输入波形　　(b)电容滤波　　(c)电感滤波

(d)LC滤波　　(e)输出波形

图 8-30 滤波原理

实际电路中,为使输出电压更加平滑,减小冲击电流,通常在电路中串联电感,而串联元件

总是要分走一部分电压,所以单纯滤波输出所得到的电压必定低于输入电压的峰值。

8.5.2　电容升压和电感升压

滤波电路很容易理解,升压电路就稍微显得有点难。下面讨论电容升压电路和电感升压电路。

1. 电容串联升压

如果电容能充电却不能放电,则电容上的电荷将无法释放,根据

$$Q = CU$$

可知电容两端电压也将保持不变。

如图 8-31 所示,由于二极管 VD 的存在,电流只能按如图所示流动,所以电容只能按照左正右负的极性被充电。因为电流无法反向流动,所以不存在电容放电回路,电容两端电压 U_c 在最终达到输入电压 u_i 的最大值 U_m 以后保持不变,于是电容电压保持在 U_m 不变。

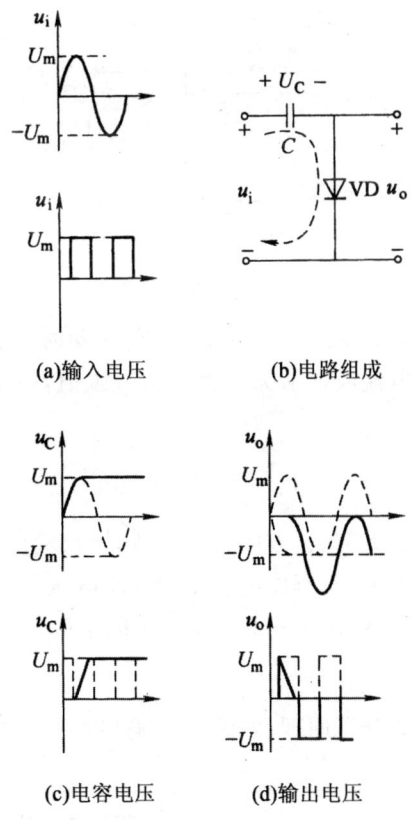

(a)输入电压　　(b)电路组成

(c)电容电压　　(d)输出电压

图 8-31　电容充电保持电路的升压作用

图 8-31(a)给出了当输入电压 u_i 分别为正弦波和正脉冲波时的输出电压,由图可知,对于正弦波而言,电容充电保持电路的确起到了升压的作用;但对于正脉冲输入电压而言,电容充电保持电路没能体现出任何升压作用,在输入电压配 u_i 上叠加 $-U_m$ 的结果,仅仅起到了类似将 u_i 反相的作用。

电容充电保持电路的升压幅度为输入电压的正向最大值,只要能够增加输入电压的正向最大值,就可以提高电容充电后的保持电压,从而提高电容充电保持电路的输出电压。

倍压整流电路实际上就是由多个电容充电保持环节组成的,当输入正弦波时,除了第一级之外,每一级电容充电保持环节输入电压的正向最大值都是 $2U_m$,所以该级的电容必定被充电到 $2U_m$,所有前级向后级输出的电压最大值也都是 $2U_m$。

2. 电感串联升压

如图 8-32 所示为电感串联升压原理,电感 L 与输出端口串联。

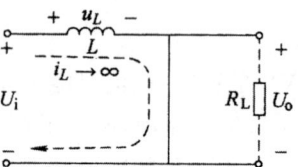

(a)开关闭合时电感电流无穷大

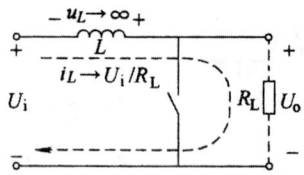

(b)开关断开时电感电流受阻

图 8-32　电感串联升压原理

闭合开关,理论上电感电流 i_L 趋于无穷大;断开开关断时,电感电流 i_L 则受限于电阻。当开关从闭合转为断开时,电感电流应该从无穷大变为有限值,电流变化率为无穷大,根据法拉第定律

$$U_L = L\,\frac{\mathrm{d}i_L}{\mathrm{d}t} \rightarrow \infty$$

可知电感上的感应电压 u_L 趋于无穷大,方向右正左负,导致输出电压 U_o 大大增加。

实际上,电感电流不能发生突变,所以电感上的感应电压 u_L 也不能达到无穷大,但电感电流变化很快,感应电压仍然很大,输出电压 U_o 的增幅依然很大。

3. 电感并联升压

如图 8-33 所示为电感并联升压原理,电感 L 与输出端口并联。

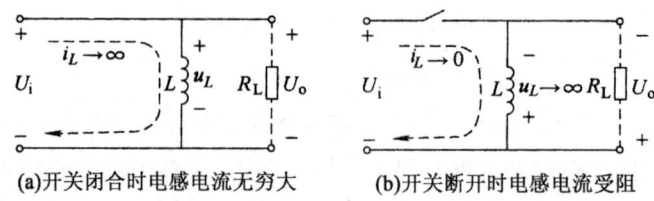

(a)开关闭合时电感电流无穷大　　　　(b)开关断开时电感电流受阻

图 8-33　电感并联升压原理

　　开关闭合时,理论上电感电流 i_L 趋于无穷大;开关断开时,电感电流 i_L 则应趋近于零。当开关从闭合转为断开时,电感电流 i_L 迅速变化,电感 L 上感应出很大的电压 u_L,方向下正上负,导致输出电压 U_o 的幅度大大增加,极性则与输入电压 U_i 相反。

第9章 应用电路设计分析

9.1 模拟电子系统设计方法简介

由于模拟电子系统种类繁多,功能和应用千差万别,因此设计一个模拟电子系统的方法和步骤也不尽相同。一般而言,设计一个电子系统时,首先必须明确设计任务和要求,并据此进行系统方案的比较、选择,然后对方案中的各部分进行单元电路设计、参数计算和元器件的选择,再利用 EDA 技术对设计的单元电路进行仿真,单元电路实验调试,最后将各个单元电路进行连接,画出一个符合设计要求的完整的系统电路图。设计流程图步骤如图 9-1 所示。

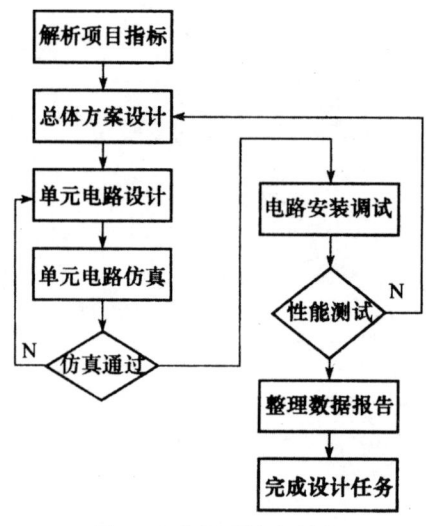

图 9-1　电子设计流程图

9.2 音响放大电路设计分析

音响技术的发展经历了电子管时期、晶体管时期到集成电路时期,在不同的时期都各有其特点。通过音响放大电路的设计,可以认识到一个简单的模拟电路系统,应当包括信号源、输入级、中间级、输出级和执行机构。信号源的作用是提供待放大的电信号,如果信号是非电量,还须把非电量转换为电信号,然后进入输入级,中间级进行电流或电压放大,也需要对信号做不同的处理,再进入输出级进行功率放大,最后去推动执行机构做某项工作。

9.2.1 设计任务

设计一个音响放大电路,要求有话筒(MIC)话音输入和 MP3 或手机的音频输出信号

(LINE　OUT)这两路输入,可以分别调整两路信号的音量大小,也可以对两路合成后的信号进行音量调节和高低音控制,最后通过喇叭把合成后的信号还原输出。

音响放大电路的性能指标要求如表 9-1 所示。

表 9-1　音响放大电路的性能指标

性能指标	指标要求
功能要求	话筒扩音、音量控制、混音功能、音调可调
额定功率	$\geqslant 0.5\mathrm{W}$
负载阻抗	8Ω
频率响应	$f_L \leqslant 50\mathrm{Hz}$　$f_H \geqslant 20\mathrm{kHz}$
输入阻抗	$\geqslant 20\mathrm{k}\Omega$
话音输入灵敏度	$\leqslant 5\mathrm{mV}$
音调控制特性	1kHz 处增益为 0dB,125Hz 和 8kHz 处有 ± 12dB 的调节范围

9.2.2　电路设计

1. 方案设计

根据设计任务要求,音响放大电路可以分成话音放大器、混合前置放大器、音调控制器及功率放大器四个模块。

方案设计框图如图 9-2 所示。

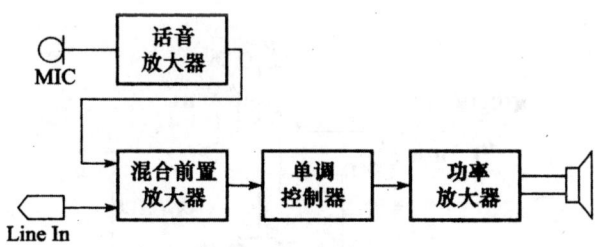

图 9-2　音响放大电路构成框图

话音放大器是针对话筒(MIC)的输出信号比较小而设置的小信号放大器,其目的是放大话筒信号使其在信号幅度上提高到和音乐信号(Line In)相当的值;混合前置放大器的功能是通过将已经放大是话筒信号和音乐信号相加,使两路信号合成为一个信号;音调控制器的作用是对混合后的信号进行高低频调整,以更好的实现原音重现或满足不同听者的爱好;通过功率放大电路,将信号功率放大到足以推动喇叭,实现放大的信号输出。

2. 增益分配

因为设计任务要求在 8Ω 负载上的输出功率为 $0.5\mathrm{W}$,所以对应的输出电压为

$$P_\circ = \frac{U_\circ^2}{R_L}$$

$$U_o = \sqrt{P_o R_L} = 2(V)$$

而话筒（MIC）的输出信号一般只有 5mV 左右，则

$$U_i = 5\mathrm{mV}$$

$$A_u = \frac{U_o}{U_i} = \frac{2000}{5} = 400$$

上式表示：为了达到设计任务要求的输出功率，从话筒输入端需要总放大倍数大于 400 倍。

MP3 或手机的输出信号一般在 50～100mV 之间，如以 50mV 计算，为了达到输出功率的要求，需要总共放大 40 倍左右。

如果选用 uA741 运放为主要器件，其增益-带宽积约为 1MHz，为达到 50～20kHz 的带宽并考虑适当的裕量，每级增益不得设置过高。

根据以上分析，可以得到个各单元的增益分配如图 9-3 所示。

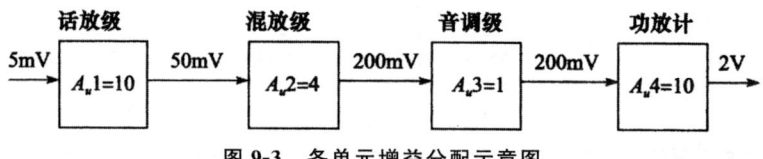

图 9-3　各单元增益分配示意图

3. 话音放大器设计

话筒的输出阻抗较大，达到 20kΩ，且输出信号一般只有 5mV 左右，为了使话音放大器能较好地放大声音信号，其输入阻抗理应远大于话筒的输出阻抗。同相比例放大器具有很高的输入阻抗，所以一般可以选用同相比例放大电路作为话音放大输入级，如图 9-4 所示为话音放大器设计电路。

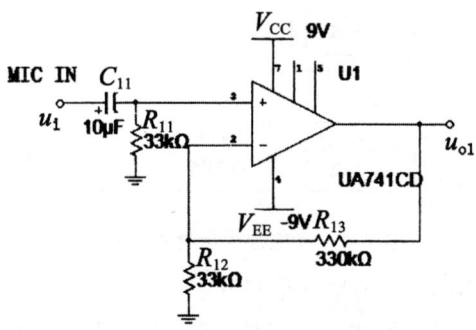

图 9-4　话音放大输入级电路图

该电路的输入阻抗由 R_{11} 确定，满足设计任务的要求。且其放大倍数为

$$A_{u1} = 1 + \frac{R_{13}}{R_{12}}$$

符合系统设计对增益的分配要求。

由耦合电容 C_{11} 和电阻 R_{11} 确定了该单元电路的下限截止频率，即：

$$f_{L1} = \frac{1}{2\pi R_{11} C_{11}} \approx 4\mathrm{Hz}$$

也满足了系统设计的任务要求。

该电路的仿真结果如图 9-5 所示。

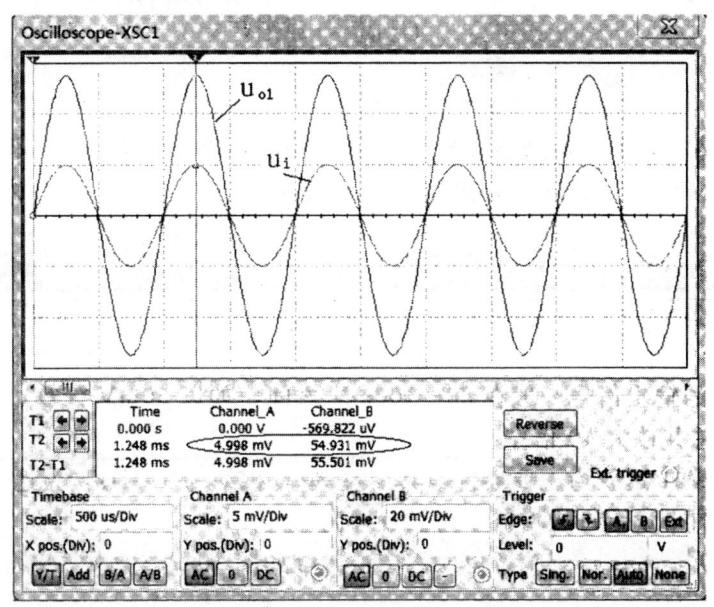

图 9-5　话音放大电路仿真图

由图 9-5 可知,当输入信号的峰值为 5mV 时,其输出电压峰值达到 55mV,达到了设计的要求。

4. 混合前置放大器设计

混合前置放大器的作用是将 Line　In 信号和放大后的话音信号相加,起到混音的功能。

信号相加有多种加法电路形式,为了便于设计和调试,一般可以采用反相比例加法电路实现混音,电路如图 9-6 所示。

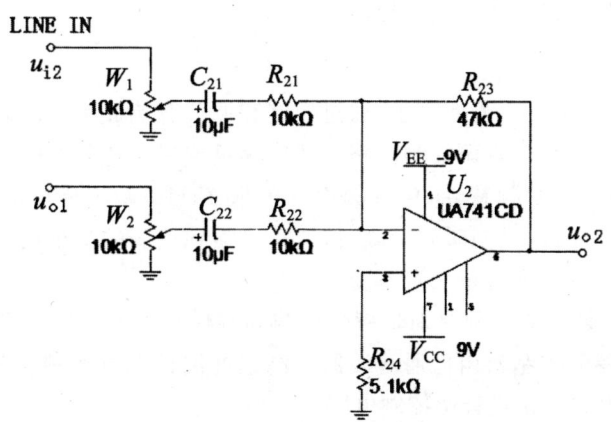

图 9-6　混合前置放大电路图

2 路信号分别为经过话音放大器后的输出 u_{o1} 和 MP3 或手机的输出信号(LINE IN)通过

W_1 和 W_2 电位器可以分别调整 2 路信号的大小,然后加到反相加法电路的输入端。如果两个电位器都调整到最高点,即信号没有衰减,则该电路的输出与输入的关系为

$$u_{o2} = -\left(\frac{R_{23}}{R_{21}}u_{i2} + \frac{R_{23}}{R_{22}}u_{o1}\right) = -4.7(u_{i2} + u_{o1})$$

实现了 2 路信号相加,且具有 4.7 倍的增益。

混合前置放大电路的仿真结果如图 9-7 所示。分别在两路输入端加上信号幅度为 50mV 的正弦波,一路的频率为 1kHz,另一路的频率为 3kHz。

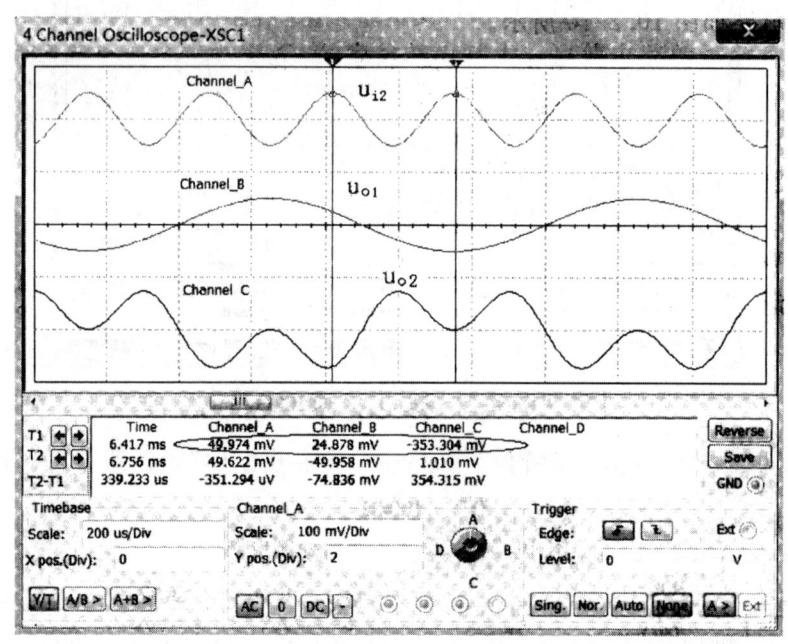

图 9-7　混合前置放大电路仿真结果

通过图 9-7 可知,当一路信号为 50mV,另一路信号为 25mV 时,其输出为 354mV 但相位相反,近似实现了相加且提供 4.7 倍的增益。

5. 音调控制器的设计

音调控制器是为了满足听着的需求,通过控制和调节音响放大器的幅频特性,人为地改变信号中高、低频成分的比重。音调控制电路一般应满足或尽量达到的幅频特性如图 9-8 所示。其中折线(实线)为理想的幅频特性,中音频率一般取 1kHz,一个良好的音调控制电路,要有足够的高、低音调节范围,但又同时要求高、低音从最强到最弱的整个调节过程里,中音信号不发生明显的幅度变化,以保证音量大致不变。

由图 9-8 可知,音调控制器只是对低频信号与高频信号的增益进行提升或衰减,中频信号增益保持不变,所以音调控制器由低通滤波器与高通滤波器共同组成。音调控制器有多种形式,图 9-9 所示为常用的反馈式音调控制电路。

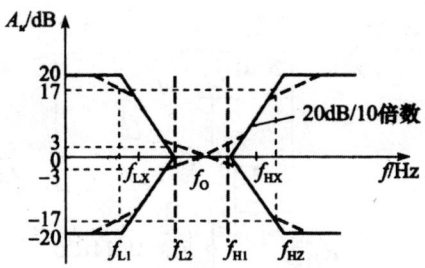

图 9-8　音调控制电路的幅频特性曲线

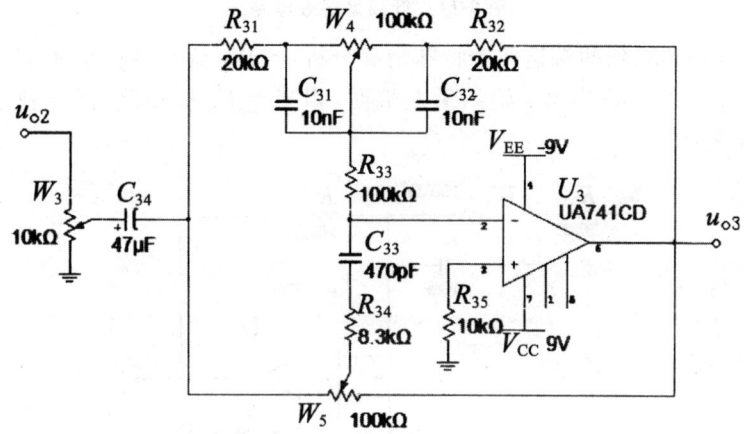

图 9-9　反馈式音调调节电路

从图 9-9 可看出，W_3 是音响放大电路总的音量控制电位器，C_{34} 为耦合电容，C_{31} 和 C_{32} 为低音控制电容，C_{33} 为高音控制电容。

在中频区，C_{31} 和 C_{32} 相当于短路，C_{34} 相当于开路，此时电路可以等效为一个典型的反相比例运算电路，如图 9-10 所示。因为 $R_{31}=R_{32}$，所以在中频区的电压放大倍数为

$$A_{u3}=\frac{R_{32}}{R_{31}}=-1$$

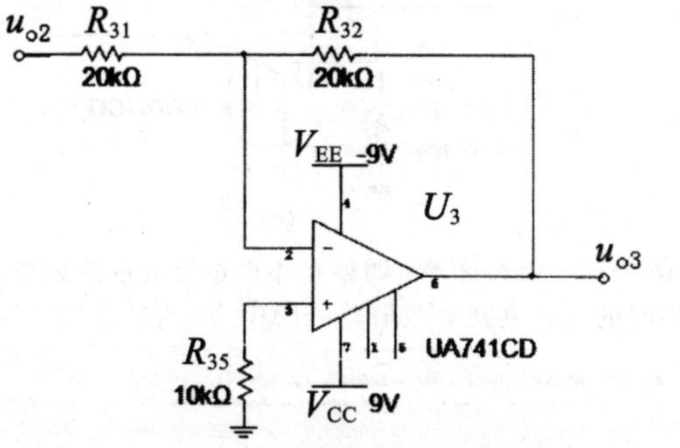

图 9-10　中频区等效电路

在低频区，由于 $C_{31}=C_{32}\gg C_{33}$，C_{33} 可视为开路，由 R_{31}、R_{32}、C_{31}、C_{32} 和 W_4 共同组成了低频端的音调控制电路，可以通过调节 W_4 来改变不同频率点的增益，以实现低音的提升或衰减，电路如图 9-11 所示。

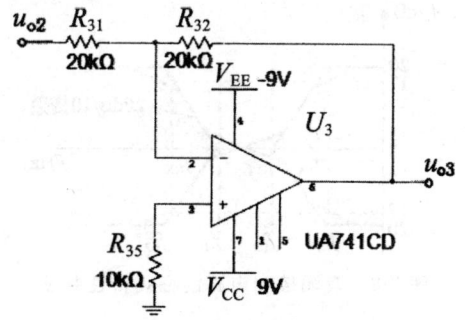

图 9-11　低频区等效电路

如果以 W_4 分别调整到两端这两个特殊情况分析,当 W_4 调至最右端时,C_{32} 被短路,W_4 和 C_{31} 并联,如图 9-12(a)所示;当 W_4 调到最左端时,相当于 C_{31} 被短路,而将整个 W_4 和 C_{32} 并联,如图 9-12(b)所示。

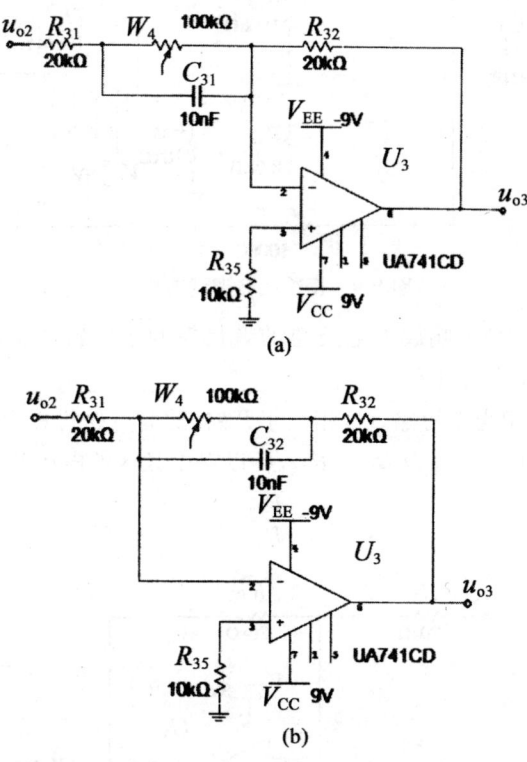

图 9-12　低频区 W_4 调整在不同位置时的等效电路

(a) W_4 调到最右端时的低音衰减等效电路;(b) W_4 调到最左端时的低音提升等效电路

图 9-12(a)为一个有源低通滤波电路,增益的表达式为

$$A_{u3} = -\frac{R_{32} + W_4 \mathbin{/\mkern-5mu/} \dfrac{1}{j\omega C_{32}}}{R_{31}}$$

在 1kHz 附近时,电容 C_{32} 接近短路,可以等效成一个反相比例电路,其放大倍数为 1,随着频

率变低,电容 C_{32} 的容抗越来越大,也使电路的增益逐渐变大,即低音得到了提升。在 $f=125\mathrm{Hz}$ 时,得出电路的增益约为 3.8 倍,约为 12dB。

在高频区,C_{31} 和 C_{32} 近似为短路,由 R_{31}、R_{32}、R_{33}、C_{33} 和 W_5 构成了高频端的音调控制,利用电位器 W_5 来改变不同频率点的放大倍数,完成高音信号的提升或衰减。

如图 9-13 所示为高频区在不同位置时的等效电路,图 9-13(a)表示 W_5 调至最左端时的等效电路,而图 9-13(b)表示 W_5 调至最右端时的等效电路。

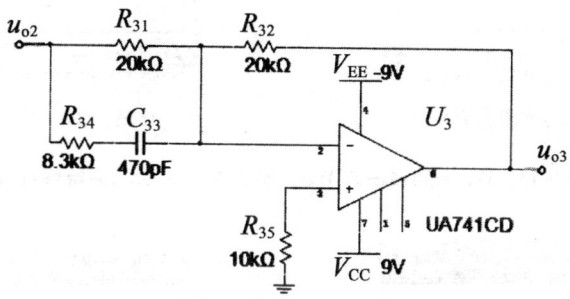

(a)W_5 调至最左端时的高音提升等效电路

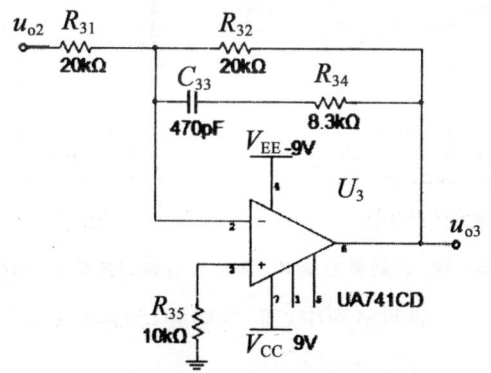

(b)W_5 调至最右端时的高音衰减等效电路

图 9-13　高音区 W_5 调整在不同位置时的等效电路

音调控制电路的仿真结果如图 9-14~图 9-16 所示。

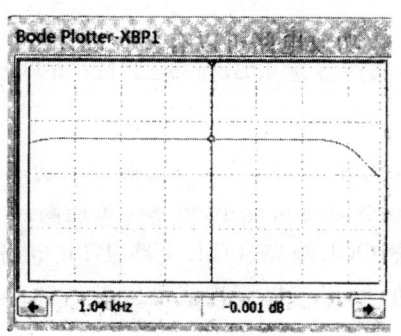

图 9-14　音调控制中频特性图

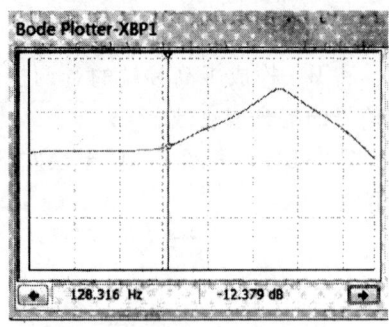

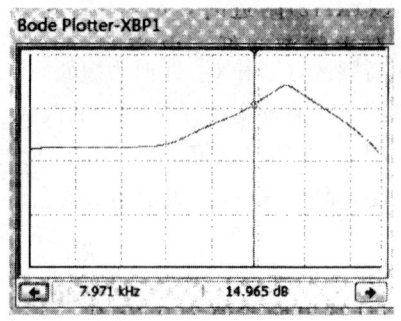

(a)在f=125Hz处信号的最大衰减值   (b)在f=8kHz处信号的最大提升值

图 9-15 W_4 调到最右端 W_5 调至最左端时的幅频特性曲线

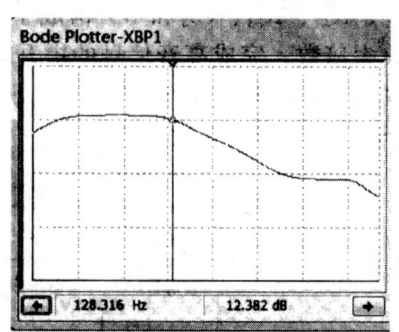

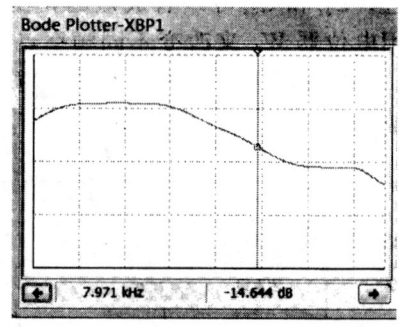

(a)在f=125Hz处信号最大的提升值   (b)在f=8kHz处信号的最大衰减值

图 9-16 W_4 调到最左端 W_5 调至最右端时的幅频特性曲线

图 9-14 所示为 W_4 和 W_5 都调整到中点时的幅频特性波特图, $f=1\text{kHz}$ 时, 对应的增益为 0dB。

由图 9-15 可知, 此时高音有最大的提升, 低音有最大的衰减。仿真结果表明, 在 125Hz 附近时, 有 -12.4dB 的衰减, 而在 8kHz 附近有 15dB 左右的提升。

由图 9-16 可知, 此时对低音有最大的提升, 而对高音将有最大的衰减。由仿真结果可以看出, 在 $f=125\text{Hz}$ 处有 12dB 的提升, 而在 $f=8\text{kHz}$ 处有 -14.6dB 的衰减, 达到了设计任务的要求。

由此可得, 在中频(1kHz)的增益为 0dB, 而在 125Hz 和 8kHz 处有 $\pm12\text{dB}$ 的调节范围。

6. 功率放大器的设计

功率放大器的作用是给负载(扬声器)提供一定的输出功率。当负载一定时, 希望输出的功率尽可能大, 输出信号的线性失真尽可能小, 效率尽可能高。

功放电路设计有多种方法, OCL 电路、OTL 电路、BTL 电路, 可以直接利用集成功率放大器, 也可以用集成运放作驱动, 利用三极管构成准互补对称的甲乙类 OCL 电路, 如图 9-17 所示。

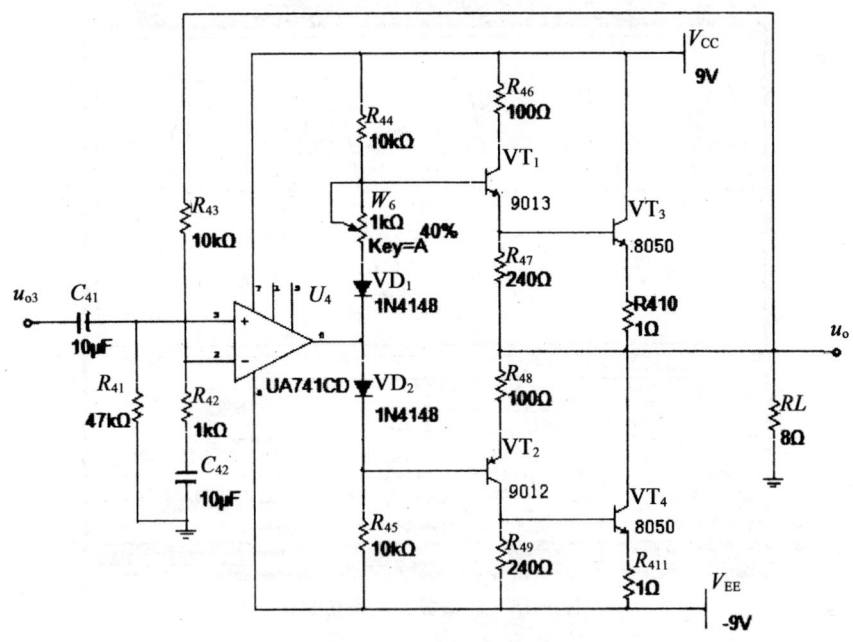

图 9-17　功率放大电路图

三极管 VT_1、VT_3 为相同类型的 NPN 管，构成了 NPN 型复合管，VT_2、VT_4 为不同类型的晶体管，所组成的复合管的特性由第一只管决定，即为 PNP 型，所以其基本结构仍为互补对称的功率放大器。

R_{44}、R_{45}、W_6 及二极管 VD_1、VD_2 所组成的支路是两对复合管的基极偏置电路，利用两个二极管的管压降并适当微调 W_6，使 VT_1 和 VT_3 工作在微导通状态，可减小静态功耗并克服交越失真。

R_{47}、R_{49} 用于减小复合管的穿透电流对电路的影响，提高电路的稳定性，一般为几十欧姆至几百欧姆。R_{46}、R_{48} 称为平衡电阻，使 VT_1、VT_2 的输出对称。R_{410}、R_{411} 为负反馈电阻，可以保护 VT_3 和 VT_4 不要因为流过太大电流而损坏。

R_{43}、R_{42} 和 C_{42} 构成了交流电压串联负反馈，所以功率放大电路的电压增益为

$$A_{u4} = 1 + \frac{R_{43}}{R_{42}} = 11$$

功率放大电路的仿真结果如图 9-18 所示。当输入端加上一个幅值为 200mV，频率为 1kHz 的正弦波信号时，其输出正弦波的幅值达到了近似 2.2V，实现了任务的设计要求。

输出功率要求：$\geqslant 0.5W$，按乙类推挽功率放大电路的分析，在功率管选择时必须满足：

$$U_{(BR)CEO} \geqslant 2V_{CC}$$

$$I_{CM} \geqslant I_{CMAX}$$

$$P_{CM} \geqslant 0.2P_{OMPX}$$

可以选择中功率 NPN 三极管作为最后的输出级，如 S8050 等，而互补驱动管可以选择小功率对管，如 S9013 和 S9012。

功率放大器也可以选用集成功率放大器，如 TDA2030、LM1875、LM386 等。

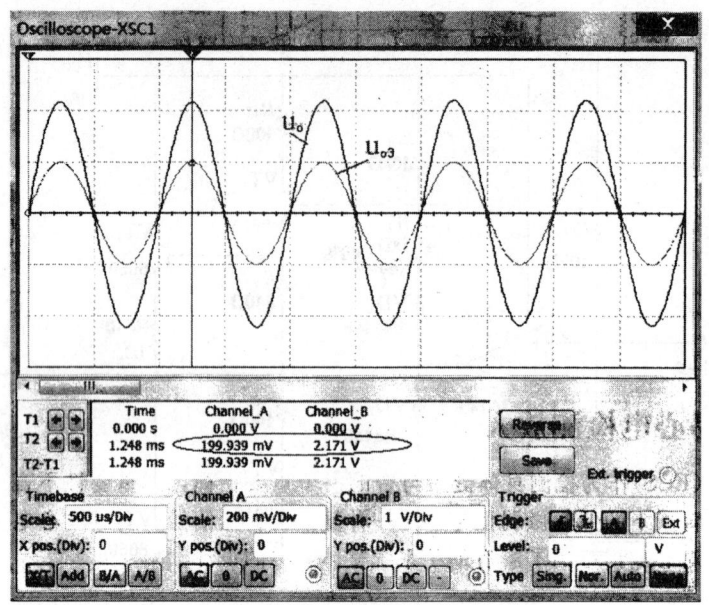

图 9-18　功率放大电路仿真图

9.3　简易心电检测放大电路设计分析

心电信号（ECS）作为强噪声背景下的低频微弱信号，是一种复杂的自然信号，所以对心电系统的设计有其特殊性，而对心电信号的了解有助于系统整体方案的设计。

9.3.1　心电信号特征分析

心电信号是一种毫伏级的微弱低频交流生物信号。正常情况下，一个完整的心电信号波形包括 P 波、R 波、QRS 波和 T 波，如图 9-19 所示。其主要频率成分在 $0.1\sim35\mathrm{Hz}$。而 QRS 复波群的能量又在心电信号中占据了很大的百分比，其能量分布于心电信号的中高频区，峰值大约处于在 $5\sim20\mathrm{Hz}$ 范围。

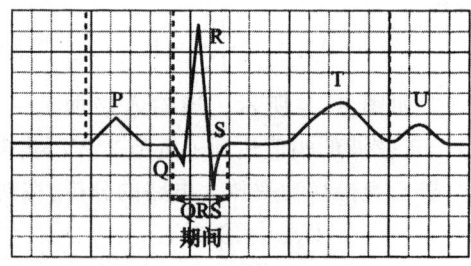

图 9-19　典型的心电信号

获取心电图的方法是依靠与肢体接触的电极，一般称为"导联"，也是把心电信号转换为电信号的传感器。

9.3.2　设计任务要求

设计一个心电检测放大电路,要求:

①设计滤波电路,以获取有效心电信号。

②将 0.5mV 左右的心电信号不失真地放大到 1.5V。

③前置放大器的差模输入阻抗应大于等于 20MΩ。

④设计一个 50Hz 的陷波器(带阻滤波器),滤除混入心电信号的 50Hz 工频干扰。

9.3.3　系统设计

1. 系统设计要求

根据设计任务要求及心电信号的特征,心电信号检测电路构成框图如图 9-20 所示。

图 9-20　心电检测放大电路构成框图

按照输入信号为 0.5mV,输出到达到 1.5V 的要求,则整个放大电路的增益为

$$A_u = \frac{1.5\text{V}}{0.5\text{mV}} = 3000$$

考虑到各单元电路的特点,可以预设前置放大电路的增益为 30 倍,后级放大电路的增益为 10 倍,带通和带阻滤波器的增益为 10 倍,则总电路的增益就可以达到任务要求的指标。

2. 单元电路设计分析

(1)前置放大电路设计

电极采集到的心电信号幅值为 0.05~4mV,频谱范围为 0.1~200Hz,由于人体内阻较大,要准确获取心电信号的需要前置放大器。整个前置放大电路是一个差分放大电路,一般包括输入保护及缓冲器、驱动反馈网络和仪表放大电路等部分,如果不考虑保护及驱动反馈等电路,则前置放大电路如图 9-21 所示。

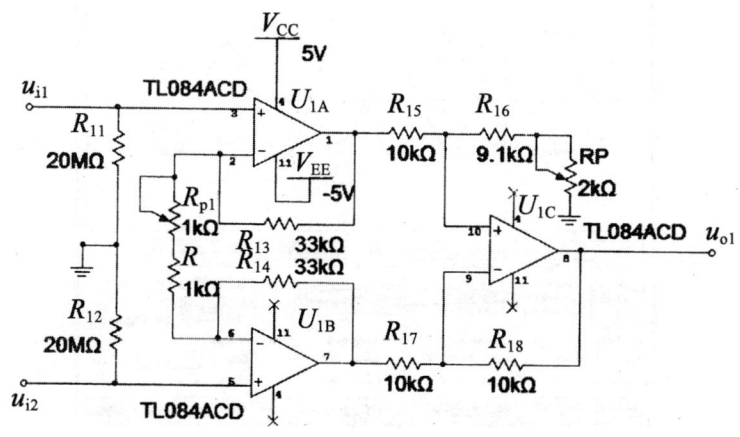

图 9-21　前置放大电路

该前置放大电路一共需用 3 个运放,选用了 TL084C。TL084C 是高速 J-FET (结型场效应管)型输入四运放集成芯片。

在 $R_p + R_{16} = 10\text{k}\Omega$ 时该电路为高输入阻抗的差分放大电路,其输出电压和输入电压的关系为

$$u_{o1} = \left(\frac{R + R_{p1} + R_{13} + R_{14}}{R + R_{p1}} \right)(u_{i1} - u_{i2})$$

取 $R_{13} = R_{14} = 33\text{k}\Omega$,可变电阻 $R = 1\text{k}\Omega$。

当可变电阻 $R_{p1} = 1\text{k}\Omega$(滑动点调至最高点)时,其放大倍数为 34 倍,该电路的仿真结果如图 9-22 所示(两个输入端分别加上 $\pm 0.5\text{mV}$ 信号)。

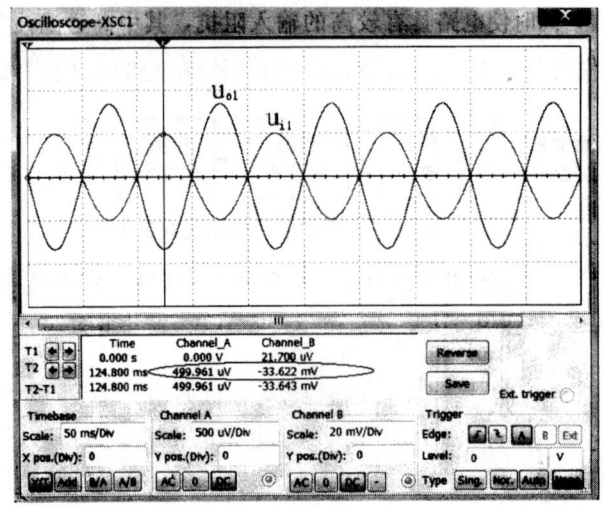

图 9-22　当 $R_{p1} = 1\text{k}\Omega$ 时前置放大器的输入输出仿真图

而当 $R_{p1} = 0\text{k}\Omega$(滑动点调至最低点)时,其放大倍数等于 67 倍,其仿真结果如图 9-23 所示(两个输入端分别加上 $\pm 0.5\text{mV}$ 信号)。

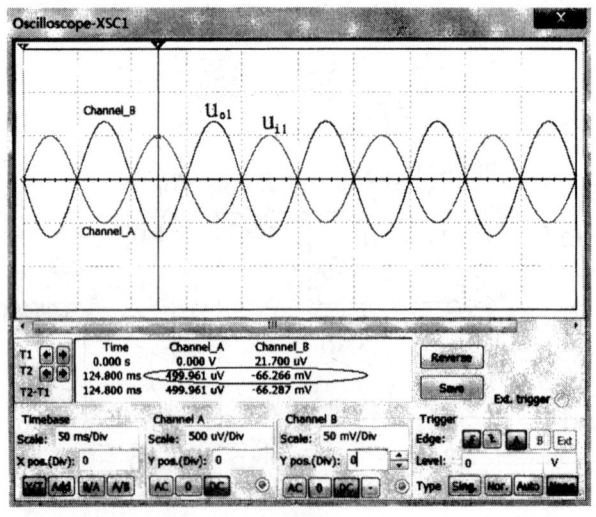

图 9-23　当 $R_{p1} = 0\text{k}\Omega$ 时前置放大器的输入输出仿真图

由于运放是同相输入,其输入电阻近似为无穷大,为避免输入端开路时放大器出现饱和状态,在两个输入端到地之间分别串接两个 20MG 的电阻 R_{11}、R_{12},也满足任务中对输入电阻的要求。

前置放大电路也可以选用专用的集成芯片,如 AD620、INAl28 等。

（2）带通滤波电路

由于检测信号中存在的主要干扰信号有 50Hz 工频干扰、电极板与人之间的极化电压、仪器内部噪声和仪器周围电场、磁场、电磁场的干扰等,要想获得清晰稳定的心电信号,滤波器的设计很关键,特别是 50Hz 的带阻滤波器尤其重要。而 0.05Hz 以下的干扰信号相对较弱,200Hz 的干扰信号较强,所以在滤波电路中采取先低通滤波取出 200Hz 以下的信号,然后接高通的方式,从而滤除极化电压及高频干扰。带通滤波电路如图 9-24 所示,其中高通滤波器由 C_{21},R_{21} 构成,低通滤波器由 C_{22}、R_{22} 构成,所以其下限频率为 $f_L = 1/(2\pi C_{21} R_{21}) = 0.048\mathrm{Hz}$,上限频率为 $f_H = 1/(2\pi C_{22} R_{22}) = 200.95\mathrm{Hz}$ 。

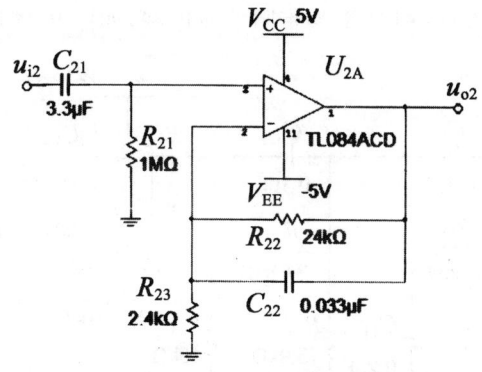

图 9-24 带通滤波电路

对电路进行仿真,可以得到该电路的带通滤波特性如图 9-25、图 9-26 和图 9-27 所示,由这 3 张图可知,其下限截止频率为 0.047Hz,上限截止频率为 204Hz,通带内具有 10 倍(20dB)的增益,达到了设计的要求。

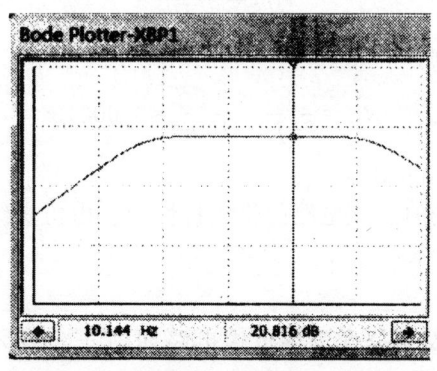

图 9-25 带通滤波器通带增益（20dB）

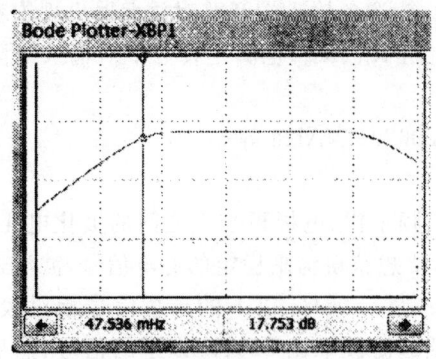

图 9-26　带通滤波器下限截止频率点

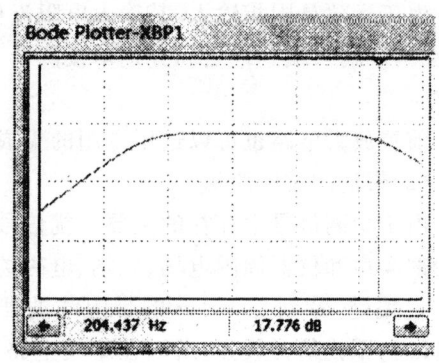

图 9-27　带通滤波器上限截止频率

(3)50Hz 陷波电路

市电电源的 50Hz 对心电信号干扰严重,因此需要设计一个 50Hz 的带阻滤波器(又称陷波器)以抑制电源干扰。可以选用双 T 型带阻滤波电路,如图 9-28 所示。

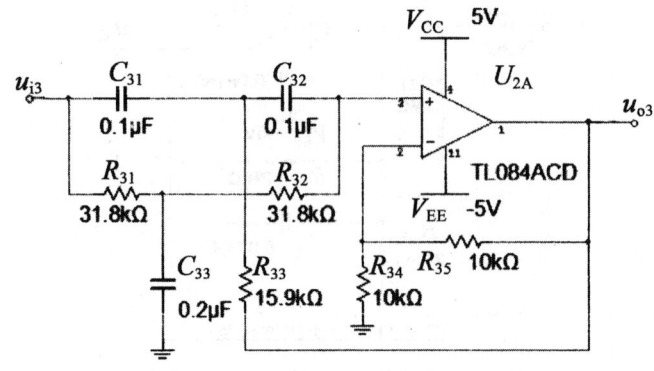

图 9-28　50Hz 的带阻滤波器(陷波器)

当 $C_{31}=C_{32}=C$,$C_{33}=2C$,$R_{31}=R_{32}=R$,$R_{33}=R/2$ 时,其中心频率表达式为

$$f_0=\frac{1}{2\pi RC}$$

以 $f_0=50\text{Hz}$ 代入,得到:

$$RC=\frac{1}{2\pi f_0}=\frac{1}{100\pi}=0.00318$$

如果取 $C=0.1\mu\text{F}$,则 $R=31.8\text{k}\Omega$。

如图 9-29 所示为通过仿真后该电路的幅频特性图。由仿真结果可知,在 50Hz 处有很好的衰减特性。

(4)后级放大电路

为了达到总电路增益,设计一个输出放大电路如图 9-30 所示。该电路为一个同相放大器,可以通过调节电阻 R_{p2} 来改变电路的增益。其增益可以在 $11\sim21$ 倍之间调整。

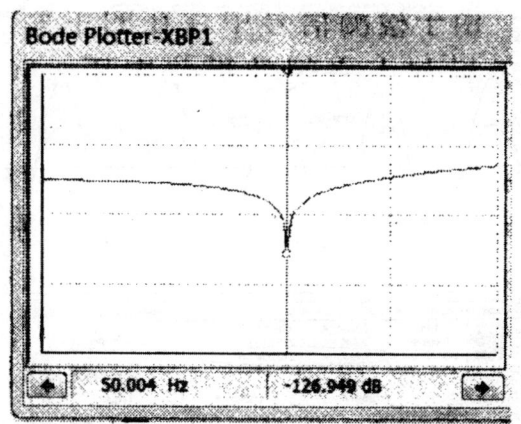

图 9-29　50Hz 陷波电路的仿真结果

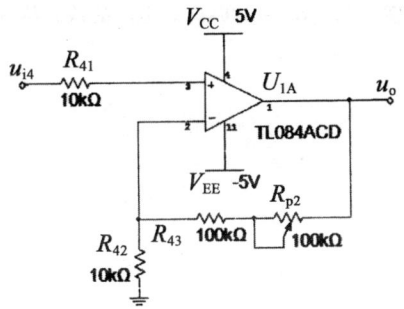

图 9-30　后级同相放大电器

　　图 9-31 表示在 $R_{p2}=0$ 时，后级放大电路的放大特性，其增益约为 11 倍，图 9-32 表示了在 $R_{p2}=100\text{k}\Omega$ 时，电路的放大特性，增益约为 21 倍，达到设计要求。

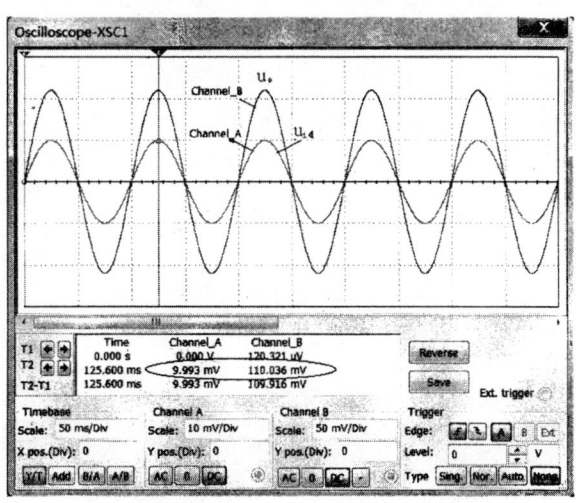

图 9-31　当 $R_{p2}=0$ 时放大电路的放大特性

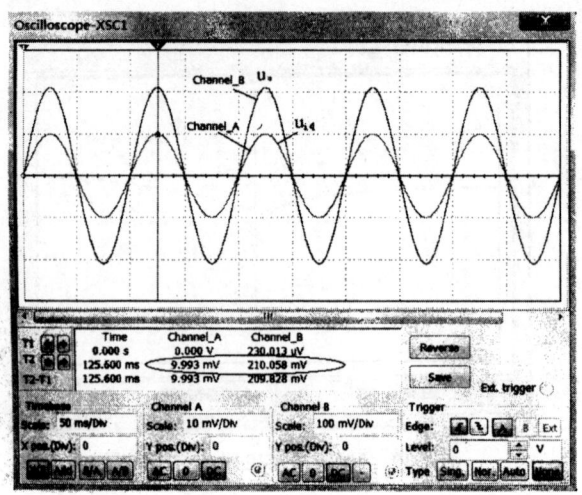

图 9-32 $R_{p2} = 100k\Omega$ 时电路的放大特性

第10章 门电路

10.1 基本逻辑门电路

10.1.1 基本逻辑运算

数字电路亦称开关电路,其重要特点之一是其输入、输出信号用离散电平表示。在多数情况下,用高、低两种电平。高、低两种电平是相对的,其绝对值往往随电路的类型和供电电源的数值而不同,为了简单,通常用"0"和"1"两个代码来表示低电平和高电平。以"0"和"1"作为变量,按一定的逻辑规律进行运算则称为逻辑运算。基本的逻辑运算分为与、或、非三种。

1. 与运算

图 10-1(a)表示一个用两个开关串联控制电灯的电路,只有当开关 A 与 B 同时接通时,灯泡 L 才亮;而 A 和 B 中只要有一个不通或两个都不通时,灯泡 L 不亮。用逻辑语句表达为:只有当一个事件(灯亮)的几个条件(A、B 都接通)全部具备时,这个事件才会发生,这一关系称之为与逻辑。如果以开关 A、B 作为输入变量,并以开关接通为"1",而断开为"0",以灯泡 L 的亮、灭为输出结果,且以灯亮为"1",灯灭为"0",则可得到图 10-1 b 所示的表格。该表描述了各种输入逻辑变量的取值对应的输出变量值,也称其为真值表。与逻辑用表达式描述可写为

$$L = A \cdot B$$

式中,小圆点表示 A、B 之间与运算,在不会引起混淆时,常将小圆点省略。在电路中表示满足与运算的逻辑关系称为与门,如图 10-1(c)所示。

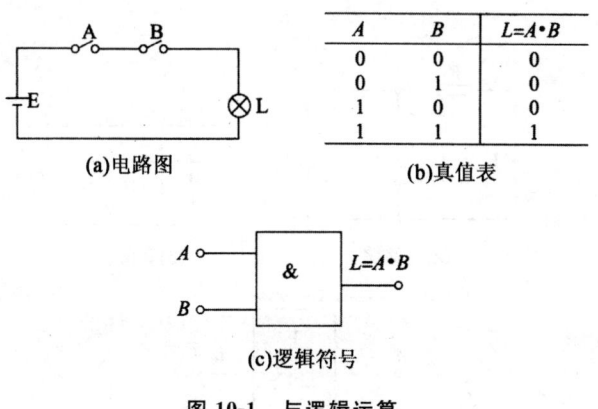

A	B	$L=A \cdot B$
0	0	0
0	1	0
1	0	0
1	1	1

(a)电路图　　(b)真值表

(c)逻辑符号

图 10-1　与逻辑运算

2. 或运算

如图 10-2(a)所示,用两个开关并联控制灯泡的亮灭,只要开关 A 或 B 接通或者两者都接通时,灯泡就亮;而当 A、B 都不接通时灯才灭。即:当一个事件(灯亮)的几个条件(开关 A、B 接通)中,只要有一个条件得到满足时,这个事件就会发生,这一关系称为或逻辑。如果以 A、B 接通,灯亮用"1"表示,而 A、B 断开及灯灭用"0"表示,则可得到或逻辑的真值表,如图 10-2(b)所示,或逻辑用表达式描述可写为

$$L = A + B$$

式中,"+"表示 A、B 进行或运算。在电路中表示满足或运算的逻辑关系称之为或门,如图 10-2(c)所示。

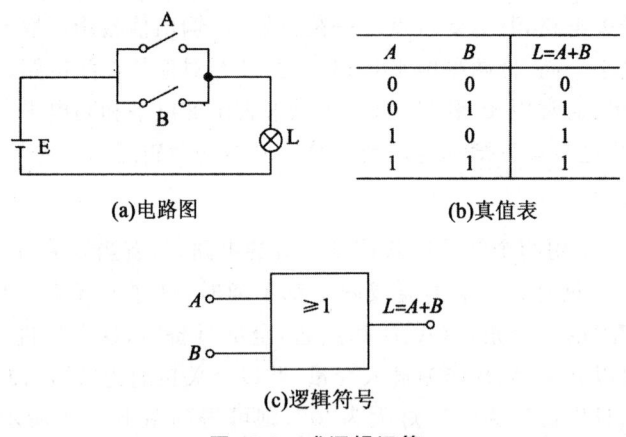

(a)电路图

A	B	$L=A+B$
0	0	0
0	1	1
1	0	1
1	1	1

(b)真值表

(c)逻辑符号

图 10-2　或逻辑运算

3. 非运算

图 10-3(a)所示为另一种电灯控制电路,开关 A 接通时,灯不亮;而开关 A 断开时,灯亮。即:一个事件(灯亮)的发生与其相反条件(开关 A 断开)为依据,这一关系称为非逻辑。假如以开关 A 接通、灯亮为"1",A 断开及灯灭用"0"表示,可得非逻辑的真值表如图 10-3(b)所示,用逻辑表达式则写成

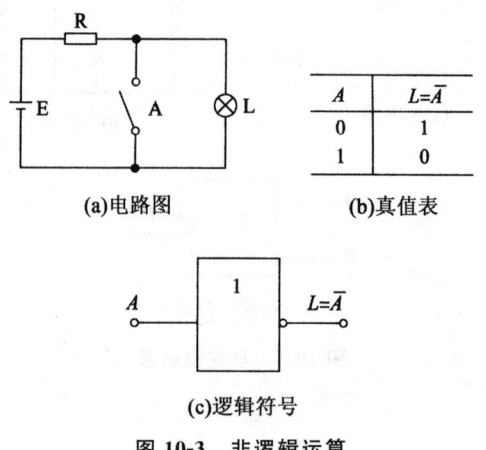

(a)电路图

A	$L=\overline{A}$
0	1
1	0

(b)真值表

(c)逻辑符号

图 10-3　非逻辑运算

$$L=\overline{A}$$

其中，条件 A 上方的"—"表示了非运算，电路中表示满足非逻辑的关系称为非门，如图 10-3 (c)所示。

10.1.2　二极管与门及或门电路

1. 二极管与门电路

以输入量作为条件，输出量作为结果，输入、输出之间满足与逻辑的电路称为与门电路。图 10-4(a)表示由半导体二极管构成的与门电路，图 10-4(b)为它的逻辑符号，其中，A、B、C 为输入端，L 为输出端。输入信号可分别加入 $+5V$ 或 $0V$(以表示逻辑 1 或逻辑 0)。

若输入端 A、B、C 中的一个或几个加上 $0V$ 低电平信号，与其相连的二极管则呈正向导通状态。如果忽略二极管的正向导通压降，则输出端 L 为低电平 $U_L=0V$，而其余和输入高电平($+5V$)相连的二极管因承受反向电压而截止；只有当输入端 A、B、C 同时加上 $+5V$ 高电平，这时 VD_1、VD_2、VD_3 都截止，此时输出端 L 的电平与 V_{CC} 相等，即 $U_L=+5V$。

若输入输出均以"1"表示高电平($+5V$)，"0"表示低电平，则可得到逻辑真值表，如表 10-1 所示。由此可得出与门电路满足与逻辑要求：有低出低，全高出高。其逻辑表达式为

$$L=A \cdot B \cdot C$$

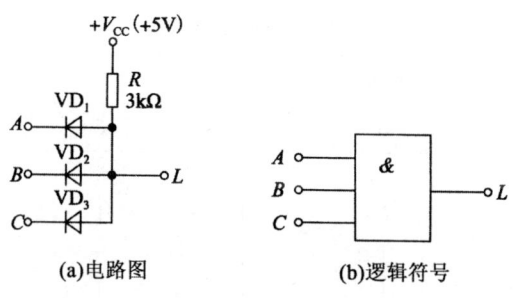

(a)电路图　　　　　(b)逻辑符号

图 10-4　二极管与门

表 10-1　与逻辑真值表

输入			输出
A	B	C	L
0	0	0	0
0	0	1	0
0	1	0	0
0	1	1	0
1	0	0	0
1	0	1	0
1	1	0	0
1	1	1	1

2. 二极管或门电路

10-5(a)所示。若输入端 A、B、C 的某一个或几个加上＋5V 电平信号,则与其相连接的二极管导通。如果忽略二极管的正向导通压降,则输出端 L 为＋5V 高电平,而其他输入端接 0V 低电平信号,与其相连的二极管承受反向电压而截止;只有当输入端 A、B、C 都加上 0V 低电平时,VD_1、VD_2、VD_3 都截止,则输出端 L 为低电平,即 $U_L=0V$。同样以"1"表示高电平,"0"表示低电平,可得到该门电路的真值表如表 10-2 所示。显然,或门电路满足或逻辑的要求:有高出高,全低出低。其逻辑表达式为

$$L=A+B+C$$

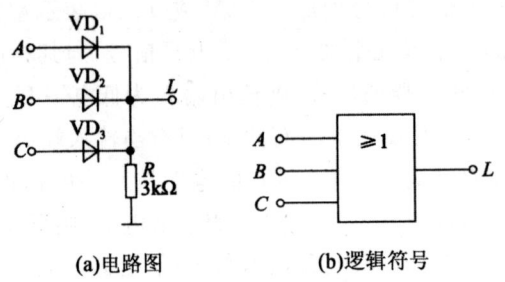

(a)电路图   (b)逻辑符号

图 10-5　二极管或门

表 10-2　或逻辑真值表

输入			输出
A	B	C	L
0	0	0	0
0	0	1	1
0	1	0	1
0	1	1	1
1	0	0	1
1	0	1	1
1	1	0	1
1	1	1	1

10.1.3　三极管非门电路

实现非逻辑功能的电路称为非门。非门只有一个输入端和一个输出端,因为它的输入输出之间是反相关系,故也称为反相器。图 10-6(a)表示了一个用三极管构成的基本反相器电路,图 10-6(b)为它的逻辑符号。

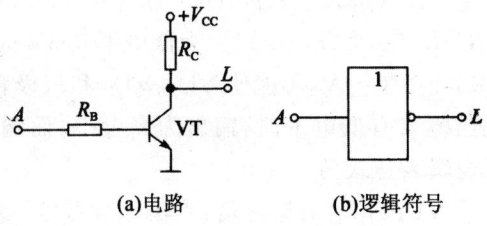

(a)电路　　　　(b)逻辑符号

图 10-6　三极管非门电路

当输入端 A 加上高电平时,通过合理选择电路参数使三极管 VT 进入饱和区,输出端 L 电平为三极管的饱和压降,即 $U_C = U_{CES}$,很低;而当 A 端为 0V 时,三极管 VT 截止,输出端 $L = V_{CC}$。若以"1"表示高电平,"0"表示低电平,则非门电路满足非逻辑运算关系:有高出低,有低出高。逻辑表达式为 $L = \overline{A}$,其真值表如表 10-3 所示。

表 10-3　非逻辑真值表

输入	输出
0	1
1	0

10.1.4　DTL 与非门及或非门电路

1. DTL 与非门电路

将与逻辑运算和非逻辑运算相结合可构成与非逻辑运算,对应该逻辑运算的门电路则称为与非门电路。图 10-7(a)表示的就是一种早期的简单集成与非门电路,它是由二极管与门和三极管非门串接而成的,称为二极管—三极管逻辑门(Diode-Transistor-Logic),简称 DTL 与非门电路,图 10-7(b)是它的逻辑符号。

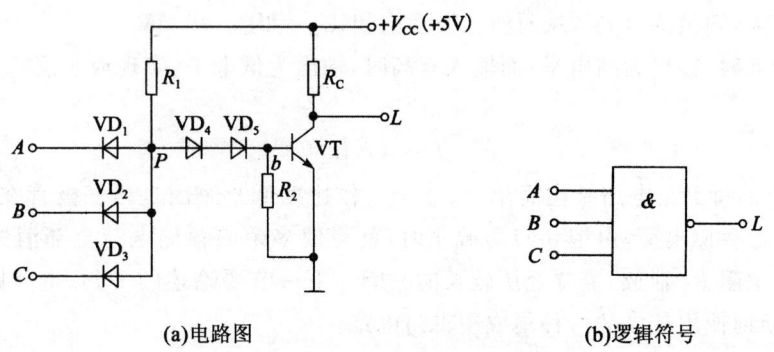

(a)电路图　　　　　　　　　　　(b)逻辑符号

图 10-7　DTL 与非门

当输入端 A、B、C 都接上高电平($+5V$)时,二极管 VD_1、VD_2、VD_3 都截止,而 VD_4、VD_5 和三极管 VT 将导通。假设二极管导通压降为 0.7V,三极管发射结导通压降也为 0.7V,则 P 点电平 $U_P = 0.7 \times 3 = 2.1V$。只要合理选择 R_1、R_C 及三极管参数,使流入三极管基极的电流足够大,满足 $I_B > I_{BS}$,从而使三极管进入饱和区,$U_L = U_{CES} = 0.3V$,即输出为低电平。

而当 3 个输入端 A、B、C 中有一个或一个以上为低电平 0.3V 时,与之对应的二极管将导通,此时 P 点电平为 $U_P = 0.7 + 0.3 = 1V$,不能使 VD_4、VD_5 和三极管 VT 导通,所以输出为高电平,$U_L = V_{CC} = 5V$。因此当输入有低电平时,输出为高电平;而输入全高时,输出才是低电平,实现与非逻辑关系。其逻辑表达式为

由上述分析可知,二极管 VD_4、VD_5 的作用是:当输入有低电平存在,即 $U_P = 1V$ 时,保证了三极管可靠地截止,输出为高电平。所以 VD_4、VD_5 也成为电平移位二极管。

2. DTL 或非门电路

将或逻辑运算和非逻辑运算相结合可构成或非逻辑运算,对应该逻辑运算的门电路则称为或非门电路。图 10-8(a)表示的是由二极管或门和三极管非门串接而成的或非门电路,图 10-8(b)是它的逻辑符号。

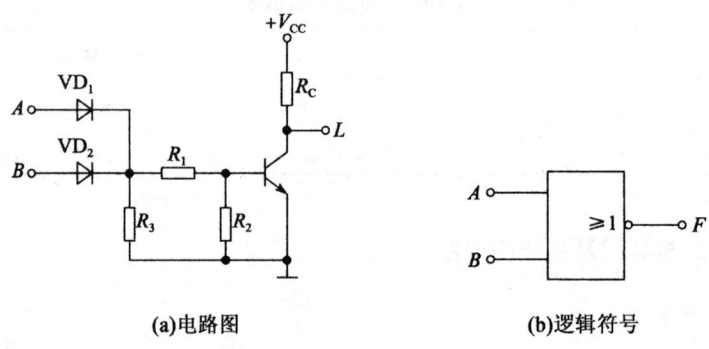

(a)电路图   (b)逻辑符号

图 10-8 DTL 或非门

当输入端 A、B 都接上低电平 0.3V 时,二极管 VD_1、VD_2 都截止,三极管 VT 也截止,输出为高电平,$U_L = +V_{CC} = 5V$。当输入端 A、B 中有高电平 5V 时,与之对应的二极管将导通,此时 P 点电平为 $U_P = 5 - 0.7 = 4.3V$。只要合理选择 R_1、R_C 及三极管参数,使流入三极管基极的电流足够大,满足 $I_B > I_{BS}$,从而使三极管饱和,$U_L = U_{SEC} = 0.3V$,
因此当输入全低时,输出为高电平;而输入有高时,输出为低电平,实现或非逻辑关系。其逻辑表达式为

$$L = \overline{A + B}$$

DTL 电路的特点是电路结构简单,缺点是工作速度低。原因是当三极管在饱和区时,基区积累有多余的存储电荷,由饱和转为截止时,就得使多余的存储电荷全部消失,在 DTL 电路中只能通过电阻 R_2 泄放,需要经历较长的时间。下一节要论述的 TTL 电路则是一种开关速度较高、在目前使用较多的一种集成逻辑门电路。

10.2 TTL 逻辑门电路

TTL 逻辑门电路是三极管—三极管逻辑门店(Transistor- Transistor-Logic)的简称,其输入端和输出端都用三极管,最具代表意义的就是 TTL 与非门。

10.2.1 TTL 与非门电路

1. TTL 与非门典型电路

图 10-9 所示为典型的五管 TTL 与非门电路。其中，VT$_1$ 是多发射极三极管，可以看作是它们的基极和集电极连在一起的 3 个三极管。三极管 VT$_1$ 与电阻 R，作为输入级，VT$_1$ 的三个发射极起着图 10-7(a) 所示 DTL 电路中 VD$_1$、VD$_2$、VD$_3$ 的作用，VT$_1$ 的集电极代替了图 10-7(a) 中 VD$_4$ 的作用；VT2 的发射极代替了图 10-7(a) 中的另一个二极管 VD$_5$，VT/和电阻 R_2、R_3 组成了中间级放大级，对 VT$_5$ 的基极电流起着放大作用，以提高带负载能力及开关速度；输出级由 VT$_3$、VT$_4$、VT$_5$ 和 R_4、R_5 组成，VT$_5$ 是反相器，VT$_3$、VT$_4$ 组成的复合管构成射极跟随器，并与 VT$_5$ 构成推拉式电路，以减少输出电阻，提高 TTL 与非门的带负载能力。

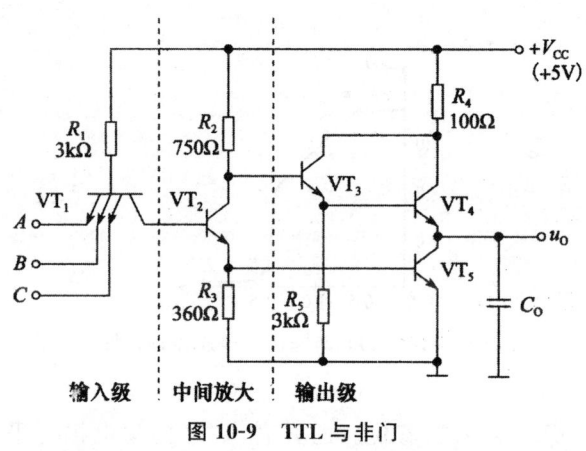

图 10-9 TTL 与非门

2. FTL 与非门电路工作原理

由图 10-9 所示电路可知，当 3 个输入端 A、B、C 都接高电平 3.6V(TTL 的典型值)时，电源 V_{CC} 通过 R_1 和正偏的 VT$_1$ 集电结向 VT$_2$、VT$_5$ 注入基极电流，选择合适的电路参数，使 VT$_2$、VT$_5$ 饱和导通。假设正偏 PN 结压降均为 0.7V，则 $U_{B1}=U_{BC1}+U_{BE2}+U_{BE5}=2.1V$，$U_{C1}=U_{B2}=U_{BE2}+U_{BE5}=1.4V$。此时 VT$_1$ 的发射结处于反偏，集电结处于正偏，称这种方式为发射结集电结倒置工作方式。因为 VT$_2$ 管饱和导通，所以 $U_{C2}=U_{CES2}+U_{BE5}=1V$，$U_{C2}=U_{B3}=1V$，此值不能使 VT$_4$ 导通，只能使 VT$_3$ 导通，由此可得 $U_{B4}=U_{E3}=U_{B3}-U_{E3}=1-0.7=0.3V$。显然，VT$_4$ 管截止，VT$_5$ 管饱和导通，所以输出为低电平，即 $U_{OL}=0.3V$。

当输入端有一个或几个低电平 0.3V 时，对应的输入发射结正向导通，则 $U_{B1}=0.3+0.7=1V$。此电平不能使 VT$_2$ 和 VT$_5$ 导通，电源 V_{CC} 将通过 R_2 向 VT$_3$、VT$_4$ 提供基极电流，则由图中可得 $I_{B3}R_2+U_{BE3}+U_{E3}=V_{CC}$，因为 $U_{E3}=I_{E3}R_5 \gg I_{B3}R_2$，忽略 $I_{B3}R_2$，则得 $U_{E3}=V_{CC}-U_{BE3}=5-0.7=4.3V$，$U_{B4}=U_{E3}=4.3V$，此电压可使 VT$_4$ 导通。因为 VT$_4$ 管导通，VT$_5$ 管截止，所以输出为高电平，即 $U_{OH}=U_{B4}-U_{BE4}=4.3-0.7=3.6V$。

由上述分析可得：输入全高，输出为低；输入有低，输出为高，实现了与非运算的逻辑关系，即

$$L=\overline{ABC}$$

3. TTL 与非门的电压传输特性

TTL 与非门输出电压和输入电压的关系称为电压传输特性。图 10-10(a)所示为其电压传输特性曲线。由图 10-10 可见,随着输入电压的逐渐增大,输出电压的变化过程可以分为四个阶段。

(1)AB 段(截止区)

在这个区段内,$u_I<0.6V$,这时 VT_1 发射结处于正偏而导通,$U_{B1}=u_I+0.7<1.3V$。该电压不能使 VT_2 和 VT_5 导通,即 VT_2 和 VT_5 截止,输出高电平,$u_o=3.6V$。

VT_1 的集电极电流 $I_{C1}=I_{B2}=0$,因此 VT_1 处于深度饱和工作状态,饱和电压 $U_{CES1}=0.1V$,所以 $U_{C1}=U_{B2}=u_I+U_{CES1}<0.7V$。

通常以输出管 VT_5 的状态来说明 TTL 门电路的状态,所以此阶段称为与非门的截止区或处于截止状态。

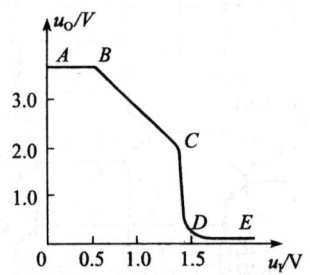

图 10-10　TTL 与非门的电压传输特性

(2)BC 段(线性区)

当输入电压 $u_I>0.6V$ 以后,随着 u_I 的升高,VT_1 的集电极电平 $U_{C1}=U_{B2}>0.7V$,使 VT_2 开始导通,进入放大区。在 $0.6V<u_I<1.3V$ 之间,$U_{B2}<1.4V$,此电压只能使 VT_2 导通,而 VT_5 仍然截止。由于 $u_I=U_{CE1}+U_{BE1}+U_{E2}$,当输入电压 u_I 有微小变化时,若认为 U_{BE2}、U_{CE1} 基本不变,则 $\Delta u_I=\Delta U_{E2}$;而输出电压 $u_o=U_{C12}-U_{BE3}-U_{BE4}$,若认为 U_{BE3}、U_{BE4} 近似不变,则 $\Delta u_o=\Delta U_{C2}$。又

$$\Delta U_{C2}=-\Delta I_{C2}R_2\approx-\Delta I_{E2}R_2$$
$$\Delta U_{E2}=\Delta I_{R3}R_3\approx\Delta I_{E2}R_3$$
$$\frac{\Delta u_O}{\Delta u_I}=\frac{\Delta U_{C2}}{\Delta U_{E2}}=-\frac{R_2}{R_3}$$

由此式可知,随着输入电压 u_I 的增加,输出电压 u_O 将线性下降,因此 BC 段也称为电压传输特性的线性变化区。

(3)CD 段(转折区)

当 $u_I>1.3V$ 以后,$U_{B2}>1.4V$,VT_5 也开始导通。随着 u_I 的增加,I_{B5} 迅速增大,使 VT_5 管很快进入饱和导通;同时 U_{C2} 快速下降,使 VT_2 也趋于饱和。而 VT_4 趋于截止,所以只要输入电压 u_I 从 1.3V 再略增加一点,输出电压就将急剧地下降到低电平 0.3V。通常将电压传输特性曲线的这一段区域称为转折区或过渡区,把该转折区中点所对应的电压称为 TTL 与非门的门槛电平或阈值电平,用 U_{th} 表示,由图 10-10 可知,$U_{th}=1.4V$。可以粗略地认为,当 $u_I>U_{th}$ 时,与非门将导通,输出低电平;当 $u_I<U_{th}$ 时,与非门将截止,输出高电平。

（4）DE 段（饱和区）

在这个区段内，$u_I > 1.4\text{V}$，$U_{B1} = 2.1\text{V}$，VT_2、VT_5 饱和，VT_4 截止，输出低电平，$u_O = 0.3\text{V}$，且输出电平基本不随 u_I 的增大而变化。这一段也称为饱和区，此时 TTL 与非门的状态也称为饱和状态或导通状态。

4. TTL 与非门的噪声容限

在数字电路中，为了正确区分高低电平，必须对门电路输出的高低电压值做一些必要的规定。通常将输出高电平的下限值称为标准高电平 U_{SH}；而将输出低电平的上限值称为标准低电平 U_{SL}；把保证输出为标准高电平 U_{SH} 的条件下所允许的最大输入低电平称为关门电平 U_{OFF}，而把保证输出为标准低电平 U_{SL} 时所允许的最小输入高电平值称为开门电平 U_{ON}。对于典型的 TTL 与非门，规定 $U_{SH} = 2.4\text{V}$，$U_{SL} = 0.4\text{V}$，相应的 $U_{OFF} = 0.8\text{V}$，$U_{ON} = 1.8\text{V}$。

开门电平 U_{ON} 与关门电平 U_{OFF} 在实际使用时是很重要的参数，它们反映了电路的抗干扰能力。因为从电压传输特性曲线上可以看到，当输入信号偏离正常的高低电平时，其输出状态并不一定发生变化。即在输入信号中，即使混入一些干扰信号，只要其幅值不超过一定的界限（U_{ON}、U_{OFF}），电路的输出状态就不会发生改变。在保证门电路的正常状态不发生改变的情况下，所能允许叠加在输入信号中的干扰电压最大值称为噪声容限。显然噪声容限的大小定量地说明了逻辑电路抗干扰能力的强弱。

图 10-11 给出了输入端噪声容限定义的示意图，在将许多门电路互相连接组成系统时，前一级门电路的输出就是后一级门电路的输入。对于后一级门电路而言，输入为高电平时的噪声容限 U_{NH} 是前一级电路的最小输出高电平与后一级门电路的最小输入高电平之差，即

$$U_{NH} = U_{SH} - U_{ON}$$

同理，输入低电平时的噪声容限 U_{NL} 是后一级门电路的最大输入低电平与前一级门电路的最大输出低电平之差，即

$$U_{NL} = U_{OFF} - U_{SL}$$

对于典型的 TTL 电路，$U_{NH} = 0.6\text{V}$，$U_{NL} = 0.4\text{V}$。

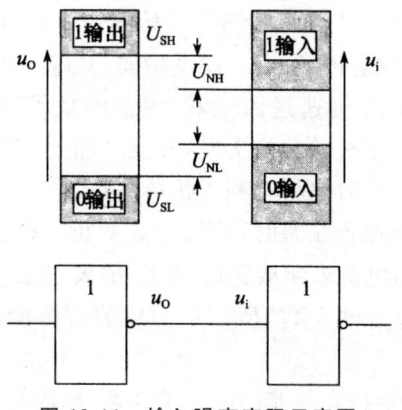

图 10-11　输入噪声容限示意图

5.TTL 与非门电路的改进

(1)有源泄放 TTL 与非门电路

在分析图 10-9 所示 TTL 与非门电路的工作原理及其传输特性时得知,为了使输出管 VT5 快速进入饱和,需要增大其基极电流,即增大 R_3 的阻值,让 VT_2 的发射极电流更多的用以驱动 VT_5 基极。但随着的 R_3 增大,VT_5 的基区存储电荷增加,当 VT_5 要退出饱和进入截止时,基区电荷经过 R_3 的泄放电流必然减小,从而使 VT_5 截止过程变慢,显然为了加速 VT5 的截止过程,R_3 应选得小些为好。

为了解决上述矛盾,在很多产品中采用了有源泄放回路来代替图 10-9 中的电阻 R_3。图 10-12 所示为有源泄放 TTL 与非门电路,其有源泄放电路由三极管 VT_6 及 R_3、R_6 组成。

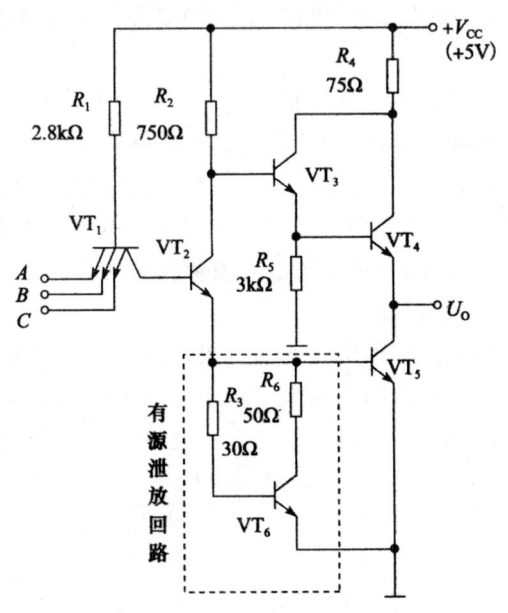

图 10-12 有源泄放 TTL 电路

下面分析有源泄放回路对开关速度的影响。

当与非门由截止变导通时,VT_5、VT_6 都将开始导通。但由于 VT_6 基极上有电阻 R_3,而 VT_5 的基极直接接在 VT_2 的发射极,所以在跳变瞬间,VT_2 的射极电流几乎全部流入 VT_5 基极,使 VT_5 比 VT_6 先导通,VT_5 迅速进入饱和,因而缩短了开通时间 t_{on}。而 VT_5 饱和后,VT_6 也开始导通,形成了 VT_5 基极的分流支路,分流一部分 VT_5 的过驱动电流,使 VT_5 减轻了饱和程度,缩短了存储时间,同时也将有利于快速截止。

当与非门由导通状态变为截止状态时,VT_2 首先截止。由于有源泄放回路接在 VT_5 的发射结之间,当 VT_5 的基极存储电荷未泄放完前,VT_6 的发射结为正向偏置,仍处于导通状态。所以 VT_5 基极存储电荷能够通过 VT_6、R_3、R_6 构成的有源泄放低阻回路进行泄放,加快了 VT_5 的截止过程。

由此可见,有源泄放回路能提高与非门的开关速度,原因是有源泄放回路具有可变电阻的特性。当与非门由截止变导通时,其等效电阻很大,使 VT_5 基极获得较大的驱动电流而迅速进入饱和;在导通向截止转变时,它又等效成一个很小的电阻,使 VT_5 基极存储电荷迅速泄放而进入截止。

（2）抗饱和 TTL 与非门电路

抗饱和电路的出发点是：为了减小或基本上消除三极管进入深饱和区时存储电荷的影响，采取必要措施，使三极管不工作在深饱和区，这样就能从根本上减少由于存储电荷的消散所需的时间 t_s，从而提高与非门的工作速度。采用肖特基势垒二极管（Schottky-Baffler-Diode，SBD）钳位的方法就能达到抗饱和的效果。

肖特基势垒二极管是由金属和半导体相接触、在交界面形成的势垒二极管，其主要特点为：

①它和 PN 结一样，具有单向导电性；

②它的导通电压较低，只有 0.4～0.5V 左右，比一般的二极管低 0.2～0.3V；

③势垒二极管是多数载流子导电，其本身几乎没有电荷存储效应，所以它不会引起附加延迟时间。

为了使三极管不进入深饱和状态，在三极管基极和集电极之间并联一个导通阈值电压较低的肖特基势垒二极管，如图 10-13 所示，其中，图（a）为其电路连接形式，图（b）为电路符号。

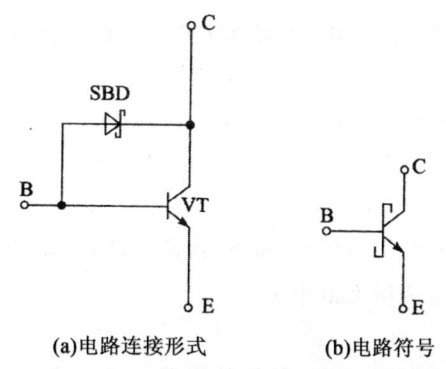

(a)电路连接形式　　　(b)电路符号

图 10-13　带有肖特基二极管钳位的三极管

当三极管进入饱和区时，发射结、集电结都将处于正偏，且集电结正偏电压越大，其饱和深度越深，而改为肖特基钳位形式的三极管时，当三极管集电结正偏电压达到 SBD 的门槛电压时，该二极管导通，有更多的基极电流将通过该二极管分流，使集电结正偏电压钳位在 0.4～0.5V 左右，即真正流入三极管基极的电流不会过大。因此该三极管就不会工作在深饱和区，达到抗饱和的目的。

图 10-12 所示 TTL 电路中，可能工作在深饱和区的三极管为 VT_1、VT_2、VT_5。若将它们改为由肖特基势垒二极管钳位的三极管，就构成图 10-14 所示的抗饱和 TTL 电路，也称为STTL 电路，与原 TTL 电路相比，其工作速度得到大大提高。

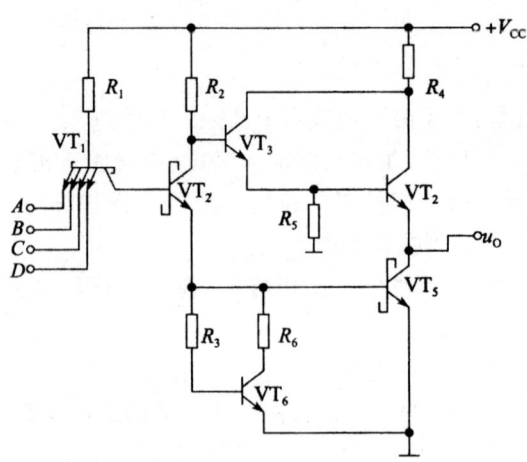

图 10-14 抗饱和的 TTL 电路

TTL 电路的改进,除了上述两种形式外,还有其他多种方式。改进的出发点主要是针对如何提高工作速度、降低功耗、增强抗干扰能力及提高集成度方面。

6. TTL 与非门的主要参数

为了正确选择和使用 TTL 门电路,了解其主要参数的定义及测试方法具有重要意义。

(1)输出高电平

TTL 与非门的输出高电平 U_{OH} 是指当输入端有一个(或几个)为低电平时,门电路的输出电平。U_{OH} 的典型值为 3.6V,产品规范值 $U_{OH} \geqslant U_{SH} = 2.4V$,$U_{SH}$ 为标准高电平。

(2)输出点电平

TTL 与非门的输出低电平 U_{OL} 是指在额定负载下,输入全为高电平时的输出电平值,产品规范 $U_{OL} \leqslant U_{SL} = 0.4V$,$U_{SL}$ 为标准低电平。

(3)高电平输入电流

高电平输入电流也称为输入漏电流,是指某一输入端为高电平,其他输入端接地时,该高电平输入端的电流值。在与非门级联运用时,当前级门输出为高电平,则后级门的 I_{IH} 就是前级门的拉电流负载。假如 I_{IH} 值过大,将使前级门的高电平值下降,一般 $I_{IH} \leqslant 50\mu A$。

(4)输入短路电流

I_{IS} 是指与非门的某一输入端接低电平,其余输入端接高电平或悬空时,该低电平输入端的电流。在与非门级联运用时,I_{IS} 就是流入前级与非门输出管而作为前级的灌电流负载,所以 I_{IS} 的大小将直接影响前级门的工作状况,产品规范 $I_{IS} \leqslant 1.6mA$。

(5)扇出系数

N_O 表示一个逻辑门的输出端能同时驱动同类门的最大数目。它表示门电路的带负载能力。假设 I_O 是前级门的输出电流,I_1 是每个负载门所需要驱动电流,则扇出系数为

$$N_O = \frac{I_O}{I_1}$$

因为 I_O、I_1 与 U_{OH}、U_{OL} 有关,可分别求出低电平扇出系数 N_{OL} 和高电平扇出系数 N_{OH}。但因为 TTL 与非门的低电平输入电流 I_{IS} 很小,所以 N_O 应由低电平输出时决定,即

$$N_O = \frac{I_{Omax}}{I_{IS}}$$

式中，I_{Omax}为前级门在保证$U_o \leqslant U_{OL}$时允许灌入的最大负载电流。一般 TTL 的扇出系数$U_O \leqslant U_{OL}$，即一个逻辑门的输出能同时驱动 8 个以上的同类门电路。

（6）开门电平

U_{ON}是在额定负载下（如 $N_O = 8 \sim 10$），保证输出为低电平时的最小输入电压值，即输出为标准低电平U_{SL}(0.4V)时对应的输入电压值。U_{ON}表示与非门开通所需的最小输入电压，产品规范$U_{ON} < 2V$。

（7）关门电平

U_{OFF}是保证输出为高电平时的最大输入电压值，即输出为标准高电平U_{OH}(2.4V)时对应的输入电压值。U_{OFF}表示与非门断开所需的最大输入电压。

（8）空载功耗

与非门的空载功耗是指当与非门空载时，电源电流 I_{CC} 与电源电压 V_{CC} 的乘积。由于门电路状态不同，电源所供给的电流值也不同。输出为低电平时，电源电流为导通电流 I_{CCL}，对应的功耗称为空载导通功耗 P_{ON}；输出为高电平时，电源电流为截止电流 I_{CCH}，对应的功耗称为空载截止功耗 P_{OFF}。因为 $I_{CCL} > I_{CCH}$，所以 $P_{ON} > P_{OFF}$。

需要指出的是，以上讨论的是静态功耗。在动态情况下，特别是当输入由高电平转为低电平的瞬间，VT_5 还未来得及退出饱和，而 VT_2 先退出饱和，使U_{C2}上升，迫使 VT_3、VT_4 的导通先于VT_5 的截止。这样在短时间内就出现 VT_4、VT_5 同时导通，有很大的瞬时电流流经 VT_4、VT_5，使总电流 I_{CC}出现峰值，瞬时功耗随之增大，平均功耗也增加，且随着工作频率的升高，平均功耗也将随之变大。因此在选用电源时，不能单从与非门的导通功耗考虑，还应留有适当的裕量。

（9）平均传输延迟时间

平均传输延迟时间是用来表示电路开关速度的参数。如图 10-15 所示，当与非门输入为一个方波信号时，其输出电压波形有一定的时间延迟，从输入波形上升沿的中点到输出波形下降沿的中点之间的时间延迟，称为导通延迟时间 $t_{d(on)}$；从输入波形下降沿的中点到输出波形上升沿的中点之间的时间延迟，称之为截止延迟时间 $t_{d(off)}$。平均延迟时间 t_{pd} 定义为 $t_{d(on)}$ 与 $t_{d(off)}$ 的平均值，即

$$t_{pd} = \frac{1}{2}(t_{d(on)} + t_{d(off)})$$

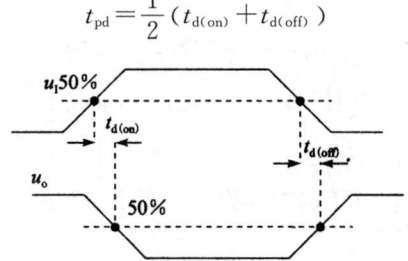

图 10-15 平均传输延迟时间的定义

10.2.2 其他形式的 TTL 门电路

1. 集电极开路门

在用一般的 TTL 门组成逻辑电路时，不能采用直接把两个门的输出连在一起的方法，来

实现两个输出信号之间的"线与"逻辑关系。这是因为 TTL 门电路不论是处于导通还是截止,其输出电阻都很小。若将它们的输出端直接相连,如图 10-16 所示,就可能形成一条自电源 V_{CC} 经输出级到地的低阻通路,使处于截止状态的门电路向处于导通状态的门电路的输出管灌入很大的电流。这将造成低电平升高,甚至因功耗过大而使门电路损坏。

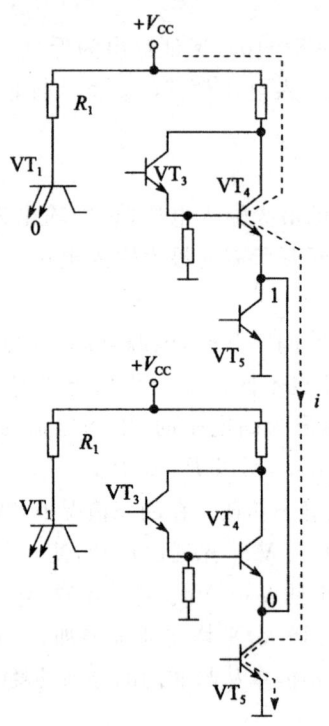

图 10-16 两个 TTL 门输出相连产生的电流

　　为了使 TTL 门电路的输出端能直接相连。在 TTL 系列中专门生产了一类电路,这就是集电极开路(Open Collector,OC)门。图 10-17 表示一种 OC 门的内部结构,它与基本 TTL 门电路的差别在于省去了有源负载 VT_3、VT_4 和 R_4、R_5。因此 OC 门使用时必须将输出端经外接负载电阻 R_C 接到电源 V_{CC} 上。

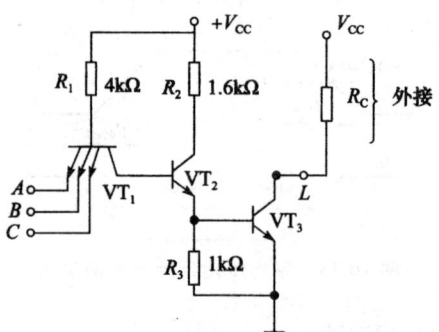

图 10-17 OC 门的结构

　　当 n 个 OC 门输出直接并联时,可共用一个电阻 R_C,如图 10-18 所示。当其中一个 OC 门的输入全为高电平,而其余 OC 门的输入有低电平存在时,前者的输出管将导通,后者的输出管截止,负载电流全部流入导通的输出管。只要 R_C 值足够大,保证该输出管饱和,则输出端 L 为低电平。如果有多个 OC 门输出管导通时,每个导通输出管的电流将更小,饱和深度更深,即输出电平保证为低电平。当所有 OC 门的输入端中都有低电平时,每个 OC 门的输出管都截止,所以输出为高电平。这就实现了 n 个 OC 门输出之间的"线与"逻辑。

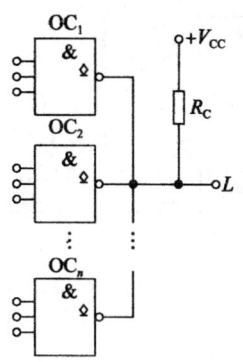

图 10-18　n 个 OC 门并联

　　显然,为了保证"线与"逻辑功能的实现,除了要使用 OC 门外,外接电阻 R_C 的取值也很重要。

　　假设有 M 个 OC 门输出端相连,后面又带有 N 个同类门,且"线与"结果为高电平,如图 10-19 所示。设每个 OC 门输出管截止时的漏电流为 I_{OH},每个负载门的高电平输入电流为 I_{IH},则此时 R_C 的取值应保证输出高电平不低于标准高电平 U_{SH}。即

$$V_{CC} - (MI_{OH} + NI_{IH})R_C \geqslant U_{SH}$$

则

$$R_{Cmax} = \frac{V_{CC} - U_{SH}}{MI_{OH} + NI_{IH}}$$

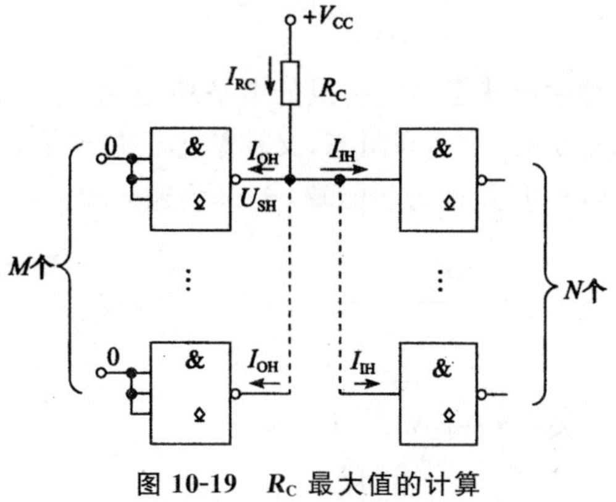

图 10-19　R_C 最大值的计算

当 OC 门的输出为低电平时,如图 10-20 所示,其最不利的情况是只有一个 OC 门输出管导通,其余 OC 门输出管都截止。若用 I_{OL} 表示每个 OC 门所允许的最大负载电流,I_{IL} 为每个负载门的低电平输入电流,则 R_C 的选取应保证在极端情况下,其输出低电平仍低于标准低电平 U_{SL},即

$$V_{CC} - (I_{OL} + NI_{IL})R_C \leqslant U_{SL}$$

则

$$R_{Cmax} = \frac{V_{CC} - U_{SL}}{I_{OL} + NI_{IL}}$$

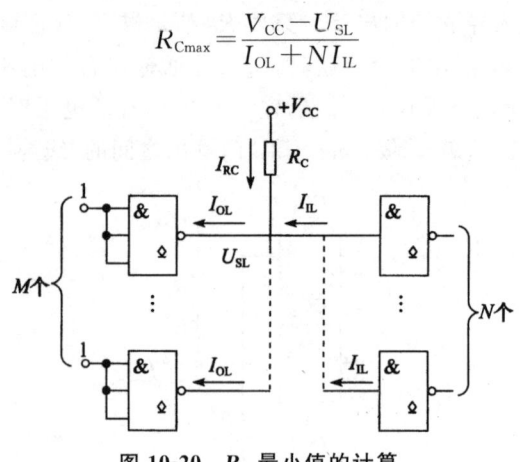

图 10-20　R_C 最小值的计算

所以 R_C 的取值为 $R_{Cmin} \leqslant R_C \leqslant R_{Cmax}$。

除了可以实现"线与"逻辑外，OC 门还可以实现电平转换。在图 10-21 所示的电路中，当输入级和输出级采用不同的电源电压 V_{CC1} 和 V_{CC2} 时，该电路可将输入的 $0 \sim V_{CC1}$ 的电压转换成 $0 \sim V_{CC2}$ 的电压，实现电平转换。

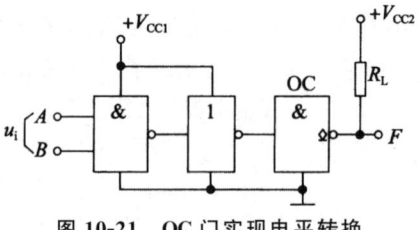

图 10-21　OC 门实现电平转换

2. 三态门

除了一般与非门的两种输出状态高电平或低电平外，三态门（Tristate Logic，TSL）的输出还具有高输出阻抗的第三种状态，称为高阻态，又称禁止状态或浮空状态。图 10-22(a)所示就是一个简单的 TSL 门电路，其中 E 称为使能端，A、B 为输入端。

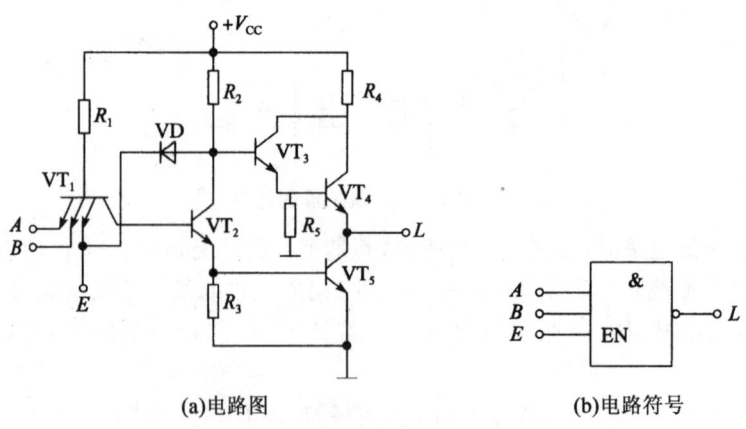

(a)电路图　　　　　　　　(b)电路符号

图 10-22　三态门

当 E 为高电平时,该 TSL 门的输出状态完全取决于数据输入端 A、B 的状态,即输出与输入仍满足与非逻辑关系,这也称为三态门的工作状态。

当 E 为低电平时,二极管 VD 导通,VT_3 基极电平只有 1V 左右,VT_4 管处于截止;同时 E 又为 VT_1 的一个输入端,E 为低电平,使 VT_1 饱和,VT_2、VT_5 截止。由于两个输出管 VT4、VT_5 都截止,电路处于高阻状态,这就是三态门的第三态。

图 10-22(b)表示 TSL 门的电路符号,其对应的真值表如表 10-4 所示。

表 10-4　三态与非门的真值表

使能端 E	数据输入端 A　B	输出端 L
1	0　0	1
	0　1	1
	1　0	1
	1　1	0
0	×　×	高阻

TSL 门的使能端可以是高电平有效,如图 10-22 所示;也可以是低电平有效,即当 $E=0$ 时为工作状态,$E=1$ 时为高阻状态,其电路符号如图 10-23 所示。

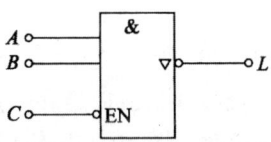

图 10-23　低电平有效的 TSL 与非门逻辑符号

现代计算机系统均采用总线结构,即所有信号都在总线上传输。为了使信息传递不产生混乱,对总线必须采用分时使用技术,即对不同的接收和发送部件分时使用总线,传送不同的信息。这就要求将各个输出与总线相连的部件在一定的控制下与总线相连接或隔离,利用 TSL 门具有高阻态的特征就可以实现这一功能,如图 10-24 所示。只要在某一时刻,使其中某一个使能端处于高电平,则该 TSL 门的输出与总线相连,而其他的 TSL 门使能端全部为低电平,即全部处于高阻态,这些 TSL 门的输出与总线就没有电信号的联系了。

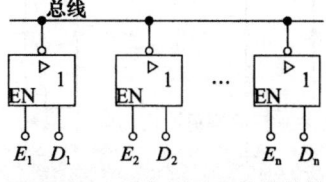

图 10-24　三态门用于总线传输

利用三态门也可以方便地实现信息的双向传输控制,如图 10-25 所示。当 $E_1=1$,$E_2=0$ 时,数据由 A 经 G_1 门传向 B;而当 $E_1=0$,$E_2=1$ 时,数据由 B 经 G_2 门传向 A,这在数字系统中是很常见的,如存储器的数据读写等。

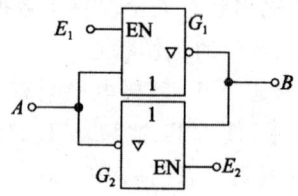

图 10-25　数据双向传输控制

10.3　CMOS 逻辑门电路

MOS 器件的基本结构有 N 沟道和 P 沟道两类,相应地可构成 NMOS 门电路和 PMOS 门电路。但不管是 NMOS 门电路或 PMOS 门电路,都有一个共同的弱点,它们对工作管及负载管的导通电阻有较高的要求,带负载能力较弱,有静态功率损耗(详细内容见有关资料)。而综合利用 NMOS 和 PMOS 器件特性构成互补型的 MOS 电路时,就可有效地解决单一 MOS 门电路的缺陷,构成性能优越的门电路。这种互补对称 MOS 门电路即称为 CMOS(Complemental MOS)逻辑门电路。由于 CMOS 数字集成电路具有微功耗、高抗干扰能力、高开关速度等突出优点,在中、大规模数字集成电路中有着广泛的应用。

10.3.1　CMOS 反相器

1. CMOS 反相器的电路结构

CMOS 反相器的基本电路如图 10-26a 所示,它由一个 N 沟道增强型和一个 P 沟道增强型 MOS 管组成,两管栅极连在一起作输入端,漏极连在一起作输出端,PMOS 管 VT_P 的源极接电源 VDD,NMOS 管 VT_N 的源极接地。图 10-26b 是 CMOS 反相器常见的简化电路形式。为使 CMOS. 反相器正常工作,假设 $U_{TN} = |U_{TP}|$(且 $V_{DD} > U_{TN} + |U_{TP}|$),这里为了书写方便,将 MOS 管的开启电压 $U_{GS(th)}$,分两种情况表示:VT_N 管的开启电压记为 U_{TN},VT_P 管的开启电压记为 U_{TP}。

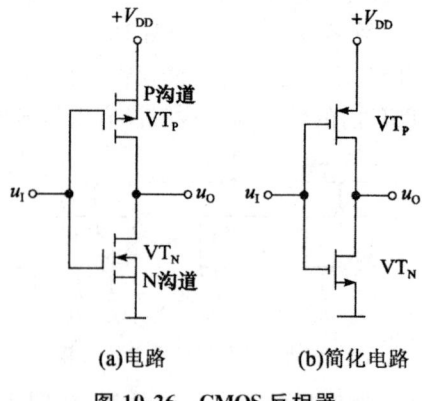

(a)电路　　　　(b)简化电路

图 10-26　CMOS 反相器

2. CMOS 反相器的工作原理

当输入电压优。为低电平 0V 时，VT_N 管的 $U_{GSN}=0<U_{TN}$，则 VT_N 管截止；而 VT_P 管的 $U_{GSP}=-V_{DD}$，即 $|U_{GSP}|>|U_{TP}|$，所以 VT_P 管导通，输出 u_O 为高电平，且近似为 V_{DD}。当输入 u_I 为高电平 V_{DD} 时，此时 $U_{GSN}=V_{DD}>U_{TN}$，VT_N 管导通；而 $U_{GSP}=0<|U_{TP}|$，所以 VT_P 管截止，输出 u_O 为低电平，近似为 0V。因此该电路具有反相器功能，而且输出不论是高电平还是低电平，总是一个管子导通，一个管子截止，所以其静态电流近似为零，反相器的静态功耗非常小，一般只有微瓦数量级。

3. CMOS 反相器的传输特性

为了进一步分析 CMOS 反相器的工作特性，可利用实验的方法得出其电压传输特性曲线，如图 10-27 所示，其中，$V_{DD}=10V$，$U_{TN}=|U_{TP}|=2V$。

从图 10-27 中可以看出，当 $u_I<U_{TN}$ 时，VT_N 管截止，而 $|U_{GSP}|>|U_{TP}|$，所以 VT_P 管导通，工作在非饱和区，输出近似为 V_{DD}，如图 10-27 中 AB 所示。当 $u_I>V_{DD}-|U_{TP}|$ 时，由于 $u_I>U_{TN}$，VT_N 管导通，而 $|U_{GSP}|<|U_{TP}|$，所以 VT_P 管截止，输出为低电平，近似为 0V，如图 10-27 中 EF 段。

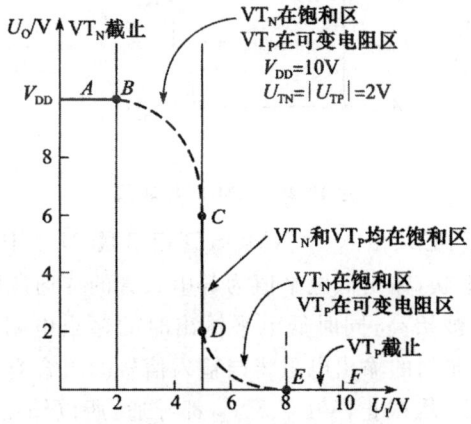

图 10-27 COMS 反相器电压传输特性

当 $U_{TN}<U_I<V_{DD}-|U_{TP}|$ 时，两个管子均导通，即图 10-27 中的 $BCDE$ 段。在 BC 段，因为优。较小，$U_{GSP}<U_{DSN}$，所以 VT_N 工作于饱和区；而 $|U_{GSP}|>|U_{DSP}|$，所以 VT_P 处于非饱和状态。在 DE 段，对应的 VT_N 的工作于非饱和区状态，VT_P 工作在饱和区；而 CD 段则是 VT_N、VT_P 均处于饱和区工作状态，有较大的电流流过。这段区域较陡峭，即只要输入电压 u_I 有一个很小的变化，输出信号的电平就会变化很大，通常把这段称为转折区。

从传输特性中也可以得知，CMOS 的特性比较理想，其转折点电平近似在 $\dfrac{V_{DD}}{2}$ 处，所以其高低电平噪声容限近似相等，均为 $\dfrac{V_{DD}}{2}$。由于其一管导通、一管截止的特点，可以将管子的导通电阻做得较小，以提高其开关速度及带负载能力。CMOS 反相器的平均传输延迟时间约为几十纳秒，而其扇出系数 $N_O>50$。另外，CMOS 电路的电源工作范围也特别宽，可以在 3~18V 之间工作。

10.3.2 其他形式的 CMOS 门电路

1. CMOS 与非门电路

图 10-28 所示为一个两输入的 CMOS 与非门电路,包括两个漏源相串联的 NMOS 管 VT_{N1}、VT_{N2} 和两个漏源相并联的 PMOS 管 VT_{P1}、VT_{P2},每对 NMOS 管和 PMOS 管的栅极相连作为输入端。当两个输入端 A、B 中只要有一个为低电平时,与之对应的 NMOS 管截止,PMOS 管导通,输出为高电平;只有当输入端 A、B 都为高电平时,VT_{N1}、VT_{N2} 才都处于导通,而 VT_{P1}、VT_{P2} 都截止,输出为低电平。因此该电路的输出与输入之间符合与非的逻辑关系,即

$$L = \overline{AB}$$

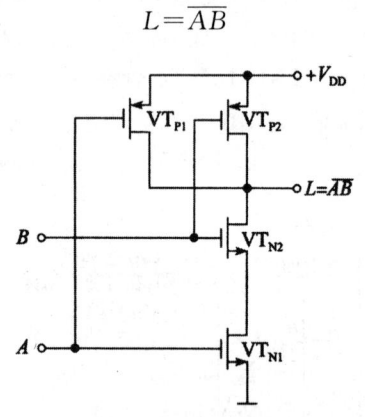

图 10-28 CMOS 与非门

有 N 个输入端的与非门必须由 N 个 NMOS 管相串联、N 个 PMOS 管相并联。在与非门电路中,由于 NMOS 管相串联,输出低电平值为各串联管的导通压降之和,因此随着输入端增多,势必造成输出低电平值被抬高,同时低电平输出时的输出电阻也随输入个数的增加而增大。在输出为高电平时,与非门的输出电阻将与输入信号的组合有关,如图 10-28 所示,当 A、B 均为低电平时,VT_{N1}、VT_{N2} 均截止,VT_{P1}、VT_{P2} 都导通,所以输出电阻为 VT_{P1} 及 VT_{P2} 的导通电阻的并联值;而如果 A、B 只有一个为低电平,则 VT_{N1}、VT_{N2} 只有一个截止,对应的 VT_{P1}、VT_{P2} 也只有一个导通,此时的输出电阻为一个导通管的导通电阻,与前者相差一倍。因此,生产厂家在对电路设计时,往往在上述与非门的输出端再加上两个 CMOS 反相器,构成实用的 CMOS 与非门,用来降低输出低电平的值,保证输出电阻不变。

2. CMOS 或非门图

图 10-29 所示为两个输入端的 CMOS 或非门电路,包括两个漏源并联的 NMOS 管和两个漏源串联的 PMOS 管,每对 NMOS 管与 PMOS 管的栅极相连,作为输入端。当输入端 A、B 中只要有一个为高电平时,与之对应的 NMOS 管导通而 PMOS 管截止,所以输出为低电平;而只有当输入端全为低电平时,两个 NMOS 管均截止,两个 PMOS 管都导通,此时输出为高电平,因此该电路满足或非的逻辑关系,即

$$L = \overline{A+B}$$

显然,有 N 个输入端的或非门必须由 N 个 NMOS 管相并联和 N 个 PMOS 管相串联。

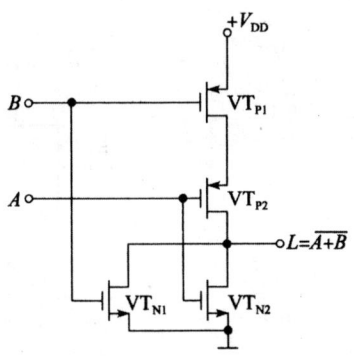

图 10-29　CMOS 或非门

在或非门电路中,因为 NMOS 管相并联,所以低电平输出时的输出电阻只会减小,且始终不会大于一个驱动管的导通电阻,不存在输出低电平随输入端个数的增加而增加的问题。这也是 CMOS 逻辑门电路中常用或非门做基本门电路设计的原因。

10.3.3　CMOS 三态门及传输门电路

1. CMOS 三态门电路

图 10-30 所示为 CMOS 三态门的一种电路形式。由图可看出,当使能控制端 E 为低电平时,VT_{P2}、VT_{N2} 均处于导通状态,C 点相当于接电源 V_{DD},而 D 点则相当于接地,所以此时输出 u_O 与输入 u_I 之间满足反相逻辑关系;当使能端 E 为高电平时,VT_{P2} 及 VT_{N2} 均截止,且不论 u_I 为何值,输出均为高阻态。

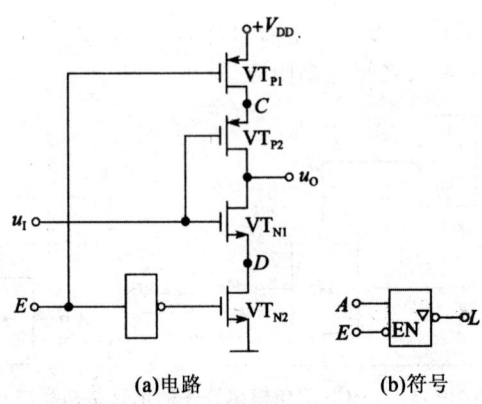

(a)电路　　(b)符号

图 10-30　CMOS 三态门

2. CMOS 传输门电路

图 10-31(a)所示为 CMOS 传输门(Transmission Gate,TG)的电路结构,是由一个 NMOS 管和一个 PMOS 管并联而成的,相连的源极和漏极分别作为传输信号的输入端和输出端。两管的栅极作为传输门的控制端,分别由一对互补变量 C 及已进行控制,由 MOS 管结构的对称性决定了它的漏极和源极可以互换。因此 CMOS 传输门的输入、输出端也可以互易使用,即 CMOS 传输门具有双向传输特性。图 10-31(b)所示为其电路符号。

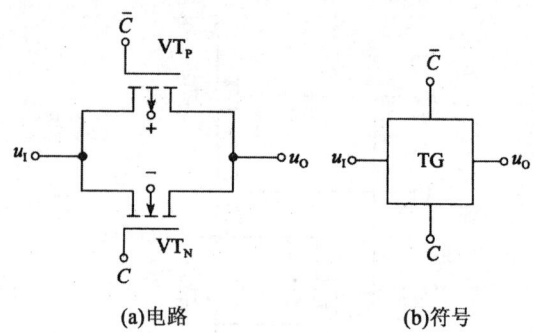

(a)电路　　　　　　(b)符号

图 10-31　CMOS 传输门

在图 10-31(a)中,设输入信号的变化范围为$-V_{DD} \sim +V_{DD}$,为了保证 MOS 管的衬底与漏极、源极之间的 PN 结在任何时候都不正偏,故 VT_P 的衬底接$+V_{DD}$,VT_N 的衬底接$-V_{DD}$,两管的栅极接一对互补的信号 C 及 $\overline{C}$,其取值为高电平$+V_{DD}$或低电平$-V_{DD}$。

当控制端 C 为低电平($-V_{DD}$),$\overline{C}$ 为高电平($+V_{DD}$)时,输入信号犹。在$-V_{DD}$到$+V_{DD}$范围内,VT_N、VT_P 均不导通,传输门是断开的;而当 C 接高电平$+V_{DD}$,$\overline{C}$ 为低电平$-V_{DD}$ 时,在$-V_{DD} \leqslant u_1 \leqslant V_{DD} - VT_N$ 范围内,VT_N 导通;而在$-V_{DD} + |U_{TP}| \leqslant u_1 \leqslant +V_{DD}$ 范围内,VT_P 管导通。因此只要保证$U_{TN} + |U_{TP}| < V_{DD}$,在$-V_{DD} \leqslant u_1 \leqslant V_{DD}$ 范围内,传输门始终导通。

CMOS 传输门导通时,导通电阻很低(300Ω 左右),后面接运放等高输入阻抗的负载时,其值可以忽略不计。

传输门的一个重要用途是用作模拟开关,用来传输连续变化的模拟电压信号,因此在电子电路中有着非常广泛的应用。模拟开关的基本电路由 CMOS 传输门和 CMOS 反相器组成,如图 10-32 所示,当互补控制端 C 为高电平时,模拟开关闭合,$F = A$;当互补控制端 C 为低电平时,模拟开关断开,输出与输入之间呈高阻态。

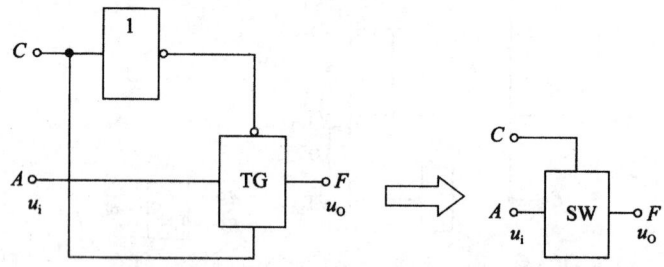

图 10-32　CMOS 双向模拟开关的电路结构和符号

参考文献

[1]李宁,郭东亮,黄元福．模拟电路．北京:清华大学出版社,2011.

[2]孙肖子．模拟电子电路及技术基础(第2版)．西安:西安电子科技大学出版社,2008.

[3]康华光．模拟电子技术基础(第5版)．北京:高等教育出版社,2006.

[4]徐淑华,马艳,刘丹．电路与模拟电子技术．北京:电子工业出版社,2010.

[5]殷瑞祥．电路与模拟电子技术．北京:高等教育出版社,2006.

[6]胡世昌．电路与模拟电子技术原理．北京:机械工业出版社,2014.

[7]华容茂．电路与模拟电子技术．北京:中国电力出版社,2004.

[8]刘祖刚．模拟电子电路原理与设计基础．北京:机械工业出版社,2011.

[9]张肃文．低频电子线路(第2版)．北京:高等教育出版社,2003.

[10]杨素行．模拟电子电路．北京:中央广播电视大学出版社,1994.

[11]张立生,危水根．电路与模拟电子技术．北京:清华大学出版社,2006.

[12]符磊,王久华．电工与电子技术．南昌:江西高校出版社,2003.

[13]胡国樑．模拟电子电路基础．北京:机械工业出版社,2014.

[14]成谢锋,周井泉．电路与模拟电子技术基础．北京:科学出版社,2012.

[15]张纪成．电路与电子技术(上册)．北京:电子工业出版社,2007.

[16]王卫东．模拟电子电路基础．西安:西安电子科技大学出版社,2003.

[17]刘光祜．模拟电路基础．成都:电子科技大学出版社,2001.

[18]赵世强．电子电路EDA技术．西安:西安电子科技大学出版社,2000.

[19]张虹,杜德．模拟电子技术．北京:北京航空航天大学出版社,2009.

[20]谢沅清,邓刚．电子电路(第2版)．北京:高等教育出版社,2006.